煤矿防治水实用技术

主　　编　马金伟
副 主 编　宁尚根　曹广远

中国矿业大学出版社

内 容 提 要

为了贯彻落实《煤矿防治水细则》,加强煤矿防治水基础工作,促进煤矿防治水工作规范化与标准化,提高广大煤矿防治水技术和管理人员的工作水平,防范水害事故的发生,依据《煤矿安全规程》和《煤矿防治水细则》,编写了《煤矿防治水实用技术》。本书分为4个部分,包括:煤矿水害防治与测量工作基础、煤矿水害钻探技术、煤矿老空水探放技术和煤矿岩溶含水层注浆改造技术。

本书可作为煤矿防治水专业技术人员和管理人员的培训教材和工具书,也可供相关专业技术人员和管理人员学习和参考使用。

图书在版编目(CIP)数据

煤矿防治水实用技术 / 马金伟主编. —徐州:
中国矿业大学出版社,2018.10
ISBN 978 - 7 - 5646 - 4062 - 0

Ⅰ.① 煤… Ⅱ.① 马… Ⅲ.① 煤矿—矿山水灾—防治
Ⅳ.①TD745

中国版本图书馆 CIP 数据核字(2018)第180335号

书　　名	煤矿防治水实用技术
主　　编	马金伟
责任编辑	满建康　吴学兵　周　丽　陈　慧　于世连
出版发行	中国矿业大学出版社有限责任公司
	(江苏省徐州市解放南路　邮编 221008)
营销热线	(0516)83885307　83884995
出版服务	(0516)83885767　83884920
网　　址	http://www.cumtp.com　E-mail:cumtpvip@cumtp.com
印　　刷	江苏淮阴新华印刷厂
开　　本	787×1092　1/16　印张 15.5　字数 387 千字
版次印次	2018 年 10 月第 1 版　2018 年 10 月第 1 次印刷
定　　价	56.00 元

(图书出现印装质量问题,本社负责调换)

前　言

　　水害是煤矿的主要灾害之一。在煤矿重特大事故中，水害事故起数仅次于瓦斯事故。水害事故一旦发生，具有抢救难度大、救援复矿时间长、经济损失重、社会影响广等特点。因此，党和国家及各级政府、煤矿企业历来高度重视煤矿防治水工作。国家煤矿安全监察局在原《煤矿防治水规定》的基础上修订印发了《煤矿防治水细则》（煤安监调查〔2018〕14 号），于 2018 年 9 月 1 日起施行。法律法规、技术标准的不断健全完善，有力地促进了煤矿防治水工作的开展。

　　我国煤矿水文地质条件十分复杂，煤炭开采受到老空（窑）水、地表水、顶板水和底板岩溶水等多种水害的严重威胁。近年来，随着煤炭开采深度逐渐加大和下组煤的开发，重特大突水事故时有发生，特别是在资源整合矿井内部和周边，废弃小矿井比比皆是，极易造成矿井透水事故。为了贯彻落实《煤矿防治水细则》，加强煤矿防治水基础工作，给防治水工程技术和管理人员提供工作方法和技术指导的工具书，促进煤矿防治水工作规范化与标准化，提高广大煤矿防治水技术和管理人员的工作水平，防范水害事故的发生，依据《煤矿安全规程》和《煤矿防治水细则》，编写了这部《煤矿防治水实用技术》。

　　本书分为 4 个部分。第 1 部分"煤矿水害防治与测量工作基础"，主要内容为煤矿地质灾害防治与测量相关的地质、水文、测量、储量管理等各专业基础知识、主要技术参数、计算公式、政策性规定以及技术审批规定等，目的是方便煤矿相关专业技术人员及管理人员掌握和查找使用。第 2 部分"煤矿水害钻探技术"，是在收集国内外煤矿井下钻探技术资料基础上，系统梳理总结了钻探工程地质与水文地质、煤矿井下钻探设备与操作、井下钻孔事故预防与处理、钻探工艺与方法以及设计、措施编制要求等，可作为煤矿防治水专业人员和钻工教育培训的参考资料。第 3 部分"煤矿老空水探放技术"，是在收集国内探放老空水技术资料基础上，全面总结了老空水害分类及特点、老空水探放目的及原则、老空水探放技术方法及流程和老空水害危险源识别及应急处置措施等内容，为专业技术人员在探放老空水方面提供参考和帮助。第 4 部分"煤矿岩溶含水层注浆改造技术",是在总结肥矿集团近 30 年注浆改造岩溶含水层技术基础上,系统阐述了注浆改造技术的提出与发展、含水层注浆改造机理及作用、注浆改造技术的使用条件及分类、注浆改造材料及工艺、奥灰顶部注浆改造技术和地面区域注浆改造技术等内容,为专业技术人员在注浆改造岩溶含水层治理底板承压水害方面提供参考资料。

中国矿业大学出版社有关领导和编辑为本书的编写和出版付出了艰辛和努力,有关煤炭企业和科研院校为本书编写提供了宝贵资料,在此一并致谢!

由于时间仓促,本书可能还存在不少问题,敬请读者批评指正,以便再版时修正。

编者

2018 年 9 月

目 录

第2部分 煤矿水害钻探技术

第 4 部分　煤矿岩溶含水层注浆改造技术

目　录

第 1 部分

煤矿水害防治与测量工作基础

第1章　煤矿防治水基础知识

1.1　名词解释

突水：含水层水的突然涌出。

透水：老空水的突然涌出。

含水层：能透过和给出相当水量的岩层。凡水量足以威胁或影响矿井生产的岩层均可视为含水层，按其威胁程度可进一步划分不同等级的含水层。

隔水层：不能透过和给出水量（透水和给水量均微不足道）的岩层。一般是指泥质含量大（>15%），单位涌水量及渗透系数小[$q<0.01$ L/(s・m)，渗透系数小于1]，具有阻隔水能力的岩石。《煤矿防治水细则》解释：开采煤层底板至含水层顶面之间的厚度为隔水层厚度。

透水层：能让水流透过的岩层。比较含水层而言，能透水但给出水量微弱。

上层滞水：包气带内局部隔水层之上积聚的具有自由水面的重力水。常分布于砂层中的黏土夹层之上和石灰岩中溶洞底部有黏性土充填的部位。

潜水：地表以下第一个稳定隔水层以上具有自由水面的地下水。潜水有自由水面，地表至潜水面间的距离为潜水埋藏深度。潜水层以上没有连续的隔水层，不承压或仅局部承压。

承压水：充满两个隔水层之间的含水层中的地下水。

离层水：煤层开采后，顶板覆岩不均匀变形及破坏而形成的离层空腔积水。

地表水：指陆地表面上动态水和静态水的总称，亦称"陆地水"，包括各种液态的和固态的水体，主要有河流、湖泊、沼泽、冰川、冰盖等。

老空水：已采掘的旧巷及空洞内，常有大量积水被称为老空水。

矿井正常涌水量：矿井开采期间，单位时间内流入矿井的平均水量。一般以年度作为统计区间，以"m³/h"为计量单位。

矿井最大涌水量：矿井开采期间，正常情况下矿井涌水量的高峰值。主要与采动影响和降水量有关，不包括矿井灾害水量。一般以年度作为统计区间，以"m³/h"为计量单位。

矿井富水系数：富水系数又称含水系数，是指生产矿井在某时期排水水量 Q 与同一时期的煤炭生产量 P 的比值，即矿井每采一吨煤时需从矿井中排出的水量。

静储量：指天然条件下，储存于地下水最低水位以下含水层中的重力水。因为该体积仅随地质年代发生变化，故称静储量或永久储量。静储量按下式计算：$V_静 = \mu \cdot V$，式中：μ 是含水层的给水度；V 是潜水最低水位以下含水层的体积或承压含水层的体积。

动储量：指通过含水层横断面的天然径流量。

调节储量:指地下水位变动带(多年最高与最低水位之间)内含水层中的重力水体积。

开采储量:指在一定的经济技术条件下,用合理的取水工程从含水层中取出的水量,并在预定的开采期内,不会发生水量减少、水质恶化等不良现象。

天然储量:静储量、调节储量和动储量合称地下水的天然储量,它反映天然条件下地下水的水量状况。

降雨量:在某时间内的降雨,未经蒸发、渗透、流失而在水面上积聚的水层深度,称为降雨量。一般指地面每平方米接收到的雨水深度,以 mm 计算。一般用雨量计或雨量筒测定。气象学中一般按 24 小时降雨量划分降水强度。

松散层:指第四系、新近系末未成岩的沉积物,如冲积层、洪积层、残积层等。

近水体:对采掘工作面涌水量可能有直接影响的水体被称为近水体。

顶板保护层:设计水体下采煤的安全煤岩柱时,为了安全起见所增加的岩层区段,它位于导水裂隙带与水体底界面之间。

开采上限:水体下采煤时用安全煤(岩)柱设计方法确定的煤层最高开采标高。

垮落带:由采煤引起的上覆岩层破裂并向采空区垮落的岩层范围。

导水裂隙带:垮落带上方一定范围内的岩层发生断裂,产生裂隙,且具有导水性的岩层范围。

抽冒:是指在浅部厚煤层、急倾斜煤层及断层破碎带和基岩风化带附近采煤或者掘进时,顶板岩层或煤层本身在较小范围内垮落超过正常高度的现象。

切冒:当厚层极硬岩层下方采空区达到一定面积后,发生直达地表的岩层一次性突然垮落和地表塌陷的现象。

防隔水煤(岩)柱:为确保近水体安全采煤而留设的煤层开采上(下)限至水体底(顶)界面之间的煤岩层区段。

防砂安全煤(岩)柱:在松散层弱含水层或固结程度差的基岩弱含水层底界面至煤层开采上限之间设计的用于防止水、砂溃入井巷的煤岩层区段。

防塌安全煤(岩)柱:在松散黏土层或者已疏干的松散含水层底界面至煤层开采上限之间设计的用于防止泥砂塌入采空区的煤岩层区段。

防滑安全煤(岩)柱:在可能发生岩层沿弱面滑移的地区,为了防止或者减缓井筒、地面建(构)筑物滑移而在正常保护煤柱外侧增加留设的煤层区段。

老空:是指采空区、老窑和已经报废井巷的总称。

水淹区域:指被水淹没的井巷和被水淹没的老空总称。

积水线:是指经过调查确定的积水边界线。积水线是由调查所得的水淹区域积水区分布资料,或由物探、钻探探查确定。一般根据物探、钻探探查或分析确定的老空积水区范围,在采掘工程平面图上按照积水上限标高沿等高线确定积水范围边界线。大致查明的,要根据积水范围观测到的最高泄水标高确定。

探水线:是指用钻探方法进行探水作业的起始线。探水线是根据水淹区域的水压、煤(岩)层的抗拉强度及稳定性、资料可靠程度等因素沿积水线平行外推一定距离划定。当采掘工作面接近至此线时就要采取探放水措施。

警戒线:是指开始加强水情观测、警惕积水威胁的起始线。警戒线是由探水线再平行外推一定距离划定。当采掘工作面接近此线后,应当警惕积水威胁,注意采掘工作面水情变化。如发现有渗水征兆要提前探放水,情况危急时要及时撤离受水害威胁区域人员。

超前距:探水钻孔沿巷道掘进前方所控制范围超前于掘进工作面迎头的最小安全距离。

帮距:最外侧探水钻孔所控制范围与巷道帮的最小安全距离。

带压开采:在具有承压水压力的含水层上进行的采煤被称为带压开采。

安全水头值:隔水层能承受的含水层最大水头压力值,即不致引起矿井突水的承压水头最大值。

底板采动导水破坏带:煤层底板岩层受采动影响而产生的采动导水裂隙的范围,其深度为自煤层底板至采动破坏带最深处的法线距离。

底板承压水导升带:煤层底板承压含水层的水在水压力和矿压作用下上升到其顶板岩层中的范围。

1.2 主要技术参数

1.2.1 矿井水文地质类型划分(表 1-1-1)

表 1-1-1   矿井水文地质类型

分类依据		类 别			
		简单	中等	复杂	极复杂
井田内受采掘破坏或者影响的含水层及水体	含水层(水体)性质及补给条件	为孔隙、裂隙、岩溶含水层,补给条件差,补给来源少或者极少	为孔隙、裂隙、岩溶含水层,补给条件一般,有一定的补给水源	为岩溶含水层、厚层砂砾石含水层、老空水、地表水,其补给条件好,补给水源充沛	为岩溶含水层、老空水、地表水,其补给条件很好,补给来源极其充沛,地表泄水条件差
	单位涌水量 q /[L/(s·m)]	$q \leqslant 0.1$	$0.1 < q \leqslant 1.0$	$1.0 < q \leqslant 5.0$	$q > 5.0$
井田及周边老空水分布状况		无老空积水	位置、范围、积水量清楚	位置、范围或者积水量不清楚	位置、范围、积水量不清楚
矿井涌水量 /(m³/h)	正常 Q_1	$Q_1 \leqslant 180$	$180 < Q_1 \leqslant 600$	$600 < Q_1 \leqslant 2\,100$	$Q_1 > 2\,100$
	最大 Q_2	$Q_2 \leqslant 300$	$300 < Q_2 \leqslant 1\,200$	$1\,200 < Q_2 \leqslant 3\,000$	$Q_2 > 3\,000$
突水量 Q_3/(m³/h)		$Q_3 \leqslant 60$	$60 < Q_3 \leqslant 600$	$600 < Q_3 \leqslant 1\,800$	$Q_3 > 1\,800$
开采受水害影响程度		采掘工程不受水害影响	矿井偶有突水,采掘工程受水害影响,但不威胁矿井安全	矿井时有突水,采掘工程、矿井安全受水害威胁	矿井突水频繁,采掘工程、矿井安全受水害严重威胁
防治水工作难易程度		防治水工作简单	防治水工作简单或者易于进行	防治水工作难度较高,工程量较大	防治水工作难度高,工程量大

注:1. 单位涌水量 q 以井田主要充水含水层中有代表性的最大值为分类依据。

  2. 矿井涌水量 Q_1、Q_2 和突水量 Q_3 以近 3 年最大值并结合地质报告中预测涌水量作为分类依据。

  3. 同一井田煤层较多,且水文地质条件变化较大时,应当分煤层进行矿井水文地质类型划分。

  4. 按分类依据就高不就低的原则,确定矿井水文地质类型。

1.2.2　降雨量等级划分(表 1-1-2)

表 1-1-2　　　　　　　　　　　　降雨量等级

等级	降雨量/(mm/d)	特　征	备　注
小雨	0.1～9.9	能使地面潮湿,但不泥泞	暴雨雨时短,雨水大部分来不及渗入地下,多呈地表径流流失
中雨	10～24.9	与降到屋顶有"淅淅"声,洼地积水	
大雨	25～59.9	降雨如倾盆,落地四溅	
暴雨	50.0～99.9	比大雨猛,能造成山洪	
大暴雨	100.0～249.9	比暴雨大或时间长,能造成洪涝灾害	
特大暴雨	≥250.0	能造成严重洪涝灾害	

1.2.3　暴雨预警信号分级(表 1-1-3)

表 1-1-3　　　　　　　　　　　　暴雨预警信号分级

预警信号	降雨量及影响程度
暴雨蓝色预警	12 h 内降雨量将达 50 mm 以上,或已达 50 mm 以上,可能或已经造成影响且降雨可能持续
暴雨黄色预警	6 h 内降雨量将达 50 mm 以上,或已达 50 mm 以上,可能或已经造成影响且降雨可能持续
暴雨橙色预警	3 h 内降雨量将达 50 mm 以上,或者已达 50 mm 以上,可能或已经造成较大影响且降雨可能持续
暴雨红色预警	3 h 内降雨量将达 100 mm 以上,或者已达 100 mm 以上,可能或已经造成严重影响且降雨可能持续

1.2.4　含水层划分原则(表 1-1-4)

表 1-1-4　　　　　　　　　　　　含水层划分原则

一般原则		注意透水层、隔水层和含水层的相关概念及相互转化的关系考虑形成条件,并能反映客观实际
根据生产目的	供水	能满足供水量的岩层均可视为含水层,按水量大小进一步划分不同等级的含水层。含水层划分同时要考虑供水规模和要求的不同,以及不同区域水资源差异
	矿井防治水	凡水量足以威胁或影响矿井生产的岩层均可视为含水层,按其威胁程度可进一步划分不同等级的含水层。划分时以含水层的单位涌水量为主要指标,同时要考虑含水层距开采煤层的距离、含水层的水压等多方面因素
根据岩层分布条件	含水层段	对于厚度很大的含水层,考虑岩性差异、裂隙或岩溶发育程度在垂直方向上的变化,应进一步划分出含水性不同的层、段
	含水层组	从简化地质条件、有利生产工作出发,可将一些岩性和含水性相近的薄层含水层综合体归并成一个含水层组
	含水带	不含水的岩层,由于局部裂隙影响可以透水并含水。因此在岩层水平分布方向上,应按实际含水情况划分出含水带
	富水带	含水岩层由于局部岩性变化,裂隙和岩溶发育可以存在透水性和含水性很强的地段(如古河床、岩溶集中径流地带等),在水平分布上应划分出富水带

1.2.5　含水层富水性等级划分

（1）按钻孔单位涌水量划分（表 1-1-5）

表 1-1-5　　　　　　　按钻孔单位涌水量划分含水层富水性等级

岩层(富)含水性等级	钻孔单位涌水量 $q/[L/(s \cdot m)]$
极强富水性	$q > 5$
强富水性	$1 > q \leqslant 5$
中等富水性	$0.1 > q \leqslant 1$
弱富水性	$q \leqslant 0.1$

评价含水层的富水性,钻孔单位涌水量以口径 91 mm、抽水水位降深 10 m 为准;若口径、降深与上述不符时,应当进行换算后再比较富水性。换算方法:先根据抽水时涌水量 Q 和降深 S 的数据,用最小二乘法或图解法确定 $Q = f(S)$ 曲线,根据 $Q\text{-}S$ 曲线确定降深 10 m 时抽水孔的涌水量,再用下面的公式计算孔径为 91 mm 时的涌水量,最后除以 10 m 即单位涌水量。

$$Q_{91} = Q\left(\frac{\lg R - \lg r}{\lg R_{91} - \lg r_{91}}\right)$$

式中　　Q_{91},R_{91},r_{91}——孔径为 91 mm 的钻孔的涌水量、影响半径和钻孔半径;

　　　　Q,R,r——拟换算钻孔的钻孔的涌水量、影响半径和钻孔半径。

（2）按泥质含量等参数划分（表 1-1-6）

表 1-1-6　　　　　　　按泥质含量等参数划分含水层富水性等级

岩层(富)含水性等级	泥质含量/%	渗透系数/(m/d)	矿井突水量/(m³/h)
极强富水性	极少	>50	>600
强富水性	<5	10~50	120~600
中等富水性	5~10	5~10	<120
弱富水性	10~15	1~5	极少突水
极弱富水性	>15	<1	能阻隔突水

1.2.6　岩石透水性划分标准（表 1-1-7）

表 1-1-7　　　　　　　岩石透水性划分标准

透水性	渗透系数/(m/d)	岩石名称
强透水的	>10	卵石、砾石、粗砂、岩溶发育的灰岩
良透水的	1~10	砂、裂隙发育的坚硬岩石
半透水的	0.01~1	亚砂土、黄土、泥灰岩、砂岩等
弱透水的	0.001~0.01	亚黏土、砂土、黏土泥砂岩等
不透水的	<0.001	黏土、致密结晶岩、泥质岩等

1.2.7　探水钻孔超前距和止水套管长度参数(表 1-1-8)

表 1-1-8　　　　　　　　　　探水钻孔超前距和止水套管长度参数

水压/MPa	钻孔超前钻距/m	止水套管长/m
<1.0	>10	>5
1.0～2.0	>15	>10
2.0～3.0	>20	>15
>3.0	>25	>20

注:① 探放陷落柱水和钻孔水,陷落柱和钻孔位置清楚时,应当根据具体情况进行专门探水设计,经煤矿总工程师组织审定后,方可施工;陷落柱和钻孔位置不清楚时,探水钻孔成组布设,并在巷道前方的水平面和竖直面内呈扇形,钻孔终孔位置满足水平面间距不得大于 3 m,厚煤层内各孔终孔的垂距竖直面间距不得大于 1.5 m。② 探放断裂构造水和岩溶水等时,探水钻孔沿掘进方向的正前方及含水体方向呈扇形布置,钻孔不得少于 3 个,其中含水体方向的钻孔不得少于 2 个。③ 原则上禁止顺煤层探放水压高于 1 MPa 的充水断层水、含水层水及陷落柱水等。如确实需要的,可以先构筑防水闸墙,并在闸墙外向内探放水。④ 上山探水时,一般进行双巷掘进,其中一条超前探水和汇水,另一条用来安全撤人;双巷间每隔 30～50 m 挖 1 个联络巷,并设挡水墙。⑤ 在预计水压大于 0.1 MPa 的地点探水时,预先固结套管,并安装闸阀。止水套管应当进行耐压试验,耐压值不得小于预计静水压值的 1.5 倍,兼作注浆钻孔的,综合注浆终压值确定,并保持 30 min 以上。⑥ 预计水压大于 1.5 MPa 时,采用反压和有防喷装置的方法钻进,并制定防止孔口管和煤(岩)壁突然鼓出的措施。⑦ 探放水钻孔除兼作堵水钻孔外,终孔孔径一般不得大于 94 mm。⑧ 老空积水范围、积水量不清楚的,近距离煤层开采的或者地质构造不清楚的,探放水超前钻距不得小于 30 m,止水套管长度不得小于 10 m。老空积水范围、积水量等清楚的,根据水头高低、煤(岩)层厚度、强度及安全技术措施等确定。

1.2.8　探水线、警戒线参数(表 1-1-9)

表 1-1-9　　　　　　　　　　探水线、警戒线参数

边界名称	确定方法	煤层软硬程度	资料依靠调查分析判别	有一定图纸资料作参考	可靠图纸资料作依据
探水线	由积水线平行外推	松软	100～150 m	80～100 m	30～40 m
		中硬	80～120 m	60～80 m	30～35 m
		坚硬	60～100 m	40～60 m	30 m
警戒线	由探水线平行外推		60～80 m	40～50 m	20～40 m

1.2.9　矿井充水强度等级划分(表 1-1-10)

表 1-1-10　　　　　　　　　　矿井充水强度等级

序号	等级	富水系数 K_β/(m³/t)
1	充水弱的矿井	$K_\beta < 2$
2	充水中等的矿井	$K_\beta = 2\sim5$
3	充水强的矿井	$K_\beta = 5\sim10$
4	充水极强的矿井	$K_\beta > 10$

1.2.10　矿井涌水量等级划分(表 1-1-11)

表 1-1-11　　　　　　　　　　　　　　矿井涌水量等级

等级	矿井涌水量 $Q/(\mathrm{m^3/h})$
小	<120
中等	$120\sim300$
大	$300\sim900$
极大	>900

1.2.11　突(透、溃)水点等级划分(表 1-1-12)

表 1-1-12　　　　　　　　　　　　　　突(透、溃)水点等级

序号	等级	突水量 $Q(\mathrm{m^3/h})$
1	小突(透、溃)突水点	$30\leqslant Q\leqslant60$
2	中等突(透、溃)水点	$60<Q\leqslant600$
3	大突(透、溃)水点	$600<Q\leqslant1800$
4	特大突(透、溃)水点	$Q>1\,800$

注:对于大中型煤矿发生 $300\ \mathrm{m^3/h}$ 以上、小型煤矿发生 $60\ \mathrm{m^3/h}$ 以上的突(透、溃)水,或者因突(透、溃)水造成采掘区域和矿井被淹的,应当将突(透、溃)水情况及时上报所在地煤矿安全监察机构和地方人民政府负有安全生产监督管理职责的部门、煤炭行业管理部门。

1.2.12　地下水温度分类(表 1-1-13)

表 1-1-13　　　　　　　　　　　　　　地下水温度分类

类别	非常冷的水	极冷水	冷水	温水	热水	极热水	沸腾水
温度/℃	<0	$0\sim4$	$4\sim20$	$20\sim37$	$37\sim42$	$42\sim100$	>100

1.2.13　地下水味道分类(表 1-1-14)

表 1-1-14　　　　　　　　　　　　　　地下水味道分类

存在物质	NaCl	Na_2SO_4	$MgSO_4$ 或 $MgCl_2$	大量有机质	铁盐	腐殖质	H_2S 与碳酸气同时存在	CO_2 及适量 $Ca(HCO_3)_2$ 或 $Mg(HCO_3)_2$
味道	咸味	涩味	苦味	甜味	涩味	沼泽味	酸味	可口

注:地下水的味道取决于水中溶解的盐类和有机质及气体成分。

1.2.14 水质分析项目(表 1-1-15)

表 1-1-15 水质分析项目

分析方法	分析项目
简分析(简单分析)	除测定物理性质(色、水温、气味、口味、浑浊度或透明度)外,还需分析钠、钾、钙、镁、重碳酸根离子、氯离子、硫酸根、游离二氧化碳、pH、碱度、总硬度、总固形物等
全分析(精确分析)	除测定物理性质(色、水温、气味、口味、浑浊度或透明度)外,还需分析钠、钾、钙、镁、高铁、亚铁、铵离子、重碳酸根离子、氯离子、硫酸根、亚硝酸根、游离二氧化碳、可溶性氧化硅、耗氧量、pH、碱度、酸度、总硬度、暂时硬度、永久硬度、负硬度、总固形物等
专门分析(特殊分析)	专门分析项目跟进具体任务要求而定。如地下水用作饮用水时,需分析水中有无铜、铅、砷、氟、汞等有毒元素存在;在确定地下水对工程建筑有无影响时,应分析侵蚀碳酸、硫酸等含量。

1.2.15 饮用水水质常规项目及限值(表 1-1-16)

表 1-1-16 饮用水水质常规项目及限值

指 标	限 值	指 标	限 值
1. 微生物指标		3. 感官性状和一般化学指标	
总大肠菌群/(MPN/100mL 或 CFU/100mL)	不得检出	色度(铂钴色度单位)	15
耐热大肠菌群/(MPN/100mL 或 CFU/100mL)	不得检出	浑浊度(NTU-散射浊度单位)	1,水源与净水技术条件限制时为 3
大肠埃希氏菌/(MPN/100mL 或 CFU/100mL)	不得检出	臭和味	无异臭、异味
菌落总数/(CFU/mL)	100	肉眼可见物	无
2. 毒理指标		pH 值	不小于 6.5 且不大于 8.5
砷/(mg/L)	0.01	铝/(mg/L)	0.2
镉/(mg/L)	0.005	铁/(mg/L)	0.3
铬/(六价,mg/L)	0.05	锰/(mg/L)	0.1
铅/(mg/L)	0.01	铜/(mg/L)	1.0
汞/(mg/L)	0.001	锌/(mg/L)	1.0
硒/(mg/L)	0.01	氯化物/(mg/L)	250
氰化物/(mg/L)	0.05	硫酸盐/(mg/L)	250
氟化物/(mg/L)	1.0	溶解性总固体/(mg/L)	1 000
硝酸盐/(以 N 计,mg/L)	10	总硬度/(以 $CaCO_3$ 计,mg/L)	450
三氯甲烷/(mg/L)	0.06	耗氧量/($CODMn$ 法,以 O_2 计,mg/L)	3,水源限制,原水耗氧量 >6 mg/L 时为 5

续表 1-1-16

指　　标	限 值	指　　标	限 值
四氯化碳/(mg/L)	0.002	挥发酚类/(以苯酚计,mg/L)	0.002
溴酸盐/(使用臭氧时,mg/L)	0.01	阴离子合成洗涤剂/(mg/L)	0.3
甲醛/(使用臭氧时,mg/L)	0.9	4. 放射性指标	指导值
亚氯酸盐/(使用二氧化氯消毒时,mg/L)	0.7	总 α 放射性/(Bq/L)	0.5
氯酸盐/(使用复合二氧化氯消毒时,mg/L)	0.7	总 β 放射性/(Bq/L)	1

注:① MPN 表示最可能数;CFU 表示菌落形成单位。当水样检出总大肠菌群时,应进一步检验大肠埃希氏菌或耐热大肠菌群;水样未检出总大肠菌群,不必检验大肠埃希氏菌或耐热大肠菌群。② 放射性指标超过指导值,应进行核素分析和评价,判定能否饮用。

表 1-1-17　　　　　　　　　饮用水中消毒剂常规指标及要求

消毒剂名称	与水接触时间	出厂水中限值	出厂水中余量	管网末梢水中余量
氯气及游离氯制剂/(游离氯,mg/L)	至少 30 min	4	≥0.3	≥0.05
一氯胺/(总氯,mg/L)	至少 120 min	3	≥0.5	≥0.05
臭氧/(O_3,g/L)	至少 12 min	0.3		0.02

1.2.16　管径/流速/流量对照表(表 1-1-18)

表 1-1-18　　　　　　　　　管径/流速/流量对照表

流量/(m³/h)　流速/(m/s) 管径/mm	1.0	1.2	1.4	1.6	1.8	2.0	2.2	2.4	2.6	2.8	3.0
50	7.1	8.5	9.9	11.3	12.7	14.1	15.6	17.0	18.4	19.8	21.2
65	11.9	14.3	16.7	19.1	21.5	23.9	26.3	28.7	31.1	33.4	35.8
80	18.1	21.7	25.3	29.0	32.6	36.2	39.8	43.4	47.0	50.7	54.3
100	28.3	33.9	39.6	45.2	50.9	56.5	62.2	67.9	73.5	79.2	84.8
125	44.2	53.0	61.9	70.7	79.5	88.4	97.2	106.0	114.9	123.7	132.5
150	63.6	76.3	89.1	101.8	114.5	127.2	140.0	152.7	165.4	178.1	190.9
200	113.1	135.7	158.3	181.0	208.6	226.2	248.8	271.4	294.1	316.7	339.3
250	176.7	212.1	247.4	282.7	318.1	353.4	388.8	424.1	489.5	494.8	530.1
300	254.5	305.4	386.3	407.1	488.0	508.9	589.8	640.7	661.6	712.5	763.4
350	346.4	415.6	484.9	554.2	623.4	692.7	762.0	831.3	900.5	989.8	1 089.1
400	462.4	542.9	633.3	723.8	814.2	904.8	995.3	1 085.7	1 176.2	1 286.7	1 357.2
450	572.6	687.1	801.6	916.1	1 030.6	1 145.1	1 259.6	1 374.1	1 488.6	1 603.2	1 717.7
500	706.9	848.2	989.6	1 131	1 272.3	1 413.7	1 555.1	1 696.5	1 837.8	1 979.2	2 120.6
600	1 017.9	1 221.4	1 425	1 628.6	1 832.2	2 035.7	2 239.3	2 442.9	2 646.5	2 850	3 053.6

注:经济流速一般为 1.5~2 m/s,自然流速一般 1.2~1.5 m/s。

1.2.17　矩形堰流量表(表 1-1-19)

表 1-1-19　　　　　　　　　　　　　　　　矩形堰流量表

水头高度 h /cm	堰宽 B/cm					水头高度 h /cm	堰宽 B/cm				
	40	50	60	80	100		40	50	60	80	100
	流量 Q/(m³/h)						流量 Q/(m³/h)				
3	13.5	17	20.4	27.3	34.2	17	169.7	216.1	262.5	355.3	448
4	20.8	26	31.3	41.9	52.5	18	183.9	234.5	285	386.1	487.1
5	28.9	36.2	43.6	58.4	73.2	19	198.4	253.2	308	417.6	527.2
6	37.7	47.5	57.2	76.6	96.1	20	213.1	272.2	331.4	449.8	568.2
7	47.3	59.6	71.8	96.3	120.8	21	228	291.6	355.3	482.7	610
8	57.5	72.5	87.4	117.4	147.3	22	243.1	311.3	379.6	516.2	652.7
9	68.2	86.1	104	139.7	175.4	23	258.4	331.4	404.3	550.3	696.3
10	79.5	100.4	121.4	163.2	205.1	24	273.8	351.6	429.4	585	740.6
11	91.2	115.4	139.5	187.8	236.1	25	289.5	372.2	454.9	620.3	785.7
12	103.4	130.9	158.4	213.4	268.5	26	305.5	393	480.7	656.2	831.6
13	116	147	178	240.1	302.1	27	321.2	414	506.9	692.5	878.2
14	128.9	163.6	198.3	267.6	336.9	28	337.2	435.3	533.3	729.4	925.5
15	142.2	180.7	219.1	296	372.9	29	353.4	456.7	560.1	766.7	973.4
16	155.8	198.2	240.5	325.2	409.9	30	369.7	478.4	587.1	804.6	1 022

注：本表根据矩形堰有缩流公式 $Q=0.018\,38(B-0.2h)h\sqrt{h}$，$B$ 为堰宽(cm)，h 为水头高度(cm)，Q 为涌水量(m³/h)，本表未加 15% 系数。

1.3　常用计算公式

1.3.1　水体允许采动程度

表 1-1-20　　　　　　　　　矿区的水体采动等级及允许采动程度表

煤层位置	水体采动等级	水体类型	允许采动程度	留设的安全煤(岩)柱类型
水体下	I	1. 直接位于基岩上方或底界面下无稳定的黏性土隔水层的各类地表水体。 2. 直接位于基岩上方或底界面下无稳定的黏性土隔水层的松散孔隙强、中含水层水体。 3. 底界面下无稳定的泥质岩类隔水层的基岩强、中含水层水体。 4. 急倾斜煤层上方的各类地表水体和松散中强、中含水层水体。 5. 要求作为重要水源和旅游地保护的水体	不允许导水裂隙带波及水体	顶板防水安全煤(岩)柱

续表 1-1-20

煤层位置	水体采动等级	水体类型	允许采动程度	留设的安全煤(岩)柱类型
水体下	Ⅱ	1. 松散层底底部为具有多层结构、厚度大、弱含水的松散层或松散中、上部为强含水层,下部为弱含水层的地表中、小型水体。 2. 松散层底部为稳定的厚黏性土隔水层或松散弱含水层的松散中、上部孔隙强、中含水层水体。 3. 有疏降条件的松散层和基岩弱含水层水体。	允许导水裂隙带波及松散孔隙弱含水层水体,但不允许垮落带波及该水体	顶板防砂安全煤(岩)柱
水体下	Ⅲ	1. 松散层底部为稳定的厚黏性土隔水层的松散中、上部孔隙弱含水层水体。 2. 已经或接近疏干的松散层和基岩水体	允许导水裂隙带进入松散孔隙弱含水层,同时允许垮落带波及该弱含水层	顶板防塌安全煤(岩)柱
水体上	Ⅰ	1. 位于煤系地层之下的灰岩强含水体。 2. 位于煤层之下的薄层灰岩具有强水源补给的含水体。 3. 位于煤层之下的作为重要水源或旅游资源保护的水体	不允许底板采动导水破坏带及水体,或与承压水导升带沟通,并有能起到强阻水作用的有效保护层	底板强防水安全煤(岩)柱
水体上	Ⅱ	1. 位于煤系地层之下的弱含水体,或已疏降的强含水体。 2. 位于煤层之下的无强水源补给的薄层灰岩含水体。 3. 位于煤系地层或煤系地层底部其他岩层中的中、弱含水体	允许采取安全措施后底板采动导水破坏带波及水体,或与承压水导升带沟通,但防水安全煤(岩)柱仍能起到安全阻水作用	底板弱防水安全煤(岩)柱

1.3.2　水体下采煤的安全煤岩柱设计方法

1.3.2.1　水体下采煤的安全煤岩柱留设与设计

（1）防水安全煤(岩)柱。留设防水安全煤(岩)柱的目的是不允许导水裂隙带波及水体。防水安全煤(岩)柱的垂高（H_{sh}）应当大于或者等于导水裂隙带的最大高度（H_{li}）加上保护层厚度（H_b）,如图 1-1-1 所示,即

$$H_{sh} \geqslant H_{li} + H_b$$

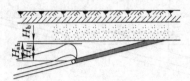

图 1-1-1　防水安全煤(岩)柱设计

如果煤系地层无松散层覆盖和采深较小时,还应当考虑地表裂缝深度（H_{dili}）,如图 1-1-2所示,此时

$$H_{sh} \geqslant H_{li} + H_b + H_{dili}$$

如果松散含水层富水性为强或者中等,且直接与基岩接触,而基岩风化带亦含水,则应

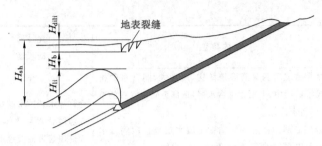

图 1-1-2　煤系地层无松散层覆盖时防水安全煤(岩)柱设计

当考虑基岩风化含水层带深度(H_{fe}),如图 1-1-3 所示,此时

$$H_{sh} \geqslant H_{li} + H_b + H_{fe}$$

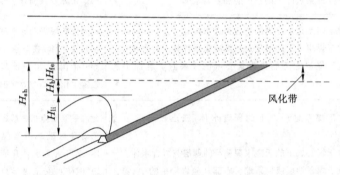

图 1-1-3　基岩风化带含水时防水安全煤(岩)柱设计

(2) 防砂安全煤(岩)柱。留设防砂安全煤(岩)柱的目的是允许导水裂隙带波及松散弱含水层或者已疏干的松散强含水层,但不允许垮落带接近松散层底部。防砂安全煤(岩)柱垂高(H_s)应当大于或者等于垮落带的最大高度(H_k)加上保护层厚度(H_b),如图 1-1-4 所示,即

$$H_s \geqslant H_k + H_b$$

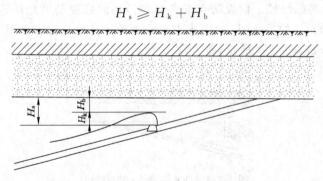

图 1-1-4　防砂安全煤(岩)柱设计

(3) 防塌安全煤(岩)柱。留设防塌安全煤(岩)柱的目的是不仅允许导水裂隙带波及松散弱含水层或者已疏干的松散含水层,同时允许垮落带接近松散层底部。防塌安全煤(岩)柱垂高(H_t)应当等于或者接近于垮落带的最大高度(H_k),如图 1-1-5 所示,即 $H_t \approx H_k$。

对于急倾斜煤层(55°~90°),由于安全煤(岩)柱不稳定,上述留设方法不适用。

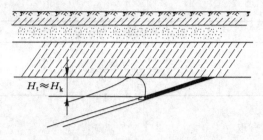

图 1-1-5　防塌安全煤(岩)柱设计

1.3.2.2　垮落带和导水裂隙带高度的计算

覆岩垮落带和导水裂隙带高度应当依据开采区域的地质采矿条件和实测数据分析确定;对无实测数据的矿区,可以参考类似地质采矿条件矿区的实测数据、水体下开采成功经验或者依据覆岩类型按表 1-1-21、表 1-1-22 中的公式计算。近距离煤层垮落带和导水裂隙带高度的计算,必须考虑上下煤层开采的综合影响。

表 1-1-21　　　　　　　　　　厚煤层分层开采的垮落带高度计算公式

覆岩岩性(单向抗压强度及主要岩石名称)/MPa	计算公式/m
坚硬(40~80,石英砂岩、石灰岩、砾岩)	$H_k = \dfrac{100\sum M}{2.1\sum M + 16} \pm 2.5$
中硬(20~40,砂岩、泥质灰岩、砂质页岩、页岩)	$H_k = \dfrac{100\sum M}{4.7\sum M + 19} \pm 2.2$
软弱(10~20,泥岩、泥质砂岩)	$H_k = \dfrac{100\sum M}{6.2\sum M + 32} \pm 1.5$
极软弱(<10,铝土岩、风化泥岩、黏土、砂质黏土)	$H_k = \dfrac{100\sum M}{7.0\sum M + 63} \pm 1.2$

注:$\sum M$ 为累计采厚;公式应用范围:单层采厚 1~3 m,累计采厚不超过 15 m;计算公式±号项为中误差。

表 1-1-22　　　　　　　　　　厚煤层分层开采的导水裂隙带高度计算公式

岩性	计算公式之一/m	计算公式之二/m
坚硬	$H_{li} = \dfrac{100\sum M}{1.2\sum M + 2.0} \pm 8.9$	$H_{li} = 30\sqrt{\sum M} + 10$
中硬	$H_{li} = \dfrac{100\sum M}{1.6\sum M + 3.6} \pm 5.6$	$H_{li} = 20\sqrt{\sum M} + 10$
软弱	$H_{li} = \dfrac{100\sum M}{3.1\sum M + 5.0} \pm 4.0$	$H_{li} = 10\sqrt{\sum M} + 5$

岩性	计算公式之一/m	计算公式之二/m
极软弱	$H_{\text{li}} = \dfrac{100\sum M}{5.0\sum M + 8.0} \pm 3.0$	

1.3.2.3　保护层厚度的选取

保护层厚度应当依据开采区域的地质采矿条件及保护层的隔水性综合确定。对已有水体下开采成功经验的矿区,应当首先参考本矿区的成功经验;无水体下开采成功经验的矿区,可以参考类似地质采矿条件矿区的成功经验或者按表 1-1-23、表 1-1-24 中的数值选取。

表 1-1-23　　　　防水安全煤(岩)柱的保护层厚度(不适用于综放开采)

覆岩岩性	松散层底部黏性土层厚度大于累计采厚/m	松散层底部黏性土层厚度小于累计采厚/m	松散层全厚小于累计采厚/m	松散层底部无黏性土层/m
坚硬	$4A$	$5A$	$6A$	$7A$
中硬	$3A$	$4A$	$5A$	$6A$
软弱	$2A$	$3A$	$4A$	$5A$
极软弱	$2A$	$2A$	$3A$	$4A$

注:$A = \sum M/n$,$\sum M$ 为累计采厚,n 为分层层数。适用于缓倾斜($0° \sim 35°$)、中倾斜($36° \sim 54°$)煤层。

表 1-1-24　　　　　　防砂安全煤(岩)柱保护层厚度

覆岩岩性	松散层底部黏性土层或弱含水层厚度大于累计采厚/m	松散层全厚大于累计采厚/m
坚硬	$4A$	$2A$
中硬	$3A$	$2A$
软弱	$2A$	$2A$
极软弱	$2A$	$2A$

注:$A = \sum m/n$,$\sum m$ 为累计采厚,n 为分层层数。适用于缓倾斜($0° \sim 35°$)、中倾斜($36° \sim 54°$)煤层。

1.3.3　水体上采煤的防水安全煤(岩)柱设计方法

设计防水安全煤(岩)柱的原则是:不允许底板采动导水破坏带波及水体,或者与承压水导升带沟通。因此,设计的底板防水安全煤(岩)柱厚度(h_s)应当大于或者等于导水破坏带(h_1)和阻水带厚度(h_2)之和,如图 1-1-6(a)所示,即

$$h_s \geqslant h_1 + h_2$$

如果底板含水层上部存在承压水导升带(h_3)时,则底板安全煤(岩)柱厚度(h_s)应当大于或者等于导水破坏带(h_1)、阻水带厚度(h_2)及承压水导升带(h_3)之和,如图 1-1-6(b)所示,此时

$$h_s \geqslant h_1 + h_2 + h_3$$

如果底板含水层顶部存在被泥质物充填的厚度稳定的隔水带时,则充填隔水带厚度

(h_4)可以作为底板防水安全煤(岩)柱厚度(h_s)的组成部分,如图1-1-6(c)所示,则

$$h_s \geqslant h_1 + h_2 + h_4$$

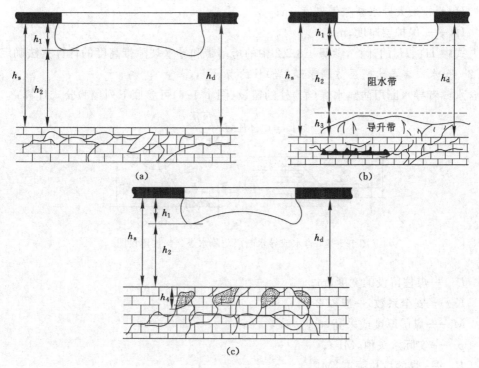

图 1-1-6　底板防水安全煤(岩)柱设计示意图

1.3.4　防隔水煤(岩)柱的尺寸要求

1.3.4.1　煤层露头防隔水煤(岩)柱的留设

煤层露头防隔水煤(岩)柱的留设,按下列公式计算:

(1)煤层露头无覆盖或者被黏土类微透水松散层覆盖时:$H_f = H_k + H_b$

(2)煤层露头被松散富水性强的含水层覆盖时(图1-1-7):$H_f = H_d + H_b$

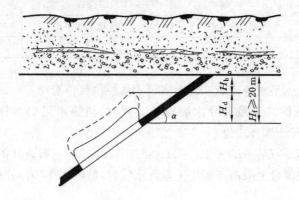

图 1-1-7　煤层露头被松散富水性强含水层覆盖时防隔水煤(岩)柱留设图

式中　H_f——防隔水煤(岩)柱高度,m;

　　　H_k——垮落带高度,m;

　　　H_d——最大导水裂隙带高度,m;

　　　H_b——保护层厚度,m。

式中 H_k、H_d 的计算,参照 1.3.2.2 中的垮落带和导水裂隙带高度的计算方法确定。

1.3.4.2　含水或者导水断层防隔水煤(岩)柱的留设

含水或者导水断层防隔水煤(岩)柱的留设(图 1-1-8)可参照下列经验公式计算:

$$L = 0.5\, KM \sqrt{\dfrac{3p}{K_p}}$$

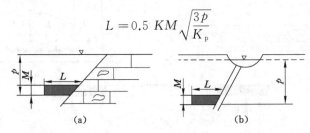

图 1-1-8　含水或导水断层防隔水煤(岩)柱留设图

式中　L——煤柱留设的宽度,m;

　　　K——安全系数,一般取 2~5;

　　　M——煤层厚度或采高,m;

　　　p——实际水头值,MPa;

　　　K_p——煤的抗拉强度,MPa。

煤的抗拉强度 K_p 应通过原位水头压力致裂测试确定。目前国内各矿采用值大多在 0.2~1.4 MPa 之间。原河北省煤研所和煤科总院北京开采所在开滦局、邯郸局实测统计资料如表 1-1-25 所列。

表 1-1-25　　　　　　　　　部分矿井煤层抗拉强度实测统计表

序号	矿井名称	岩石性质	抗拉强度/MPa
1	唐山矿	9 层煤	0.587
2	三河矿	9 层煤	1.17
3	三河矿	9 层无烟煤	1.2
4	王封矿	煤	1.22

1.3.4.3　煤层与强含水层或导水断层接触防隔水煤(岩)柱的留设

(1)当含水层顶面高于最高导水裂隙带上限时,防隔水煤(岩)柱可按图 1-1-9(a)、图 1-1-9(b)留设。其计算公式为

$$L = L_1 + L_2 + L_3 = H_a \csc\theta + H_d \cot\theta + H_d \cot\delta$$

(2)最高导水裂隙带上限高于断层上盘含水层时,防隔水煤(岩)柱按图 1-1-9(c)留设。其计算公式为

$$L = L_1 + L_2 + L_3 = H_a(\sin\delta - \cos\delta\cot\theta) + (H_a\cos\delta + M)(\cot\theta + \cot\delta)$$

式中　L——防隔水煤(岩)柱宽度,m;

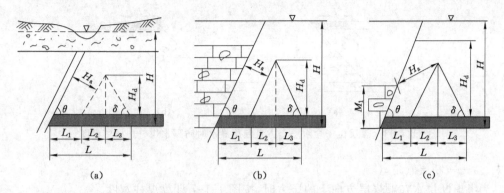

图 1-1-9　煤层与富水性强的含水层或者导水断层接触时防隔水煤（岩）柱留设图

L_1,L_2,L_3——防隔水煤（岩）柱各分段宽度，m；

H_d——最大导水裂隙带高度，m；

θ——断层倾角，（°）；

δ——岩层塌陷角，（°）；

M——断层上盘含水层顶面高出下盘煤层底板的高度，m；

H_a——安全防隔水煤（岩）柱的宽度，m。

　　H_a 值应当根据矿井实际观测资料来确定，即通过总结本矿区在断层附近开采时发生突水和安全开采的地质、水文地质资料，计算其临界突水系数 T_s，即水压（p）与防隔水煤（岩）柱厚度（M）的比值（$T_s = p/M$），并将各计算值标到以 T_s 为横轴，以埋藏深度 H_0 为纵轴的坐标系内，找出 T_s 值的安全临界线（图 1-1-10）。

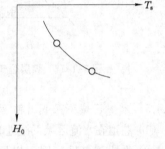

图 1-1-10　T_s 和 H_0 关系曲线图

　　H_a 值也可以按下列公式计算

$$H_a = \frac{p}{T_s} + 10$$

式中　　p——防隔水煤（岩）柱所承受的实际水头值，MPa；

　　　　T_s——临界突水系数，MPa/m；

　　　　10——保护带厚度，一般取 10 m。

　　本矿区如无实际突水系数，可参考其他矿区资料，但选用时应当综合考虑隔水层的岩性、物理力学性质、巷道跨度或工作面的空顶距、采煤方法和顶板控制方法等一系列因素。

1.3.4.4　煤层位于含水层上方且断层导水时防隔水煤（岩）柱的留设

　　（1）在煤层位于含水层上方且断层导水的情况下（图 1-1-11），防隔水煤（岩）柱的留设应当考虑 2 个方向上的压力：一是煤层底部隔水层能否承受下部含水层水的压力；二是断层水在顺煤层方向上的压力。

　　当考虑底部压力时，应当使煤层底板到断层面之间的最小距离（垂距），大于安全防隔水煤（岩）柱宽度 H_a 的计算值，并不得小于 20 m。防隔水煤（岩）柱宽度 L 的计算公式为

$$L = \frac{H_a}{\sin \alpha}$$

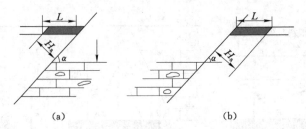

图 1-1-11　煤层位于含水层上方且断层导水时防隔水煤(岩)柱留设图

式中　α——断层倾角,(°)。

当考虑断层水在顺煤层方向上的压力时,按图 1-1-7 计算煤柱宽度。

根据以上两种方法计算的结果,取用较大的数字,但仍不得小于 20 m。

(2) 如果断层不导水(图 1-1-12),防隔水煤(岩)柱的留设尺寸,应当保证含水层顶面与断层面交点至煤层底板间的最小距离,在垂直于断层走向的剖面上大于安全防隔水煤(岩)柱的宽度 H_a,但不得小于 20 m。

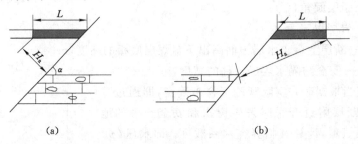

图 1-1-12　煤层位于含水层上方且断层不导水时防隔水煤(岩)柱留设图

1.3.4.5　水淹区域下采掘时防隔水煤(岩)柱的留设

(1) 巷道在水淹区域下掘进时,巷道与水体之间的最小距离,不得小于巷道高度的 10 倍。

(2) 在水淹区域下同一煤层中进行开采时,若水淹区域的界线已基本查明,防隔水煤(岩)柱的尺寸应当按含水或导水断层防隔水煤(岩)柱的留设方式留设。

(3) 在水淹区域下的煤层中进行回采时,防隔水煤(岩)柱的尺寸,不得小于最大导水裂隙带高度与保护层厚度之和。

1.3.4.6　保护通水钻孔防隔水煤(岩)柱的留设

根据钻孔测斜资料换算钻孔见煤点坐标,按含水或导水断层防隔水煤(岩)柱的留设办法留设防隔水煤(岩)柱,如无测斜资料,应当考虑钻孔可能偏斜的误差。

1.3.4.7　相邻矿(井)人为边界防隔水煤(岩)柱的留设

(1) 水文地质类型简单、中等的矿井,可采用垂直法留设,但总宽度不得小于 40 m。

(2) 水文地质类型复杂、极复杂的矿井,应当根据煤层赋存条件、地质构造、静水压力、开采煤层上覆岩层移动角、导水裂隙带高度等因素确定。

(3) 多煤层开采,当上、下两层煤的层间距小于下层煤开采后的导水裂隙带高度时,下层煤的边界防隔水煤(岩)柱,应当根据最上一层煤的岩层移动角和煤层间距向下推算[见图 1-1-13(a)]。当上、下两层煤之间的层间距大于下煤层开采后的导水裂隙带高度时,上、下煤层的防隔水煤(岩)柱,可以分别留设[见图 1-1-13(b)]。

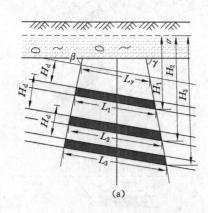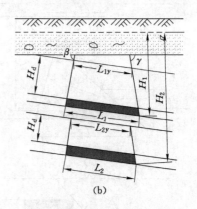

(a)　　　　　　　　　　(b)

图 1-1-13　多煤层开采边界防隔水煤(岩)柱留设图

L_y,L_{1y},L_{2y}——导水裂隙带上限岩柱宽度；L_1——上层煤防水煤柱宽度；

L_2,L_3——下层煤防水煤柱宽度；γ——上山岩层移动角；β——下山岩层移动角；

H_d——最大导水裂隙带高度；H_1,H_2,H_3——各煤层底板以上的静水位高度

导水裂隙带上限岩柱宽度 L_y 的计算，可采用下列公式

$$L_y=\frac{H-H_d}{10}\times\frac{1}{\lambda}$$

式中　L_y——导水裂隙带上限岩柱宽度，m；

　　　H——煤层底板以上的静水位高度，m；

　　　H_d——最大导水裂隙带高度，m；

　　　λ——水压与岩柱宽度的比值，可以取 1。

1.3.4.8　以断层为界的井田防隔水煤(岩)柱的留设

以断层为界的井田，其边界防隔水煤(岩)柱可参照断层煤柱留设，但应当考虑井田另一侧煤层的情况，以不破坏另一侧所留煤(岩)柱为原则(除参照断层煤柱的留设外，尚可参考图 1-1-14 所示的例图)。

1.3.5　掘进工作面安全隔水层厚度计算公式

$$t=\frac{L(\sqrt{\gamma^2L^2+8K_pp}-rL)}{4K_p}$$

式中　t——安全隔水层厚度，m；

　　　L——巷道底板宽度，m；

　　　γ——底板隔水层的平均重度，MN/m^3(1 t/m^3＝0.01 MN/m^3)；

　　　K_p——底板隔水层的平均抗拉强度，MPa；

　　　p——底板隔水层承受的实际水头值，MPa。

底板隔水层的平均抗拉强度 K_p 应通过原位实际水头值致裂测试确定。岩石抗拉强度为抗压强度的 $1/30\sim1/10$，一般取 1/20。部分矿井煤层底板抗拉强度实测统计见表1-1-26。

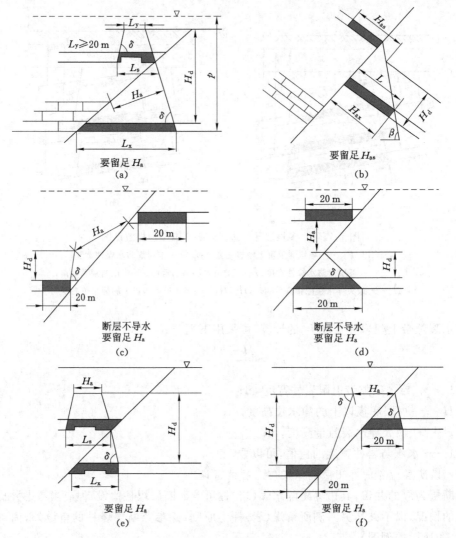

图 1-1-14　以断层分界的井田防隔水煤（岩）柱留设图

L——煤柱宽度；L_s，L_x——上、下煤层的煤柱宽度；L_y——导水裂隙带上限岩柱宽度；

H_a，H_{as}，H_{ax}——安全防水岩柱宽度；H_d——最大导水裂隙带宽度；p——底板隔水层承受的实际水头值

表 1-1-26　　　　　　　　　部分矿井煤层底板抗拉强度实测统计表

序号	岩石性质	抗拉强度/MPa		
		最小	最大	平均
1	黏土岩		3.35	3.35
2	页岩	1.47	2.379	2.006
3	砂页岩	0.822	4.635	2.235
4	粉砂岩	0.89	4.206	2.346
5	细砂岩	1.84	4.97	3.425
6	中砂岩	0.79	3.226	1.928
7	灰岩	2.33	5.502	3.487

1.3.6 突水系数计算公式

$$T = \frac{p}{M}$$

式中　T——突水系数,MPa/m;

　　　P——底板隔水层承受的实际水头值,MPa;水压应当从含水层顶界面起算,水位值
　　　　　近 3 年含水层观测水位最高值;

　　　M——底板隔水层厚度,m。

　　突水系数计算公式适用于采煤工作面,就全国实际资料看,底板受构造破坏的地段突水
系数不得大于 0.06 MPa/m;隔水层完整无断裂构造破坏的地段不得大于 0.1 MPa/m。

1.3.7 掘进巷道底板隔水层的安全水头值计算公式

$$p_s = 2K_p \frac{t^2}{L^2} + \gamma t$$

式中　p_s——底板隔水层安全水头值,MPa;

　　　t——隔水层厚度,m;

　　　L——巷道底板宽度,m;

　　　γ——底板隔水层的平均重度,MN/m³;

　　　K_p——底板隔水层的平均抗拉强度,MPa。

1.3.8 采煤工作面安全水头值计算公式

$$p_s = T_s M$$

式中　M——底板隔水层厚度,m;

　　　p_s——底板隔水层安全水头值,MPa;

　　　T_s——临界突水系数,MPa/m。

　　T_s 值应当根据本区资料确定,一般情况下,底板受构造破坏的地段按 0.06 MPa/m 计
算,隔水层完整无断裂构造破坏的地段按 0.1 MPa/m 计算。

1.3.9 老空积水量估算

$$Q_积 = \sum Q_采 + \sum Q_巷$$
$$Q_采 = KMF/\cos \alpha = KMBh/\sin \alpha$$
$$Q_巷 = WLK$$

式中　$Q_积$——相互连通的各积水区总积水量,m³;

　　　$\sum Q_采$——有水力联系采空区积水量之和,m³;

　　　$\sum Q_巷$——与采空区有联系的各种巷道积水量之和,m³;

　　　K——充水系数;

　　　M——采空区的平均采高或煤厚,m;

　　　F——采空积水区的水平投影面积,m²;

　　　α——煤层倾角,(°);

W——积水巷道原有断面，m^2；

L——不同断面巷道长度，m；

B——老空走向长度，m；

h——老空水头高度，m。

采空区充水系数 K 与采煤方法、回采率、煤层倾角、顶底板岩性及其碎胀程度、采后间隔时间诸因素有关；而巷道充水系数则根据煤（岩）巷和成巷时间不同及维修状况而定。因此，须逐块逐条地选定充水系数，这是积水量预计的关键。对于充水系数，采空区一般取 $0.25\sim0.5$，煤巷一般取 $0.5\sim0.8$，岩巷取 $0.8\sim1.0$。以走向长壁采煤法为主，新老区平均，10 年前充水系数为 0.20，10 年内充水系数 $0.25\sim0.40$。

1.3.10　矿井排水能力计算公式

1.3.10.1　矿井工作水泵的能力计算

（1）工作水泵的能力 Q_1。

$$Q_1 = 24Q_c/20$$

式中　Q_c——矿井正常涌水量，m^3/h。

（2）矿井工作和备用水泵的总能力 Q_2。

$$Q_2 = 24Q_{max}/20$$

式中　Q_{max}——最大涌水量，m^3/h。

（3）备用水泵的能力：$Q_3 \geqslant 0.7Q_1$。

（4）检修水泵的能力：$Q_4 \geqslant 0.25Q_1$。

（5）矿井总排水能力：$Q = Q_1 + Q_3 + Q_4$。

1.3.10.2　抢险排水能力计算公式

（1）按水泵排水能力的利用率确定最小排水能力 Q_5，即：

$$Q_5 = KQ_6/n$$

式中　K——排水时围岩裂隙中的静贮量流出系数，取 $1.1\sim1.2$；

n——排水设备的利用率，立井取 0.65，斜井取 0.5；

Q_6——最大突水量。

（2）按移动泵条件确定最小排水能力 Q_5，即

$$Q_5 = Q_7 + Q_8$$
$$Q_7 = KQ_6/n_1$$

式中　Q_7——其他水泵的排水能力；

n_1——运转水泵的利用率，立井取 0.80，斜井取 0.65；

Q_8——停止运转的水泵排水能力。

1.3.10.3　排水扬程的计算

$$H = K_1(H_X + H_P)$$

式中　H_X——水泵的吸水高度，卧泵取 5.5 m；

H_P——水泵的排水高度，m；

K_1——管路损失扬程系数，垂直管路取 $1.1\sim1.5$，倾斜管路取 $1.25\sim1.30$。

1.3.10.4　排水管径计算

$$d_p = \sqrt{Q_B / 900\pi V_p}$$

式中　Q_B——水泵的流量，m^3/h；

　　　V_p——排水管的经济流速，取 1.5～2.0 m/s。

1.3.10.5　排水时间计算

正常涌水量排水时间计算：

$$T = Q_C / NQ_B$$

式中　Q_C——矿井正常涌水量，m^3/h；

　　　N——工作水泵台数；

　　　Q_B——水泵的流量，m^3/h。

抢险恢复排水时间计算：

$$T = Q_{静} / (nQ_B - Q_{动})$$

式中　$Q_{静}$——各排水阶段的静水量，m^3/h；

　　　$Q_{动}$——各排水阶段的动水量，m^3/h；

　　　Q_B——排水设备的能力，m^3/h；

　　　n——排水设备能力利用率，立井取 0.65，斜井取 0.50。

1.3.11　矿井涌水量预计

1.3.11.1　富水系数比拟法

富水系数是指一定时间内矿井排出的总水量与同时期内的采矿量之比，若以 K_B 表示富水系数，则

$$K_B = \frac{Q_0}{P_0}$$

式中　K_B——富水系数，m^3/t；

　　　Q_0——一定时期内矿井排出的总水量，m^3；

　　　P_0——同时期内的采矿量，t。

不同矿井的富水系数变化范围很大，小者接近于零，大者可达 100 m^3/t 以上。富水系数不仅取决于矿区的自然条件，而且还与开采条件有关。为了排除生产条件影响，对富水系数作了修正，如开采面积为 F_0 的富水系数 $K_B = Q_0/F_0$ 和采掘长度为 L_0 的富水系数 $K_B = Q_0/L_0$ 等。预测时，一般以上述各富水系数的综合平均值为比拟依据。

（1）一元比拟法

富水系数法涌水量计算公式为

$$Q_{正} = K_B \times P$$
$$Q_{大} = Q_{正} \times a$$

式中　$Q_{正}$——预计矿井正常涌水量，m^3/h；

　　　$Q_{大}$——预计矿井最大涌水量，m^3/h；

　　　P——预计矿井年产量，t/a；

　　　K_B——富水系数，m^3/t，取近年平均值；

　　　a——涌水量不均匀系数，取最大值，无资料可参考取 1.5～3。

（2）多元相关比拟

$$\frac{Q_1}{Q_2} = \sqrt[m]{\frac{S_1}{S_2}}$$

式中　Q_1——已知矿井正常涌水量，m^3/h；

　　　Q_2——预计矿井最大涌水量，m^3/h；

　　　m——流态指数；

　　　S_1, S_2——水位降深，m。

例如：据曹庄小槽石门及 9106 工作面突水资料，$Q_1 = 220$ m^3/h，水位降深 $S_1 = 40.265$ m；$Q_2 = 170$ m^3/h，水位降 $S_2 = 23.65$ m，将以上数据代入公式，计算得 $m = 2.1$。

1.3.11.2　单位涌水量比拟法

开采面积 F_0 和水位降深 S_0 是矿井涌水量 Q_0 变化的两个主要影响因素。当生产矿井的涌水量 Q_0 随着开采面积 F_0 和水位降深 S_0 呈直线变化时，单位涌水量 q_0 为

$$q_0 = \frac{Q_0}{F_0 S_0}$$

式中　q_0——单位涌水量，s^{-1}；

　　　Q_0——矿井涌水量，m^3/s；

　　　F_0——开采面积，m^2；

　　　S_0——水位降深，m。

根据生产矿井（采区或水平）有关资料求得的单位涌水量 q_0，可以作为预测类似条件下矿井（采区或水平）在每个开采面积 F 和水位降深 S 条件下涌水量 Q 的依据。比拟公式为

$$Q = q_0 S F = Q_0 \left(\frac{FS}{F_0 S_0} \right)$$

式中　Q——预计矿井涌水量，m^3/s；

　　　F——预计矿井开采面积，m^2；

　　　S——预计矿井水位降深，m。

应用上式预测矿井涌水量的关键在于涌水量与开采面积和水位降深之间的关系是否呈直线。如矿井涌水量与开采面积和水位降深之间不呈直线，可按下式预测类似条件下的矿井（采区或水平）涌水量。

$$Q = Q_0 \sqrt[m]{\frac{F}{F_0}} \sqrt[n]{\frac{S}{S_0}}$$

式中　m, n——待定系数，可由最小二乘法求得。

水文地质比拟法适用于已有多年生产历史的矿井，这时可根据上水平实际排水资料来预测延深水平的涌水量，或根据生产采区的排水资料来预测新扩大采区的涌水量，效果较好。但应注意，不同的充水条件可以选择不同的比拟因子（如开采面积、水位降深、掘进巷道长度等）。

1.3.11.3　大井法

当矿井排水时，在矿井的周围就会形成以巷道系统为中心的具有一定形状的降落漏斗，这与钻孔抽水时在钻孔周围形成降落漏斗的情况类似，因而可以将巷道系统分布的范围假设为一个理想的大井。这个假设大井的圆形断面积，与巷道系统分布的面积相当。因此，可

以直接利用地下水动力学的公式来计算巷道系统的涌水量。

（1）潜水含水层

$$Q = 1.366K \frac{H^2 - h^2}{\lg R_0 - \lg r_0}$$

当上式中 $h = 0$ 时，有

$$Q = 1.366K \frac{(2H - S)S}{\lg R_0 - \lg r_0}$$

（2）承压含水层

$$Q = 2.73K \frac{MS}{\lg R_0 - \lg r_0}$$

或

$$Q = 2.73K \frac{M(H - h)}{\lg R_0 - \lg r_0}$$

（3）潜水-承压水

$$Q = 1.366K \frac{2HM - M^2 - h^2}{\lg R_0 - \lg r_0}$$

式中　Q——预计的矿井涌水量，m^3/s；

K——渗透系数，m/d；

M——承压含水层厚度，m；

H——潜水含水层的厚度或承压含水层的水头高度（从巷道底板算起），m；

h——巷道内的水柱高度，m；

S——由于矿井排水而产生的水位降深值，m；

R_0——矿井排水的引用影响半径，m，$R_0 = R + r_0$；

R——含水层抽水时得出的影响半径，m，$R = 10S\sqrt{K}$；

r_0——假想"大井"的半径（或称引用半径），m。

r_0 取值计算方法如表 1-1-27 所列。

表 1-1-27　　　　　　　　　　　　　r_0 取值计算方法

矿坑平面图形	r_0 表达式	说明
长条形	$r_0 = s/4$	S——基坑长度（宽/长很小时适用）
椭圆形	$r_0 = (D_1 + D_2)/4$	D_1, D_2——椭圆的长轴和短轴长度
矩形	$r_0 = \eta(a + b)/4$	a, b——矩形边长，η 见表 1-1-28 和表 1-1-29
菱形	$r_0 = \eta c/2$	c——菱形边长
方形	$r_0 = 0.59a$	a——方形边长
不规则圆形	$r_0 = \sqrt{\dfrac{F}{\pi}}$	F——基坑面积，a/b 小于 2～3 时用此公式计算
不规则多边形	$r_0 = P/2\Pi$	P——基坑周长，a/b 大于 2～3 时用此公式计算
弓形	$r_0 = \xi L$	L——弦长，ξ 见表 1-1-30

表 1-1-28　　　　　　　　　　　　　　a/b 与 η 的关系表

a/b	0	0.2	0.4	0.6	0.8	1.0
η	1.0	1.12	1.14	1.16	1.18	1.18

表 1-1-29　　　　　　　　　　　　　基坑小角值与 η 的关系表

基坑小角值/(°)	0	18	36	54	72	90
η	1.0	1.06	1.11	1.15	1.17	1.18

表 1-1-30　　　　　　　　　　　　基坑内角 β 与 ξ 的关系表

基坑内角 β 值/(°)	0	18	36	54	72	90
ξ	0.25	0.264	0.282	0.306	0.338	0.385

1.3.11.4　积水廊道法

（1）一侧进水

$$Q = KL\,\frac{(2H-M)M-h_0}{2R}$$

（2）两侧进水

$$Q = KL\,\frac{(2H-M)M-h_0}{R}$$

（3）两侧及两头进水

$$Q = KL\,\frac{(2H-M)M-h_0}{R} + 2.73K\,\frac{(2H-M)M-h^2}{\lg R - \lg \dfrac{B}{2}}$$

式中　Q——预计的矿井涌水量，$\mathrm{m^3/s}$；

　　　K——渗透系数，$\mathrm{m/d}$；

　　　M——承压含水层厚度，m；

　　　L——水平巷道长度，m；

　　　R——影响半径，m；

　　　H——自含水层底板计原始水位，m；

　　　h_0——疏降后水位值（即静止水位高度），m；

　　　B——巷道宽度，m；

　　　h——巷道内的水柱高度，m。

1.3.12　水文点流量测定计算公式

1.3.12.1　容积法

$$Q = V/t$$

式中　V——量器容积；

　　　t——充满容器所需时间。

通常要测 3 次,取其平均值。

1.3.12.2 淹没法

淹没法即开泵将水窝排干,然后停泵,测量恢复水位上升高度和时间。

$$Q = FH/t$$

式中 F——水窝断面积,m^2;

H——水位上升高度,m;

t——水位上升时间,s。

1.3.12.3 浮标法

矿井发生突水后,初期水量一般较小,可在井下巷道的排水沟内测量其水量,选用几何形状规整的排水沟约 5 m 长,清除沟内的杂物,选择上、中、下 3 个断面,测量其宽度及 3~5 个水深值,并用木屑或纸屑做浮标,测量排水沟内水的流速,反复测量 3~5 次,采用下式即可计算突水水量。

$$Q = 60KL\,\frac{\dfrac{1}{3}(W_1\dfrac{h_1+h_2+h_3}{3}+W_2\dfrac{h_4+h_5+h_6}{3}+W_3\dfrac{h_7+h_8+h_9}{3})}{\dfrac{t_1+t_2+t_3}{3}}$$

式中 Q——突水水量,$\mathrm{m}^3/\mathrm{min}$;

L——水沟测量段长度,m;

W_i——水沟断面宽度,m;

h_i——水沟内水深,m;

t_i——浮标在某一段内运动的时间,min;

K——断面系数,见表 1-1-31。

表 1-1-31 断面系数 *K* 值选取表

水沟特性	水深/m	0.3~1.0		>1.0	
	粗糙度	粗糙	平滑	粗糙	平滑
K 值		0.45~0.65	0.55~0.77	0.75~0.85	0.80~0.90

当突水继续增大到不能采用巷道排水沟测量时,可选用巷道较为平直的一段,测量巷道内的水流量,其具体测量方法与排水沟内测量方法相同。

1.3.12.4 堰测法

(1)直角三角堰

$$Q = 0.014h^2\sqrt{h}$$

式中 Q——流量,L/s;

h——堰口上流 $2h$ 处水头高度,cm。

(2)梯形堰

$$Q = 0.018Bh\sqrt{h}$$

式中 B——堰口底宽,cm;

h——堰口上流 $2h$ 处水头高度,cm。

（3）矩形堰

有缩流

$$Q = 0.018\,38(B - 0.2h)h\sqrt{h}$$

无缩流

$$Q = 0.018\,38Bh\sqrt{h}$$

式中　B——堰宽，cm；

　　　h——水头高度，cm。

堰测法一般要求堰腿高大于 2 倍水头高度，水头高度可直接从堰口量得，计算时再加 15% 系数。

1.3.13　常用注浆材料计算公式及参数

1.3.13.1　普通水泥主要性质

普通水泥的比重为 3.0～3.15，通常采用 3.0；容重为 1～1.6 t/m³，通常采用 1.3 t/m³。普通水泥初凝为 1～3 h，终凝为 5～8 h（初凝为水泥从加水起到维卡仪试针沉入浆液中距离底板 0.5～1 mm 时间；终凝为试针沉入净浆中不超过 1 mm 所需时间）。

1.3.13.2　水泥浆液配制公式

水灰比 ρ 计算公式为

$$\rho = W_w / W_c$$

式中　W_w——水的质量；

　　　W_c——水泥的质量。

水灰比与水泥量对照表见表 1-1-32。

表 1-1-32　　　　　　　　　　　　　　水灰比与水泥量对照表

水灰比	比重/(kg/L)	水泥含量/kg
1∶1	1.52	0.76
0.9∶1	1.56	0.821
0.8∶1	1.61	0.897
0.7∶1	1.67	0.985
0.6∶1	1.75	1.092
0.5∶1	1.84	1.226

1.3.13.3　黏土浆主要参数

（1）黏土比重一般为 2，容重为 1.3 t/m³。

（2）黏土浆比重常用 1.12～1.18。

（3）黏土水泥浆：一方黏土水泥浆中水泥量为 0.1～0.4 t，加水玻璃体积比为 0.5%～3%。

1.3.14　浆液注入量预算公式

$$V = AH\pi R^2 n\beta$$

式中　V——注浆孔浆液预算注入量，m^3；

　　　A——浆液消耗系数，一般取 $1.2\sim1.5$；

　　　H——注浆段高，m；

　　　R——浆液的有效扩散半径，m，一般按 20 m 计算；

　　　n——岩石裂隙率，%，一般根据取芯和抽压水试验来确定，在砂岩、砂质页岩含水层

　　　　　$n=1\%\sim3\%$，断层破碎带或岩溶发育的地层 n 最大为 10%；

　　　β——充填系数，取 0.9。

1.3.15　钻探常用计算公式

$$钻具全长＝累计孔深＋残尺×（机上余尺＋机高）$$
$$机高＝钻机立轴固定盘至孔口之距离$$
$$累计孔深＝上次累计孔深＋本次进尺$$
$$累计孔深＝钻具全长－本次残尺－减尺－钻头磨损$$

1.3.16　岩(煤)层真厚度计算公式

（1）垂直孔：$m=L\cos\beta$（式中 β 为岩层真倾角，它等于岩芯倾角）。

（2）顺岩层倾向（或伪倾向）钻孔：

$$m=L\sin(\alpha-\beta)$$

（3）逆岩层倾向（或伪倾向）钻孔：

$$m=L\sin(\alpha+\beta)$$

式中　L——岩层钻探伪厚度；

　　　α——钻孔倾角；

　　　β——岩层倾角或钻孔方向岩层伪倾角；

　　　m——岩层真厚度。

1.3.17　明渠稳定均匀流计算公式

$$Q=\omega c\sqrt{Ri}=1/n\omega R^{2/3}i^{1/2}$$
$$R=\omega/X$$

式中　n——粗糙系数；

　　　ω——过水断面积，m^2；

　　　R——水力半径，m；

　　　c——流量系数；

　　　X——湿周，过水断面水流和河床（或水沟）接触部分的周长，m；

　　　i——水力坡度（均匀流时和底坡相等）。

粗糙系数 n 可参照人工河床粗糙率表取值。井下水沟水泥砂浆护面 n 取 0.013；干砌块 n 取 $0.02\sim0.025$。

主要用途：① 计算洪水流量，水沟过流量。② 计算水渠、水沟设计尺寸。一般 0.3% 宽 200 mm 毛水沟过水量 50 m^3/h，水泥抹面 80 m^3/h；300 mm 水沟过水量 80 m^3/h，水泥抹面 140 m^3/h。

1.3.18　单孔出水量估算公式

$$q = CW\sqrt{2gh}$$

式中　q——单孔出水量，m^3/s；

　　　C——流量系数，一般取 0.6～0.62；

　　　W——钻孔的断面积，m^2；

　　　g——重力加速度，9.81 m/s^2；

　　　h——钻孔出口处的水头高度，m，为计算钻孔的平均放水量，可取最大水头高度的 40%～45%。

1.3.19　最大应放水量计算公式

$$Q_{max} = W + Qt$$

式中　Q_{max}——最大应放水量，m^3；

　　　W——静储量或老空积水量，m^3；

　　　t——允许放水时间，s；

　　　Q——动储量或老空补给量，m^3/s。

1.3.20　探放水钻孔数量计算公式

$$N = \frac{Q}{q}$$

式中　Q——放水量，m^3/s；

　　　q——单孔出水量，m^3/s；

　　　N——放水钻孔数。

1.4　矿井采掘工作面水害预测图例

在矿井采掘工程图（月报图）上，按预报表上的项目，在可能发生水害的部位，用红颜色标上水害类型符号。符号图例如图 1-1-15 所示。

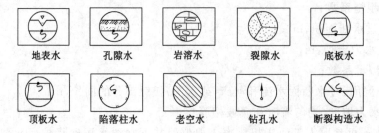

图 1-1-15　矿井采掘工作面水害预测图例

第 2 章　煤 矿 地 质

2.1　名词解释

煤系:指在一定的地质时期连续沉积形成的一套含有煤层并具有成因联系的沉积岩系。

煤田:指在同一地质历史发展过程中形成的分布较连续的含煤区域。

地质作用:促使地球的物质成分、构造和地表形态发生变化的各种作用,统称为地质作用。

旋回结构:含煤岩系垂向剖面上,一套成因联系的岩性或岩相规律性组合和交替出现的现象。

褶皱构造:在地壳运动影响下,岩层受地应力作用发生塑性变形,形成波状弯曲,这种构造形态为褶皱构造。

断层:断裂面两侧部分发生明显的相对位移的断裂构造。

节理:岩石脆性变形的破裂面两侧没有发生明显相对位移的断裂构造,其破裂面称为节理面。

层理:指岩石的成分、颜色、结构等沿垂直方向变化所表现出来的层状构造。

解理:矿物晶体在外力作用下沿一定方向破裂并产生光滑平面的性质。

岩溶陷落柱:岩溶和坍塌作用而形成的镶嵌在煤系地层中杂乱无章的碎石堆集体。在井下生产中揭露陷落柱的位置,煤层被岩石碎块堆积所替代,又称无炭柱。

岩墙:指以断层或节理作为通道侵入,穿插在煤系地层,与煤层面斜交或垂直的火成岩侵入体。

岩床:是指沿煤层层面方向侵入的层状火成岩侵入体。

矿物:由于地质作用形成的天然单质或化合物。

构造岩:断层内的岩石,断层破碎原岩后重新形成新的岩石。

火成岩:岩浆侵入到地壳不同深度或喷出地表逐渐冷凝而形成新的岩石称为火成岩。

沉积岩:由母岩经过风化作用、生物作用、化学作用或某种火山作用的产物经过搬运沉积作用,形成成层的松散沉积物,在一定地质条件下沉积,固结成岩而形成的层状岩石。

变质岩:地壳上已形成的岩石,由于高温高压和外来物质的渗入而引起其他化学成分改造或转变而形成的岩石。

基本顶:位于直接顶或伪顶之上,厚而坚硬不容易冒落的岩层。

直接顶:位于煤层或伪顶之上,具有一定的稳定性,移架或回柱后能自行垮落的岩层。

伪顶:位于煤层之上随采随落的极不稳定岩层,常由炭质页岩等硬度较低的岩层所组成。

直接底：位于煤层之下，一般强度较低的岩层。

基本底：位于直接底之下，一般由砂岩、石灰岩等坚固的岩层所组成。

走向：岩层层面的延伸方向，岩层面与水平面的交线或岩层面上的水平线即该岩层的走向线，其两端所指的方向为岩层的走向。

倾向：垂直走向线沿倾斜层面向下方所引直线为岩层倾斜线，倾斜线的水平投影线所指的层面倾斜方向就是岩层的倾向，走向与倾向相差 90°。

真倾角：是某一倾斜构造面的倾斜线与其水平投影线之间的夹角。即在垂直倾斜面走向的横剖面上测定的倾斜面与水平参考面之间的夹角。

2.2　煤矿地质类型划分

井工煤矿地质类型划分见表 1-2-1。

表 1-2-1　　　　　　　　　　　　井工煤矿地质类型

划分依据		类型			
		简单	中等	复杂	极复杂
地质构造复杂程度		简单	中等	复杂	极复杂
煤层稳定程度		稳定和较稳定煤层的资源/储量占全矿井资源/储量的80%及以上，其中稳定煤层资源/储量所占比例不小于40%	稳定和较稳定煤层的资源/储量占全矿井资源/储量的 60%～80%(含 60%)	稳定和较稳定煤层的资源/储量占全矿井资源/储量的 40%～60%(含 40%)	不稳定和极不稳定煤层的资源/储量占全矿井资源/储量的 60%及以上
瓦斯类型		煤层瓦斯含量小于 4 m³/t	煤层瓦斯含量大于或等于 4 m³/t，且小于 8 m³/t	煤层瓦斯含量大于或等于 8 m³/t	煤与瓦斯突出矿井或按照煤与瓦斯突出矿井管理
水文地质类型		简单	中等	复杂	极复杂
其他开采地质条件	顶底板	顶底板平整，顶板完整性好，裂隙不发育	顶底板较平整，局部凹凸不平，顶板较完整、裂隙不很发育	顶底板凹凸不平，顶板裂隙比较发育，岩性比较松软破碎	顶底板凹凸不平，顶板岩性松软、破碎，裂隙发育
	倾角	8°以下	8°～25°(含 8°)	25°～45°(含 25°)	45°及以上
	其他特殊地质因素	一般不出现陷落柱、冲击地压、地热和天窗等地质危害	偶有陷落柱、冲击地压、地热和天窗等地质危害	常有较多陷落柱、冲击地压、地热和天窗等地质危害	煤层大面积遭受陷落柱、冲击地压、地热和天窗等地质危害

注：1. 地质构造复杂程度划分按《煤矿地质工作规定》第十一条规定。

　　2. 煤层稳定程度划分按《煤矿地质工作规定》第十二条执行。

　　3. 水文地质类型划分按《煤矿防治水细则》执行。

　　4. 按划分依据就高不就低的原则，确定井工煤矿地质类型。

2.3 岩石坚固性分级及碎胀系数

2.3.1 以坚固性系数划分的岩石坚固性等级

根据岩石的坚固性系数(f)可把岩石分成 10 级,如表 1-2-2 所列,等级越高的岩石越容易破碎。$f=R_c/10$,R_c——岩石标准试样的单向极限抗压强度值(MPa)。

表 1-2-2　　　　　　　　以坚固性系数划分的岩石坚固性等级

岩石级别	坚固程度	代表性岩石	f
Ⅰ	最坚固	最坚固、致密、有韧性的石英岩、玄武岩和其他各种特别坚固的岩石	20
Ⅱ	很坚固	很坚固的花岗岩、石英斑岩、硅质片岩,较坚固的石英岩,最坚固的砂岩和石灰岩	15
Ⅲ	坚固	致密的花岗岩,很坚固的砂岩和石灰岩,石英矿脉,坚固的砾岩,很坚固的铁矿石	10
Ⅲa	坚固	坚固的砂岩、石灰岩、大理岩、白云岩、黄铁矿,不坚固的花岗岩	8
Ⅳ	比较坚固	一般的砂岩、铁矿石	6
Ⅳa	比较坚固	砂质页岩,页岩质砂岩	5
Ⅴ	中等坚固	坚固的泥质页岩,不坚固的砂岩和石灰岩,软砾石	4
Ⅴa	中等坚固	各种不坚固的页岩,致密的泥灰岩	3
Ⅵ	比较软	软弱页岩,很软的石灰岩,白垩,盐岩,石膏,无烟煤,破碎的砂岩和石质土壤	2
Ⅵa	比较软	碎石质土壤,破碎的页岩,黏结成块的砾石、碎石,坚固的煤,硬化的黏土	1.5
Ⅶ	软岩	软致密黏土,较软的烟煤,坚固的冲击土层,黏土质土壤	1
Ⅶa	软岩	软砂质黏土、砾石,黄土	0.8
Ⅷ	土状	腐殖土,泥煤,软砂质土壤,湿砂	0.6
Ⅸ	松散状	砂,山砾堆积,细砾石,松土,开采下来的煤	0.5
Ⅹ	流沙状	流砂,沼泽土壤,含水黄土及其他含水土壤	0.3

2.3.2 以抗压强度划分的岩石坚硬程度等级(表 1-2-3)

表 1-2-3　　　　　　　　以抗压强度划分的岩石坚硬程度等级

坚硬程度等级		定性鉴定	代表性岩石	饱和单轴抗压强度/MPa
硬质岩	坚硬岩	锤击声清脆,有回弹,震手,难击碎,基本无吸水反应	未风化～微风化花岗岩、闪长岩、辉绿岩、玄武岩、安山岩、片麻岩、石英岩、石英砂岩、硅质砾岩、硅质石灰岩等	$f_r>60$
	较硬岩	锤击声较清脆,有轻微回弹,稍震手,较难击碎,有轻微吸水反应	1. 微风化的坚硬岩石; 2. 未风化的大理岩、板岩、石灰岩、白云岩、钙质砂岩等	$60{\geqslant}f_r>30$

坚硬程度等级		定性鉴定	代表性岩石	饱和单轴抗压强度/MPa
软质岩	较软岩	锤击声不清脆,无回弹,轻易击碎,浸水后指甲可刻出印痕	1. 中风化～强风化的坚硬岩或较硬岩; 2. 未风化～微风化的凝灰岩、千枚岩、泥灰岩、砂质泥岩等	$30 \geqslant f_r > 15$
	软岩	锤击声哑,无回弹,有较深凹痕,浸水后手可捏碎、掰开	1. 强风化的坚硬岩或较硬岩; 2. 中风化～强风化的较软岩; 3. 未风化～微风化的页岩、泥岩、泥质砂岩等	$15 \geqslant f_r > 5$
极软岩		锤击声哑,无回弹,有较深凹痕,浸水后手可捏成团	1. 全风化的各种岩石; 2. 各种半成岩。	$f_r < 5$

2.3.3　常见岩石的碎胀系数(表 1-2-4)

表 1-2-4　　　　　　　　　　　常见岩石的碎胀系数

岩石名称	砂、砾石	砂质黏土	中硬岩石	坚硬岩石	煤
碎胀系数 K	1.05～1.2	1.2～1.25	1.3～1.5	1.3～1.5	<1.2

2.4　地质主要参数

2.4.1　地质构造复杂程度划分(表 1-2-5)

表 1-2-5　　　　　　　　　　　地质构造复杂程度划分

构造复杂程度类型	划分条件
简单构造	含煤地层沿走向、倾向的产状变化不大,断层稀少,没有或很少受岩浆岩的影响,不影响采区的合理划分和采煤工作面的连续推进。主要包括: 1. 产状接近水平,很少有缓波状起伏; 2. 缓倾斜的简单单斜、向斜或背斜; 3. 为数不多和方向单一的宽缓褶皱
中等构造	含煤地层沿走向、倾向的产状有一定变化,断层较发育,局部受岩浆岩的影响,对采区的合理划分和采煤工作面的连续推进有一定影响。主要包括: 1. 产状平缓,沿走向和倾向均发育宽缓褶皱,或伴有一定数量的断层; 2. 简单单斜、向斜或背斜,伴有较多断层,或局部有小规模的褶曲及倒转

构造复杂程度类型	划分条件
复杂构造	含煤地层沿走向、倾向的产状变化很大,断层发育,有时受岩浆岩的严重影响,影响采区的合理划分,只能划分出部分正规采区。主要包括: 1. 受几组断层严重破坏的断块构造; 2. 在单斜、向斜或背斜的基础上,次一级褶曲和断层均很发育; 3. 紧密褶皱,伴有一定数量的断层
极复杂构造	含煤地层的产状变化极大,断层极发育,有时受岩浆岩的严重破坏,很难划分出正规采区。主要包括: 1. 紧密褶皱、断层密集; 2. 形态复杂的褶皱,断层发育; 3. 断层发育,受岩浆岩的严重破坏

2.4.2 断层规模分类(表 1-2-6)

表 1-2-6   断层规模分类

级别	矿井开采阶段	勘探阶段
大型断层	落差≥30 m	落差≥50 m
中型断层	30 m>落差≥煤厚	20≤落差<50 m
小型断层	落差<煤厚	落差<20 m

2.4.3 煤层稳定性评价

(1)煤层稳定性评价划分表(表 1-2-7)

表 1-2-7   煤层稳定性评价划分表

级别	定义
稳定煤层	煤层厚度变化很小,变化规律明显,结构简单至较简单;煤类单一,煤质变化很小。全区可采或大部分可采
较稳定煤层	煤层厚度有一定变化,但规律性较明显,结构简单至复杂;有两个煤类,煤质变化中等。全区可采或大部分可采。可采范围内厚度及煤质变化不大
不稳定煤层	煤层厚度变化较大,无明显规律,结构复杂至极复杂;有三个或三个以上煤类,煤质变化大
极不稳定煤层	煤层厚度变化极大,呈透镜状、鸡窝状,一般不连续,很难找出规律,可采块段分布零星;或为无法进行煤分层对比,且层组对比也有困难的复煤层;煤质变化很大,且无明显规律

(2)煤层稳定性定量评定划分表(表 1-2-8)

表 1-2-8　　　　　　　　　　评价煤层稳定性的主、辅指标

煤层	稳定煤层		较稳定煤层		不稳定煤层		极不稳定煤层	
	主要指标	辅助指标	主要指标	辅助指标	主要指标	辅助指标	主要指标	辅助指标
薄煤层	$K_m \geqslant 0.95$	$\gamma \leqslant 25\%$	$0.95 > K_m \geqslant 0.8$	$25\% < \gamma \leqslant 35\%$	$0.8 > K_m \geqslant 0.6$	$35\% < \gamma \leqslant 55\%$	$K_m < 0.6$	$\gamma > 55\%$
中厚煤层	$\gamma \leqslant 25\%$	$K_m \geqslant 0.95$	$25\% < \gamma \leqslant 40\%$	$0.95 > K_m \geqslant 0.8$	$40\% < \gamma \leqslant 65\%$	$0.8 > K_m \geqslant 0.65$	$\gamma > 65\%$	$K_m < 0.65$
厚煤层	$\gamma \leqslant 30\%$	$K_m \geqslant 0.95$	$30\% < \gamma \leqslant 50\%$	$0.95 > K_m \geqslant 0.85$	$50\% < \gamma \leqslant 75\%$	$0.85 > K_m \geqslant 0.7$	$\gamma > 75\%$	$K_m < 0.70$

薄煤层以煤层可采性指数 K_m 为主,煤厚变异系数 γ 为辅;中厚及厚煤层以煤厚变异系数为主,可采性指数为辅。

煤层可采性指数 K_m 计算方法:

$$K_m = \frac{n'}{n}$$

式中　K_m——煤层可采性指数;

　　　n——参与煤层厚度评价的见煤点总数;

　　　n'——煤层厚度大于或等于可采厚度的见煤点数。

煤厚变异系数 γ 计算方法:

$$\gamma = \frac{S}{\overline{M}} \times 100\%$$

$$S = \sqrt{\frac{\sum_{i=1}^{n}(M_1 - \overline{M})^2}{n-1}}$$

式中　γ——煤厚变异系数;

　　　M_1——每个见煤点的实测煤层厚度,m;

　　　$\overline{M}$——煤矿(或分区)的平均煤层厚度,m;

　　　n——参与评价的见煤点数;

　　　S——均方差值,m。

2.4.4　煤层观测点间距(表 1-2-9)

表 1-2-9　　　　　　　　　　煤层观测点间距

煤层稳定性	稳定	较稳定	不稳定	极不稳定
观测点间距/m	$50 < l \leqslant 100$	$25 < l \leqslant 50$	$10 < l \leqslant 25$	$l \leqslant 10$

2.4.5　煤层厚度分级(表 1-2-10)

表 1-2-10　　　　　　　　　　煤层厚度分级

级　别	煤层厚度/m
极薄煤层	0.3~0.5
薄煤层	>0.5~1.3

续表 1-2-10

级　别	煤层厚度/m
中厚煤层	>1.3~3.5
厚煤层	>3.5~8
特厚煤层	>8

2.4.6 煤层结构分类(表 1-2-11)

表 1-2-11　　　　　　　　　　　　煤层结构分类

煤层结构类别	煤层中含有夹矸情况
简单结构	无夹矸或仅局部含有夹矸
较简单结构	含夹矸 1~2 层
复杂结构	含夹矸多于 2 层

2.4.7 煤的硬度类别(表 1-2-12)

表 1-2-12　　　　　　　　　　　　煤的硬度类别

分类指标　　　　硬度类别	煤的单向抗压强度极限/MPa	煤的坚固系数 f	截割阻力系数/(N/cm)
软煤	10	<1	1 500
中硬煤	10~20	1~2	1 500~3 000
硬煤	20~30	2~3	3 000~4 500

2.4.8 煤层产状分类(表 1-2-13)

表 1-2-13　　　　　　　　　　　　煤层产状分类

级　别	煤层产状
近水平煤层	<5°
缓倾斜煤层	5°~25°
倾斜煤层	25°~45°
急倾斜煤层	>45°
立槽煤	>60°

2.4.9　煤炭最低可采厚度指标(表 1-2-14)

表 1-2-14　　　　　　　　　　煤炭最低可采厚度指标

项目			煤炭类别			
			炼焦用煤	长焰煤/不黏煤/弱黏煤/贫煤	无烟煤	褐煤
煤层厚度/m	井工开采	倾角	<25°	≥0.7	≥0.8		≥1.5
			25°～45°	≥0.6	≥0.7		≥1.4
			>45°	≥0.5	≥0.6		≥1.3
	露天开采			≥1.0		≥1.5

2.4.10　热害矿井等级

(1)地温带及地温梯度(表 1-2-15)

表 1-2-15　　　　　　　　　　地温带及地温梯度

名　称	地下深度或地温梯度
变温带	15～30 m
恒温带	20～30 m
增温带	平均地温梯度 3 ℃。华北型煤矿一般 1～2 ℃,构造隆起区约 3～4 ℃,近代火山活动带 6～8 ℃

(2)井田热害区等级的划分(表 1-2-16)

表 1-2-16

热害区等级	岩温/℃
一级	31～37
二级	≥37

(3)矿山地温类型按地温梯度划分(表 1-2-17)

表 1-2-17　　　　　　　　　　矿山地温类型划分

类别	地温类型划分
低温类	≤1.6 ℃/100 m
常温类	1.6 ℃/100 m～3 ℃/100 m
高温类	≥3 ℃/100 m

(4)热害矿井等级划分(表 1-2-18)

表 1-2-18   热害矿井应按采掘工作面的风流温度划分

类别	热害矿井等级划分
一级热害矿井	28～30 ℃
二级热害矿井	30～32 ℃
三级热害矿井	≥32 ℃

对于一级热害矿井应加强通风,采掘工作面风流速度应为 2.5～3.0 m/s,对于二级和三级热害矿井,除加强通风、提高风速外,还应采取人工制冷降温措施。对于三级热害矿井若不采取有效的降温措施,则应停止作业。

2.4.11 地震分级

地震震级:划分震源放出的能量大小的等级,与地震时震源释放的能量大小有关,释放能量越大,地震震级也越大。中国地震震级表见表 1-2-19。

表 1-2-19   中国地震震级表

地震类型	地震震级 M(里氏震级)
超微震	$M<1$
弱震或微震	$1 \leqslant M<3$
有感地震	$3 \leqslant M<4.5$
中强震	$4.5 \leqslant M<6$
强震	$6 \leqslant M<7$
大地震	$7 \leqslant M<8$
巨大地震	$8 \leqslant M$

地震时一定点地面震动强弱的程度叫地震烈度,表示地面及建筑物遭受地震影响和破坏的程度。中国地震烈度表见表 1-2-20。

表 1-2-20   中国地震烈度表

地震烈度	人的感觉	房屋震害		平均震害指数	其他震害现象	水平向地震动参数	
		类型	震害程度			峰值加速度 /(m/s²)	峰值速度 /(m/s)
Ⅰ	无感	—	—	—	—	—	—
Ⅱ	室内个别静止中的人有感觉	—	—	—	—	—	—
Ⅲ	室内少数静止中的人有感觉	—	门、窗轻微作响	—	悬挂物微动	—	—

地震烈度	人的感觉	房屋震害			其他震害现象	水平向地震动参数	
		类型	震害程度	平均震害指数		峰值加速度/(m/s²)	峰值速度/(m/s)
Ⅳ	室内多数人、室外少数人有感觉,少数人梦中惊醒	—	门、窗作响	—	悬挂物明显摆动,器皿作响	—	—
Ⅴ	室内绝大多数、室外多数人有感觉,多数人梦中惊醒	—	门窗、屋顶、屋架颤动作响,灰土掉落,个别房屋墙体抹灰出现细微裂缝,个别屋顶烟囱掉砖	—	悬挂物大幅度晃动,不稳定器物摇动或翻倒	0.31（0.22~0.44）	0.03（0.02~0.04）
Ⅵ	多数人站立不稳,少数人惊逃户外	A	少数中等破坏,多数轻微破坏和/或基本完好	0.00~0.11	家具和物品移动;河岸和松软土出现裂缝,饱和砂层出现喷砂冒水;个别独立砖烟囱轻度裂缝	0.63（0.45~0.89）	0.06（0.05~0.09）
		B	个别中等破坏,少数轻微破坏,多数基本完好				
		C	个别轻微破坏,大多数基本完好	0.00~0.08			
Ⅶ	大多数人惊逃户外,骑自行车的人有感觉,行驶中的汽车驾乘人员有感觉	A	少数毁坏和/或严重破坏,多数中等和/或轻微破坏	0.09~0.31	物体从架子上掉落;河岸出现塌方,饱和砂层常见喷砂冒水,松软土地上地裂缝较多;大多数独立砖烟囱中等破坏	1.25（0.90~1.77）	0.13（0.10~0.18）
		B	少数中等破坏,多数轻微破坏和/或基本完好				
		C	少数中等和/或轻微破坏,多数基本完好	0.07~0.22			
Ⅷ	多数人摇晃颠簸,行走困难	A	少数毁坏,多数严重和/或中等破坏	0.29~0.51	干硬土上出现裂缝,饱和砂层绝大多数喷砂冒水;大多数独立砖烟囱严重破坏	2.50（1.78~3.53）	0.25（0.19~0.35）
		B	个别毁坏,少数严重破坏,多数中等和/或轻微破坏				
		C	少数严重和/或中等破坏,多数轻微破坏	0.20~0.40			
Ⅸ	行动的人摔倒	A	多数严重破坏和/或毁坏	0.49~0.71	干硬土上多处出现裂缝,可见基岩裂缝、错动,滑坡、塌方常见;独立砖烟囱多数倒塌	5.00（3.54~7.07）	0.50（0.36~0.71）
		B	少数毁坏,多数严重和/或中等破坏				
		C	少数毁坏和/或严重破坏,多数中等和/或轻微破坏	0.38~0.60			

续表 1-2-20

地震烈度	人的感觉	房屋震害			其他震害现象	水平向地震动参数	
		类型	震害程度	平均震害指数		峰值加速度/(m/s²)	峰值速度/(m/s)
X	骑自行车的人会摔倒,处不稳状态的人会摔离原地,有抛起感	A	绝大多数毁坏	0.69~0.91	山崩和地震断裂出现,基岩上拱桥破坏;大多数独立砖烟囱从根部破坏或倒毁	10.00 (7.08~14.14)	1.00 (0.72~1.41)
		B	大多数毁坏				
		C	多数毁坏和/或严重破坏	0.58~0.80			
XI	—	A	绝大多数毁坏	0.89~1.00	地震断裂延续很长,大量山崩滑坡	—	—
		B					
		C		0.78~1.00			
XII	—	A	几乎全部毁坏	1.00	地面剧烈变化,山河改观		
		B					
		C					

注:表中给出的"峰值加速度"和"峰值速度"是参考值,括弧内给出的是变动范围。

震级与烈度统计对应关系见表 1-2-21。

表 1-2-21　　　　　　　　　震级与烈度统计对应关系

烈度	Ⅰ	Ⅱ	Ⅲ	Ⅳ	Ⅴ	Ⅵ	Ⅶ	Ⅷ	Ⅸ	Ⅹ	Ⅺ	Ⅻ
震级	1.9	2.5	3.1	3.7	4.3	4.9	5.5	6.1	6.7	7.3	7.9	8.5

地震峰值速度与地震烈度对照见表 1-2-22。

表 1-2-22　　　　　　　　　地震峰值速度与地震烈度对照表

峰值速度/(m/s)	0.03	0.06	0.13	0.25	0.50	1.00
地震烈度	Ⅴ	Ⅵ	Ⅶ	Ⅷ	Ⅸ	Ⅹ

2.5　煤质分级

2.5.1　发热量换算

通常煤炭的发热量以千卡为单位,即某煤种发热量为××千卡。各煤种基准发热值是以 MJ/kg 为单位,换算成千卡即为 1 MJ/kg＝1 000/4.18＝239.2 千卡(1 卡＝4.18 J＝0.004 18 kJ;1 千卡＝4.18 kJ＝0.004 18 MJ)。

2.5.2　煤质化验常用符号说明（表 1-2-23）

表 1-2-23　　　　　　　　　　　　　　　　　煤质化验常用符号

名称	符号	定　　义
水分	M_t	全水分是煤的外在水分和内在水分总和
灰分	A	煤在彻底燃烧后所剩下的残渣称为灰分，灰分分外在灰分和内在灰分。外在灰分是来自顶板和夹矸中的岩石碎块，外在灰分通过分选大部分能去掉。内在灰分是成煤的原始植物本身所含的无机物，内在灰分越高，煤的可选性越差
挥发分	V	煤在高温和隔绝空气的条件下加热时，所排出的气体和液体状态的产物称为挥发分。挥发分的主要成分为甲烷、氢及其他碳氢化合物等。一般来讲，随着煤炭变质程度的增加，煤炭挥发分降低，褐煤、气煤挥发分较高，瘦煤、无烟煤挥发分较低
固定碳含量	FC	是指除去水分、灰分和挥发分的残留物。从 100 减去煤的水分、灰分和挥发分后的差值即煤的固定碳含量
发热量	Q	是指单位质量的煤完全燃烧时所产生的热量，主要分为高位发热量和低位发热量。煤的高位发热量减去水的汽化热即是低位发热量。发热量国际单位为 MJ/kg，1 cal = 4.18 J
胶质层	Y	动力煤胶质层厚度大，容易结焦
黏结指数	G	是判断煤的黏结性和结焦性的关键指标
硫分	S	是煤中的有害元素，包括有机硫、无机硫
空气干燥基	ad	进行煤质分析化验时，煤样所处的状态为空气干燥状态
干燥基	d	进行煤质分析化验时，煤样所处的状态为无水分状态
收到基	ar	进行煤质分析化验时，煤样所处的状态为收到该批煤所处的状态
干燥无灰基	daf	煤样的这种状态实际中是不存在的，是在煤质分析化验中，根据需要换算出的无水、无灰状态

2.5.3　煤层煤灰分分级（表 1-2-24）

表 1-2-24　　　　　　　　　　　　　煤层煤灰分分级

序号	级别名称	代号	灰分（A_d）范围/%
1	特低灰煤	ULA	$A_d \leqslant 10.00$
2	低灰煤	LA	$10.00 < A_d \leqslant 20.00$
3	中灰煤	MA	$20.00 < A_d \leqslant 30.00$
4	高灰煤	HA	$30.00 \leqslant A_d \leqslant 40.00$
5	特高灰煤	UHA	$40.00 \leqslant A_d \leqslant 50.00$

2.5.4　煤的硫分分级

（1）煤炭资源评价硫分分级（表 1-2-25）

表 1-2-25 煤炭资源评价硫分分级

序号	级别名称	代号	干燥基全硫分($S_{t,d}$)范围/%
1	特低硫煤	SLS	≤0.50
2	低硫煤	LS	0.51～1.00
3	中硫煤	MS	1.01～2.00
4	中高硫煤	MHS	2.01～3.00
5	高硫煤	HS	>3.00

（2）动力煤硫分分级（表 1-2-26）

表 1-2-26 动力煤硫分分级

序号	级别名称	代号	干燥基全硫分($S_{t,d}$折算)范围/%
1	特低硫煤	SLS	≤0.50
2	低硫煤	LS	0.51～0.90
3	中硫煤	MS	0.91～1.50
4	中高硫煤	MHS	1.51～3.00
5	高硫煤	HS	>3.00

（3）炼焦精煤硫分分级（表 1-2-27）

表 1-2-27 炼焦精煤硫分分级

序号	级别名称	代号	干燥基全硫分($S_{t,d}$)范围/%
1	特低硫煤	SLS	≤0.30
2	低硫煤	LS	0.31～0.75
3	中硫煤	MS	0.76～1.25
4	中高硫煤	MHS	1.26～1.75
5	高硫煤	HS	1.76～2.50

2.5.5 煤炭发热量分级（表 1-2-28）

表 1-2-28 煤炭发热量分级

序号	级别名称	代号	发热量($Q_{gr,d}$)范围/(MJ/kg)
1	特高发热量煤	SHQ	>30.90
2	高发热量煤	HQ	27.21～30.90
3	中高发热量煤	MHQ	24.31～27.20
4	中发热量煤	MQ	21.31～24.30
5	中低发热量煤	MLQ	16.71～21.30
6	低发热量煤	LQ	≤16.70

2.5.6　煤的全水分分级(表 1-2-29)

表 1-2-29　　　　　　　　　　　煤的全水分分级

序号	级别名称	代号	全水分(M_t)范围/%
1	特低全水分煤	SLM	≤6.00
2	低全水分煤	LM	>6.0~8.0
3	中等全水分煤	MLM	>8.0~12.0
4	中高全水分煤	MHM	>12.0~20.0
5	高全水分煤	HM	>20.0~40.0
6	特高全水分煤	SHM	>40.0

2.5.7　煤的干燥无灰基挥发分产率分级(表 1-2-30)

表 1-2-30　　　　　　　　　　煤的干燥无灰基挥发分产率分级

序号	级别名称	代号	挥发分产率(V_{daf})范围/%
1	特低挥发分煤	SLV	≤10.00
2	低挥发分煤	LV	>10.00~20.00
3	中等挥发分煤	MV	>20.00~28.00
4	中高挥发分煤	MHV	>28.00~37.00
5	高挥发分煤	HV	>37.00~50.00
6	特高挥发分煤	SHV	>50.00

2.5.8　煤的固定碳分级(表 1-2-31)

表 1-2-31　　　　　　　　　　　煤的固定碳分级

序号	级别名称	代号	固定碳(FC_d)范围/%
1	低固定碳煤	LFC	≤55.00
2	中等固定碳煤	MFC	>55.00~65.00
3	中高固定碳煤	MHFC	>65.00~75.00
4	高固定碳煤	HFC	>75.00

2.5.9 煤中磷含量分级(表 1-2-32)

表 1-2-32　　　　　　　　　　煤中磷含量分级

序号	级别名称	代号	磷含量范围 $\omega(P_d)$ ⁄%
1	特低磷煤	P-1	<0.010
2	低磷煤	P-2	$\geqslant 0.010\sim 0.050$
3	中磷煤	P-3	$>0.050\sim 0.100$
4	高磷煤	P-4	>0.100

2.5.10 煤的机械强度分级(表 1-2-33)

表 1-2-33　　　　　　　　　　煤的机械强度分级

序号	级别	落下试验法中>25 mm 试样百分数⁄%
1	高强度煤	>65
2	中强度煤	$50\sim 65$
3	低强度煤	$30\sim 50$
4	特低强度煤	$\leqslant 30$

2.5.11 煤炭可选性等级的划分(表 1-2-34)

表 1-2-34　　　　　　　　　　煤炭可选性等级的划分

序号	可选性等级	$\delta\pm 0.1$ 含量⁄%
1	易选	$\leqslant 10.0$
2	中等可选	$10.1\sim 20.0$
3	较难选	$20.1\sim 30.0$
4	难选	$30.1\sim 40.0$
5	极难选	>40.0

2.5.12 煤灰熔融性分级

(1) 煤灰熔融性软化温度分级(表 1-2-35)

表 1-2-35　　　　　　　　　　煤灰熔融性软化温度分级

序号	级别名称	代号	分级范围(ST)/℃
1	低软化温度灰	LST	≤1 100
2	较低软化温度灰	RLST	>1 100~1 250
3	中等软化温度灰	MST	>1 250~1 350
4	较高软化温度灰	RHST	>1 350~1 500
5	高软化温度灰	HST	>1 500

（2）煤灰熔融性流动温度分级（表 1-2-36）

表 1-2-36　　　　　　　　　　煤灰熔融性流动温度分级

序号	级别名称	代号	分级范围(FT)/℃
1	低流动温度灰	LFT	≤1 150
2	较低流动温度灰	RLFT	>1 150~1 300
3	中等流动温度灰	MFT	>1 300~1 400
4	较高流动温度灰	RHFT	>1 400~1 500
5	高流动温度灰	HFT	>1 500

2.5.13　冶金焦炭分级标准（表 1-2-37）

表 1-2-37　　　　　　　　　　冶金焦炭分级标准

级别	指标	抗碎强度 M_{40}/%	磨损强度 M_{10}/%
1		≥76	≤8
2		≥68	≤10
3	A	≥64	≤11
	B	≥68	≤11.5

注:(1) 取样以焦仓下交货地点为准。(2) 出鼓焦炭以手筛为基准。

2.5.14　煤炭粒度划分

（1）褐煤粒度划分（表 1-2-38）

表 1-2-38　　　　　　　　　　褐煤粒度划分

序号	粒度名称	粒度/mm	备注
1	特大块	>100	
2	大块	>50~100	
3	混大块	>50	特大块最大尺寸不得超过 300 mm
4	中块	>25~50,>25~80	
5	小块	>13~25	
6	末煤	<13,<25	

（2）无烟煤和烟煤粒度划分（表 1-2-39）

表 1-2-39　　　　　　　　　　　　无烟煤和烟煤粒度划分

序号	粒度名称	粒度/mm	备注
1	特大块	＞100	
2	大块	＞50～100	
3	混大块	＞50	
4	中块	＞25～50，＞25～80	
5	小块	＞13～25	
6	混中块	＞13～50，＞13～80	特大块最大尺寸不得超过 300 mm
7	混块	＞13，＞25	
8	混粒煤	＞6～25	
9	粒煤	＞6～13	
10	混煤	＜50	
11	末煤	＜13，＜25	
12	粉煤	＜6	

2.5.15　无烟煤的划分（表 1-2-40）

表 1-2-40　　　　　　　　　　　　无烟煤的划分

类别	代号	编码	分类指标	
			$V_{daf}/\%$	$H_{daf}/\%$
无烟煤一号	WY1	01	≤3.5	≤2.0
无烟煤二号	WY2	02	＞3.5～6.5	＞2.0～3.0
无烟煤三号	WY3	03	＞6.5～10.0	＞3.0

注：V_{daf}——干燥无灰基挥发分；H_{daf}——干燥无灰基氢含量。

2.5.16　褐煤的划分（表 1-2-41）

表 1-2-41　　　　　　　　　　　　褐煤的划分

类别	代号	编码	分类指标	
			$P_M/\%$	$Q_{gr,maf}/(MJ/kg)$
褐煤一号	HM1	51	≤30	—
褐煤二号	HM2	52	＞30～50	≤24

注：P_M——低煤阶煤透光率；$Q_{gr,maf}$——恒基无灰基高位发热量。

2.5.17　烟煤的分类(表 1-2-42)

表 1-2-42　　　　　　　　　　　　　烟煤的分类

类别	代号	编码	分类指标			
			$V_{daf}/\%$	G	Y/mm	$b/\%^b$
贫 煤	PM	11	>10.0~20.0	≤5		
贫瘦煤	PS	12	>10.0~20.0	>5~20		
瘦 煤	SM	13	>10.0~20.0	>20~50		
		14	>10.0~20.0	>50~65		
焦 煤	JM	15	>10.0~20.0	>65^a	≤25.0	≤150
		24	>20.0~28.0	>50~65		
		25	>20.0~28.0	>65^a	≤25.0	≤150
肥 煤	FM	16	>10.0~20.0	(>85)^a	>25.0	>150
		26	>20.0~28.0	(>85)^a	>25.0	>150
		36	>28.0~37.0	(>85)^a	>25.0	>220
1/3 焦煤	1/3JM	35	>28.0~37.0	>65^a	≤25.0	≤220
气肥煤	QF	46	>37.0	(>85)^a	>25.0	>220
气 煤	QM	34	>28.0~37.0	>50~65		
		43	>37.0	>35~50	≤25.0	≤220
		44	>37.0	>50~65		
		45	>37.0	>65^a		
1/2 中黏煤	1/2ZN	23	>20.0~28.0	>30~50		
		33	>28.0~37.0	>30~50		
弱黏煤	RN	22	>20.0~28.0	>5~30		
		32	>28.0~37.0	>5~30		
不黏煤	BN	21	>20.0~28.0	≤5		
		31	>28.0~37.0	≤5		
长焰煤	CY	41	>37.0	≤5		
		42	>37.0	>5~35		

^{a} 当烟煤的黏结指数测值 G≤85 时,用干燥无灰基挥发分 V_{daf} 和黏结指数 G 来划分煤类。当黏结指数测值 G>85 时,则用干燥无灰基挥发分 V_{daf} 和胶质层最大厚度 Y,或用干燥无灰基挥发分 V_{daf} 和奥阿膨胀度 b 来划分煤类。在 G>85 的情况下,当 Y>25.0 mm 时,根据 V_{daf} 的大小可划分为肥煤或气煤,当 Y≤25.0 mm 时,则根据 V_{daf} 的大小可划分为焦煤、1/3 焦煤或气煤。^{b} 当 G>85 时,用 Y 和 b 并列作为分类指标。当 V_{daf}≤28.0% 时,b>150% 的为肥煤;V_{daf}>28.0% 时,b>220% 的为肥煤或气肥煤。如按 b 值和 Y 值划分的类别有矛盾时,以 Y 值为准来划分煤类。

2.5.18　精煤的分类（表 1-2-43）

表 1-2-43　　　　　　　　　　　　　　精煤的分类

煤种	硫分/%	灰分/%	热值/(MJ/kg)
1 号精煤	0.4	7～8,平均 7.6	26～28,平均 27.6(6 603 cal/g)
2 号精煤	0.5	8～10,平均 9.6	26～28,平均 26.8(6 411 cal/g)
3 号精煤	0.6	9～16,平均 13.6	24～26,平均 25.3(6 053 cal/g)

2.5.19　炼焦用煤指标（表 1-2-44）

表 1-2-44　　　　　　　　　　　　　炼焦用煤指标

项　　目		指标/%
配煤后的有害杂质/%	灰分 A_g	<10
	全硫 S_Q^g	<1.0
	磷 P_g	<0.01

2.5.20　动力用煤指标（表 1-2-45）

表 1-2-45　　　　　　　　　　　　　动力用煤指标

灰分 A_g/%	全硫 S_Q^g/%	挥发分 V_{daf}/%	灰熔点 T_2/℃	发热量 Q_{DW}^g/(cal/g)	粒度/mm	
					机车用	其他用
<25	<2.5	16	>1 250	>6 000	13～50	6～25

2.5.21　中国煤炭分类简表（表 1-2-46）

表 1-2-46　　　　　　　　　　　　　中国煤炭分类简表

类别及代号	编码	分类指标					
		V_{daf}/%	G	Y/mm	b/%	P_M/%	$Q_{gr,maf}$/(MJ/kg)
无烟煤 WY	01,02,03	≤10.0					
贫煤 PM	11	>10.0～20.0	≤5				
贫瘦煤 PS	12	>10.0～20.0	>5～20				
瘦煤 SM	13,14	>10.0～20.0	>20～65				

类别及代号	编码	分类指标					
		$V_{daf}/\%$	G	Y/mm	$b/\%$	$P_M/\%$	$Q_{gr,maf}$ /(MJ/kg)
焦煤 JM	24 15,25	>20.0~28.0 >10.0~28.0	>50~65 >65	≤25.0	≤150		
肥煤 FM	16,26,36	>10.0~37.0	(>85)	>25.0			
1/3 焦煤 1/3JM	35	>28.0~37.0	>65	≤25.0	≤220		
气肥煤 QF	46	>37.0	(>85)	>25.0	>220		
气煤 QM	34 43,44,45	28.0~37.0 >37.0	>50~65 >35	≤25.0	≤220		
1/2 中黏煤 1/2ZN	23,33	>20.0~37.0	>30~50				
弱黏煤 RN	22,32	>20.0~37.0	>5~30				
不黏煤 BN	21,31	>20.0~37.0	≤5				
长焰煤 CY	41,42	>37.0	≤35			>50	
褐煤 HM	51 52	>37.0 >37.0				≤30 >30~50	≤24

2.6　煤炭地质勘查的工作程度和工程控制程度

2.6.1　阶段划分

煤炭地质勘查工作划分为预查、普查、详查、勘探四个阶段。根据工作区的具体情况和探矿权人的要求,勘查阶段可以调整,即可按四个阶段顺序工作,也可合并或跨越某个阶段。

(1)预查阶段:预查应在煤田预测或区域地质调查的基础上进行,其任务是寻找煤炭资源。预查的结果,要对所发现的煤炭资源是否有进一步地质工作价值做出评价。预查发现有进一步工作价值的煤炭资源时,一般应继续进行普查;预查未发现有进一步工作价值的煤炭资源或未发现煤炭资源,都要对工作地区的地质条件进行总结。

预查工作程度要求:

① 初步确定工作地区地层层序,确定含煤地层时代;

② 大致了解工作地区构造形态;

③ 大致了解含煤地层分布的范围、煤层层数、煤层的一般厚度和埋藏深度;大致了解煤类和煤质的一般特征;

④ 大致了解其他有益矿产情况;

⑤ 估算煤炭预测的资源量。

(2)普查阶段:普查是在预查的基础上,或已知有煤炭赋存的地区进行。普查是对工作区煤炭资源的经济意义和开发建设可能性做出评价,为煤矿建设远景规划提供依据。

普查工作程度一般要求:

① 确定勘查区的地层层序,详细划分含煤地层,研究其沉积环境特征和聚煤特征;

② 初步查明勘查区构造形态,初步评价勘查区构造复杂程度;

③ 初步查明可采煤层层位、厚度和主要可采煤层的分布范围,大致确定可采煤层煤类和煤质特征,初步评价勘查区可采煤层的稳定程度;

④ 调查勘查区自然地理条件、第四纪地质和地貌特征;大致了解勘查区水文地质条件,调查环境地质现状;

⑤ 大致了解勘查区开发建设的工程地质条件和煤的开采技术条件;

⑥ 大致了解其他有益矿产赋存情况;

⑦ 估算各可采煤层推断的和预测的资源量。

(3)详查阶段:详查的任务是为矿区总体发展规划提供地质依据。凡需要划分井田和编制矿区总体发展规划的地区,应进行详查;凡不涉及井田划分的地区、面积不大的单个井田,以及不需编制矿区总体发展规划的地区,均可在普查的基础上直接进行勘探,不出现详查阶段。

详查工作程度一般要求:

① 基本查明勘查区构造形态,控制勘查区的边界和勘查区内可能影响井田划分的构造,评价勘查区的构造复杂程度;

② 基本查明可采煤层层位、层数、厚度和可采范围,基本确定可采煤层的连续性,控制主要可采煤层露头位置,了解对破坏煤层连续性和影响煤层厚度的岩浆侵入、古河流冲刷、古隆起等,并大致查明其范围,评价可采煤层的稳定程度和可采性;

③ 基本查明可采煤层煤质特征和工艺性能,确定可采煤层煤类,评价煤的工业利用方向,初步查明主要可采煤层风化带界线,评价可采煤层煤质变化程度;

④ 基本查明勘查区水文地质条件,基本查明主要可采煤层顶底板工程地质特征、煤层瓦斯、地温等开采技术条件,对可能影响矿区开发建设的水文地质条件和其他开采技术条件做出评价,初步评价勘查区环境地质条件;

⑤ 对勘查区内可能有利用前景的地下水资源做出初步评价;

⑥ 初步查明其他有益矿产赋存情况,做出有无工业价值的初步评价;

⑦ 估算各可采煤层的控制的、推断的、预测的资源/储量,其中控制的资源/储量分布应符合矿区总体发展规划的要求。

(4)勘探阶段:勘探的任务是为矿井建设可行性研究和初步设计提供地质资料。勘探一般以井田为单位进行。勘探的重点地段是矿井的先期开采地段(或第一水平,下同)和初期采区。勘探成果要满足确定井筒、水平运输巷、总回风巷的位置,划分初期采区,确定开采工艺的需要;要保证井田境界和矿井设计能力不因地质情况而发生重大变化,保证不致因煤质资料影响煤的洗选加工和既定的工业用途。

对于拟建中型和中型以上机械化程度较高的矿井的井田,勘探工作程度的一般要求是:

① 控制井田边界构造,其中与矿井的先期开采地段有关的边界构造线的平面位置,应控制在 150 m 以内;

② 详细查明先期开采地段内落差等于和大于 30 m 的断层,详细查明初期采区内落差

等于和大于 20 m(地层倾角平缓、构造简单、地震地质条件好的地区为 15～10 m)的断层；对小构造的发育程度、分布范围及对开采的影响做出评述；

③ 控制先期开采地段范围内主要可采煤层的底板等高线，煤层倾角小于 10°时，应控制初期采区内等高距为 10～20 m 的煤层底板等高线；

④ 详细查明可采煤层层位及厚度变化，确定可采煤层的连续性，控制先期开采地段内各可采煤层的可采范围(包括煤层因受岩浆侵入、古河流冲刷、古隆起、陷落柱等的影响使煤层厚度和可采性发生的变化)，对厚度变化较大的主要可采煤层，应控制煤层等厚线；

⑤ 严密控制与先期开采地段或初期采区有关的主要可采煤层露头位置，在掩盖区，隐藏煤层露头线在勘查线(测线)上的平面位置应控制在 75 m 以内，控制先期开采地段范围内主要可采煤层的风氧化带界线；

⑥ 详细查明可采煤层的煤类、煤质特征及其在先期开采地段范围内的变化，着重研究与煤的开采、洗选、加工、运输、销售以及环境保护等有关的煤质特征和工艺性能，并做出相应的评价；

⑦ 详细查明井田水文地质条件，评价矿井充水因素，预算先期开采地段涌水量，预测开采过程中发生突水的可能性及地段，评述开采后水文地质、工程地质和环境地质条件的可能变化，评价矿井水的利用可能性及途径；

⑧ 详细研究先期开采地段和初期采区范围内主要可采煤层顶底板的工程地质特征、煤层瓦斯、煤的自燃趋势、煤尘爆炸危险性及地温变化等开采技术条件，并做出相应的评价；

⑨ 详细调查老窑、小煤矿和生产矿井的分布和开采情况，划出其采空范围，对老窑的采空区应尽可能地控制，并评述其积水情况，详细调查生产矿井和小煤矿的涌水量、水质及其动态变化，分析其充水因素；

⑩ 基本查明其他有益矿产赋存情况；

⑪ 估算各可采煤层的探明的、控制的、推断的资源/储量，在初期采区范围内主要可采煤层一般应全部为探明的。

注：① 先期开采地段(第一水平)：地层倾角平缓，不以煤层埋深水平划分，而采用分区开拓方式的矿井，满足矿井设计生产能力和相应服务年限的开采分区范围，为先期开采地段，它相当于按煤层埋深布置开采水平时，一般以一个生产水平来保证矿井设计生产能力和该水平服务年限，其最浅的水平，即第一水平。

② 初期采区：达到矿井生产能力最先开采(或最先同时开采)的采区，为初期采区，亦称首采区。

2.6.2　煤炭地质勘查的控制程度

凡地形、地质和物性条件适宜的地区，应以地面物探(主要是地震，也包括其他有效的地面物探方法)结合钻探为主要手段，配合地质填图、测井、采样测试及其他手段，进行各阶段的地质工作。地震主测线的间距：预查阶段一般为 2～4 km；普查阶段一般为 1～2 km；详查阶段一般为 0.5～1 km；勘探阶段一般为 250～500 m，其中初期采区范围内为 125～250 m 或实施三维地震勘查。预查阶段钻孔应根据地震勘查成果验证与定位的需要，有针对性地进行布置。所有钻孔都必须进行测井工作。

2.6.3 构造复杂程度划分及钻探工程基本线距

2.6.3.1 构造复杂程度划分

（1）简单构造

含煤地层沿走向、倾向的产状变化不大，断层稀少，没有或很少受岩浆岩的影响。主要包括：① 产状接近水平，很少有缓波状起伏；② 缓倾斜至倾斜的简单单斜、向斜或背斜；③ 为数不多和方向单一的宽缓褶皱。

（2）中等构造

含煤地层沿走向、倾向的产状有一定变化，断层较发育，有时局部受岩浆岩的一定影响。主要包括：① 产状平缓，沿走向和倾向均发育宽缓褶皱，或伴有一定数量的断层；② 简单的单斜、向斜或背斜，伴有较多断层，或局部有小规模的褶曲及倒转；③ 急倾斜或倒转的单斜、向斜和背斜；或为形态简单的褶皱，伴有稀少断层。

（3）复杂构造

含煤地层沿走向、倾向的产状变化很大，断层发育，有时受岩浆的严重影响，主要包括：① 受几组断层严重破坏的断块构造；② 在单斜、向斜或背斜的基础上，次一级褶曲和断层均很发育；③ 紧密褶皱，伴有一定数量的断层。

（4）极复杂构造

含煤地层的产状变化极大，断层极发育，有时受岩浆的严重破坏。主要包括：① 紧密褶皱、断层密集；② 形态复杂特殊的褶皱，断层发育；③ 断层发育，受岩浆的严重破坏。

2.6.3.2 构造复杂程度类型钻探工程基本线距表（表 1-2-47）

表 1-2-47　　　　　　　构造复杂程度类型钻探工程基本线距表

构造复杂程度	各种查明程度对构造控制的基本线距/m	
	探明的	控制的
简单	500～1 000	1 000～2 000
中等	250～500	500～1 000
复杂		250～500

注：极复杂构造只宜边探边采，线距不做具体规定。

2.6.4 煤层稳定程度划分及钻探工程基本线距

2.6.4.1 煤层稳定程度划分

（1）稳定煤层：煤层厚度变化很小，变化规律明显，结构简单至较简单；煤类单一，煤质变化很小。全区可采或大部分可采。

（2）较稳定煤层：煤层厚度有一定变化，但规律性较明显，结构简单至复杂；有两个煤类，煤质变化中等。全区可采或大部分可采。可采范围内厚度及煤质变化不大。

（3）不稳定煤层：煤层厚度变化较大，无明显规律，结构复杂至极复杂；有三个或三个以上煤类，煤质变化大。特征包括：煤层厚度变化很大，具突然增厚、变薄现象，全区可采或大部分可采；煤层呈串珠状、藕节状，一般连续，局部可采，可采边界不规则；难以进行分层对比，但可进行层组对比的复煤层。

（4）极不稳定煤层：煤层厚度变化极大，呈透镜状、鸡窝状，一般不连续，很难找出规律，可采块段分布零星；或为无法进行煤分层对比且层组对比也有困难的复煤层；煤质变化很大，且无明显规律。

2.6.4.2　煤层稳定程度类型钻探工程基本线距表（表 1-2-48）

表 1-2-48　　　　　　　　　　　　煤层稳定程度类型钻探工程基本线距表

煤层稳定程度	各种查明程度对煤层控制的基本线距/m	
	探明的	控制的
稳定	500～1 000	1 000～2 000
较稳定	250～500	500～1 000
不稳定		375
		250

注：极不稳定煤层只宜边探边采，线距不做具体规定。

2.6.5　选择钻探工程基本线距的要求

（1）认真研究井田（勘查区）的构造复杂程度和煤层稳定程度，按其中勘查难度极大的一个因素选择井田（勘查区）钻探工程的基本线距。

（2）构造复杂程度类型的划分，原则上以井田（勘查区）为单位。当井田（勘查区）的不同地段有显著差异时，应当根据实际情况区别对待。

（3）当一个井田（勘查区）内有两种或两种以上煤层稳定程度类型时，应以资源/储量或厚度或厚度占优势的那一部分煤层稳定程度类型，选择基本线距。

（4）运用地面物探手段即能基本满足构造控制要求的井田（勘查区），钻探工程基本线距应根据煤层稳定程度类型进行选择。构造复杂程度类型钻探工程基本线距表主要适用于不能使用地面物探和地面物探不能取得有效成果的地区。

（5）在裸露和半裸露地区，钻探工程基本线距的选择，应充分考虑地质填图和其他地面地质工作的成果。

（6）以线形构造为主的地区，基本线距可根据构造的特点，沿构造线走向方向适当放稀。

2.6.6　工程地质勘查工作

（1）详查阶段一般应选择 2～3 条倾向剖面和 1 条走向剖面上的钻孔取芯做工程地质观测。在主要可采煤层顶板以上 30 m 至底板以下 20 m 的范围内，系统地分层采取岩样，进行物理力学性质试验。

（2）勘探阶段应根据探矿权人的要求，在第一水平或初期采区范围内，布置 3～4 条工程地质剖面，并结合矿井的设计方案，在主要运输大巷、主要石门及其他主要井巷工程附近，布置一定数量的工程地质钻孔，进行工程地质观测与编录，确定不同岩组的 RQD 值（岩石质量指标)。在主要可采煤层顶板以上 30 m 至底板以下 20 m 的范围内,系统地分层采取岩样,进行物理力学性质测试。区内或邻近有生产矿井资料可供利用时,可酌情减少采样及测试工作。

2.7 储量及矿井设计规模

2.7.1 固体矿产资源/储量分类表(表 1-2-49)

表 1-2-49　　　　　　　　　　固体矿产资源/储量分类表

经济意义	地质可靠程度			
	查明矿产资源			潜在矿产资源
	探明的	控制的	推断的	预测的
经济的	可采储量(111)			
	基础储量(111b)			
	预可采储量(121)	预可采储量(122)		
	基础储量(121b)	基础储量(122b)		
边际经济的	基础储量(2M11)			
	基础储量(2M21)	基础储量(2M22)		
次边际经济的	资源量(2S11)			
	资源量(2S21)	资源量(2S22)		
内蕴经济的	资源量(331)	资源量(332)	资源量(333)	资源量(334)?

注:表中编码第 1 位数表示经济意义,即 1=经济的,2M=边际经济的,2S=次边际经济的,3=内蕴经济的,?＝经济意义未定的;第 2 位数表示可行性评价阶段,即 1=可行性研究,2=预可行性研究,3=概略研究;第 3 位数表示地质可靠程度,即 1=探明的,2=控制的,3=推断的,4=预测的,b=为扣除设计、采矿损失的可采储量。

2.7.2　矿井资源/储量

(1)矿井地质资源量:查明煤炭资源的全部。包括探明的内蕴经济的资源量 331、控制的内蕴经济的资源量 332、推断的内蕴经济的资源量 333。

(2)矿井工业资源/储量:地质资源量中控制的资源量 332,经分类得出的经济的基础储量 122b、边际经济的基础储量 2M22 连同地质资源量中推断的资源量 333 的大部(一般乘以可信度系数 K,K 为 0.5~0.8),归类为矿井工业资源/储量。

详查地质报告为基础:矿井工业资源/储量＝122b+2M22+333k,如图 1-2-1 所示。

勘探地质报告为基础:矿井工业资源/储量＝121b+122b+2M21+2M22+333k,如图 1-2-2所示。

(3)矿井设计资源/储量:矿井工业资源/储量减去设计计算的断层煤柱、防水煤柱、井田边界煤柱、地面建(构)筑物煤柱等永久煤柱损失量后的资源/储量,称矿井设计资源/储量。

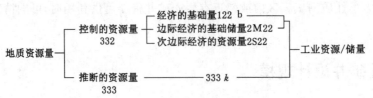

注:k——可信度系数,取0.7~0.9。地质构造简单、煤层赋存稳定的矿井,k值取0.9;
地质构造复杂、煤层赋存不稳定的矿井,k值取0.7。

图 1-2-1 以详查地质报告为基础

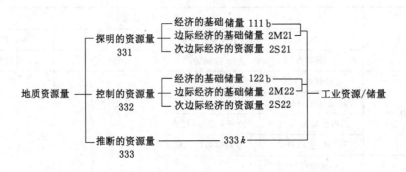

图 1-2-2 以勘探地质报告为基础

(4)矿井设计可采储量:矿井设计资源/储量减去工业场地和主要井巷煤柱的煤量后乘以采区回采率,为矿井设计可采储量。

2.7.3 煤炭资源量估算指标(表 1-2-50)

表 1-2-50   煤炭资源量估算指标

项目			煤　炭			
			炼焦用煤	长焰煤/不黏煤/弱黏煤/贫煤	无烟煤	褐煤
煤层厚度/m	井采	<25°	≥0.7	≥0.8		≥1.5
	倾角	25°~45°	≥0.6	≥0.7		≥1.4
		>45°	≥0.5	≥0.6		≥1.3
	露天开采			≥1.0		≥1.5
最高灰分 A_d/%				40		
最高硫分 $S_{t,d}$/%				3		
最低发热量 $Q_{net,d}$/(MJ/kg)			—	17.0	22.1	15.7

2.7.4　勘探阶段先期开采地段资源/储量比例表(表 1-2-51)

表 1-2-51　　　　　　　　　勘探阶段先期开采地段资源/储量比例表

比例/%	矿井地质及开采条件							
	简单			中等			复杂	
	大型	中型	小型	大型	中型	小型	中型	小型
先期开采地段探明的和控制的资源/储量占本地段资源/储量总和的比例	≥80	≥70	≥50	≥70	≥60	≥40	不做具体规定	
先期开采地段探明的资源/储量占本地段资源/储量总和的比例	≥60	≥40	≥20	≥50	≥30	不做具体规定		不要求

2.7.5　矿井设计生产能力类型划分(表 1-2-52)

表 1-2-52　　　　　　　　　　矿井设计生产能力类型划分

井型	生产能力/(Mt/a)
大型矿井	1.2、1.5、1.8、2.4、3.0、4.0、5.0、6.0 及以上
中型矿井	0.45、0.6、0.9
小型矿井	0.3 及以下

注：① 新建矿井不应出现介于两种设计生产能力的中间类型；② 扩建矿井,扩建后的矿井设计生产能力,应在原设计生产能力或核定生产能力的基础上,升 2 级级差及以上；③ 矿井设计生产能力宜按年工作日 330 d 计算,每天净提升时间宜为 16 h。

2.7.6　新建矿井设计服务年限(表 1-2-53)

表 1-2-53　　　　　　　　　　　新建矿井设计服务年限

矿井设计生产能力/(Mt/a)	矿井设计服务年限/a	第一开采水平设计服务年限/a		
		煤层倾角<25°	煤层倾角 25°~45°	煤层倾角>45°
6.0 及以上	70	35	—	—
3.0~5.0	60	30	—	—
1.2~2.4	50	25	20	15
0.45~0.9	40	20	15	15

注：计算矿井及第一开采水平设计服务年限时,储量备用系数宜采用 1.3~1.5。

2.7.7　扩建后的矿井设计服务年限(表 1-2-54)

表 1-2-54　　　　　　　　　　　扩建后的矿井设计服务年限

扩建后矿井设计生产能力 /(Mt/a)	矿井服务年限/a	备注
6.0 及以上	60	改建矿井设计服务年限,不应低于同类型新建矿井服务年限的 50%
3.0～5.0	50	
1.2～2.4	40	
0.45～0.9	30	

2.7.8　回采率规定(表 1-2-55)

表 1-2-55　　　　　　　　　　　回采率规定

条件类型　　　　　　煤厚类型	薄煤层	中厚煤层	厚煤层
工作面回采率	≥97%	≥95%	≥93%
采区回采率	≥85%	≥80%	≥75%
特殊和稀缺煤类矿井采区回采率	≥88%	≥83%	≥78%
水力采煤的采区回采率	≥80%	≥75%	≥70%

2.7.9　矿产资源储量规模划分(表 1-2-56)

表 1-2-56　　　　　　　　　　　矿产资源储量规模划分

矿种名称	单位	规模		
		大型	中型	小型
煤田	原煤(亿 t)	≥50	10～50	<10
矿区	原煤(亿 t)	≥5	2～5	<2
井田	原煤(亿 t)	≥1	0.5～1	<0.5

2.7.10　三个煤量可采期(表 1-2-57)

表 1-2-57　　　　　　　　　　　三个煤量可采期

煤量类型	可采期
开拓煤量	3～5 年
准备煤量	1 年以上
回采煤量	4～6 个月以上

2.7.11 煤矿服务年限计算方法

矿井设计服务年限＝设计可采储量/(年设计能力×矿井储量备用系数)。

矿井核定剩余服务年限

$$a = \frac{G}{k_B \cdot A}$$

式中 a——煤矿服务年限,a;

G——煤矿核定能力时上年末可采储量,万 t;

A——煤矿拟调整的核定生产能力,万 t;

k_B——储量备用系数,一般取 1.3～1.5。

2.8 矿井瓦斯等级划分标准

矿井瓦斯等级划分标准见表 1-2-58。

表 1-2-58　　　　　　　　　　　　　　矿井瓦斯等级划分标准

类别名称	标准
低瓦斯矿井	同时满足下列条件的为低瓦斯矿井:① 矿井相对瓦斯涌出量不大于 10 m³/t。② 矿井绝对瓦斯涌出量不大于 40 m³/min。③ 矿井任一掘进工作面绝对瓦斯涌出量均不大于 3 m³/min。④ 矿井任一采煤工作面绝对瓦斯涌出量均不大于 5 m³/min
高瓦斯矿井	具备下列条件之一的即为高瓦斯矿井:① 矿井相对瓦斯涌出量大于 10 m³/t;② 矿井绝对瓦斯涌出量大于 40 m³/min;③ 矿井任一掘进工作面绝对瓦斯涌出量大于 3 m³/min;④ 矿井任一采煤工作面绝对瓦斯涌出量大于 5 m³/min

2.9 冲击地压倾向性鉴定标准及主要技术参数

2.9.1 冲击地压名词解释

(1)冲击地压。冲击地压是指煤矿井巷或工作面周围煤(岩)体由于弹性变形能的瞬时释放而产生的突然、剧烈破坏的动力现象,常伴有煤(岩)体瞬间位移、抛出、巨响及气浪等。

(2)冲击地压(煤层)矿井。在矿井井田范围内发生过冲击地压现象的煤层,或者经鉴定煤层(或者其顶底板岩层)具有冲击倾向性且评价具有冲击危险性的煤层为冲击地压煤层。有冲击地压煤层的矿井为冲击地压矿井。

(3)严重冲击地压(煤层)矿井。煤层(或者其顶底板岩层)具有强冲击倾向性且评价具有强冲击地压危险的,为严重冲击地压煤层。开采严重冲击地压煤层的矿井为严重冲击地压矿井。

2.9.2 煤层(岩层)冲击倾向性鉴定要求

有下列情况之一的,应当进行煤层(岩层)冲击倾向性鉴定:

（1）有强烈震动、瞬间底（帮）鼓、煤岩弹射等动力现象的。

（2）埋深超过 400 m 的煤层，且煤层上方 100 m 范围内存在单层厚度超过 10 m、单轴抗压强度大于 60 MPa 的坚硬岩层。

（3）相邻矿井开采的同一煤层发生过冲击地压或经鉴定为冲击地压煤层的。

（4）冲击地压矿井开采新水平、新煤层。

2.9.3 顶底板岩层冲击倾向性分类

顶底板岩层冲击倾向性分类按照弯曲能量指数值的大小进行划分，见表 1-2-59。

表 1-2-59 岩层冲击倾向性分类

类别	I 类	II 类	III 类
冲击倾向	无	弱	强
弯曲能量指数/kJ	$U_{wqs} \leqslant 15$	$15 < U_{wqs} \leqslant 120$	$U_{wqs} > 120$

2.9.4 煤的冲击倾向性分类及指数

煤的冲击倾向性的强弱，一般根据测定的 4 个指数进行综合衡量，煤的冲击倾向性按其指数值的大小分三类，见表 1-2-60。当 DT、W_{ET}、K_E、R_c 的测定值发生矛盾时，其分类可采用模糊综合评判方法，4 个指数的权重分别为 0.3、0.2、0.2、0.3。煤的冲击倾向性强弱采用综合判定方法进行判断，4 个指数共有 81 种测试结果。

表 1-2-60 煤的冲击倾向性分类

	类别	I 类	II 类	III 类
	冲击倾向	无	弱	强
指数	动态破坏时间/ms	$DT > 500$	$50 < DT \leqslant 500$	$DT \leqslant 50$
	弹性能量指数	$W_{ET} < 2$	$2 \leqslant W_{ET} < 5$	$W_{ET} \geqslant 5$
	冲击能量指数	$K_E < 1.5$	$1.5 \leqslant K_E < 5$	$K_E \geqslant 5$
	单轴抗压强度/MPa	$R_c < 7$	$7 \leqslant R_c < 14$	$R_c \geqslant 14$

2.9.5 冲击危险性评价及分级

冲击危险性评价可采用综合指数法或其他经实践证实有效的方法。评价结果分为四级：无冲击地压危险、弱冲击地压危险、中等冲击地压危险、强冲击地压危险。

2.9.6 开采冲击地压煤层主要参数要求

（1）开采冲击地压煤层时，在应力集中区内不得布置 2 个工作面同时进行采掘作业。2 个掘进工作面之间的距离小于 150 m 时，采煤工作面与掘进工作面之间的距离小于 350 m 时，2 个采煤工作面之间的距离小于 500 m 时，必须停止其中一个工作面，确保两个回采工作面之间、回采工作面与掘进工作面之间、两个掘进工作面之间留有足够的间距，以避免应力叠加导致冲击地压的发生。相邻矿井、相邻采区之间应当避免开采相互影响。

（2）冲击地压煤层采掘工作面临近大型地质构造（幅度在30 m以上、长度在1 km以上的褶曲，落差大于20 m的断层）、采空区、煤柱及其他应力集中区附近时，必须制定防冲专项措施。

冲击地压煤层内掘进巷道贯通或错层交叉时，应当在距离贯通或交叉点50 m之前开始采取防冲专项措施。

（3）采用爆破卸压时，必须编制专项安全措施，起爆点及警戒点到爆破地点的直线距离不得小于300 m，躲炮时间不得小于30 min。

有冲击地压危险的采掘工作面，供电、供液等设备应当放置在采动应力集中影响区外，且距离工作面不小于200 m；不能满足上述条件时，应当放置在无冲击地压危险区域。

（4）评价为强冲击地压危险的区域不得存放备用材料和设备；巷道内杂物应当清理干净，保持行走路线畅通；对冲击地压危险区域内的在用设备、管线、物品等应当采取固定措施，管路应当吊挂在巷道腰线以下，高于1.2 m的必须采取固定措施。

（5）有冲击地压危险的采掘工作面必须设置压风自救系统。应当在距采掘工作面25～40 m的巷道内、爆破地点、撤离人员与警戒人员所在位置、回风巷有人作业处等地点，至少设置1组压风自救装置。压风自救系统管路可以采用耐压胶管，每10～15 m预留0.5～1.0 m的延展长度。

第 3 章　煤矿测绘

3.1　名词解释

岩层移动:因采矿引起围岩的移动、变形和破坏的现象和过程。

地表移动与变形:一般指在采煤影响下地表产生的下沉、水平移动、倾斜、水平变形和曲率。

地表下沉盆地:由采煤引起的采空区上方地表移动的范围,通常称地表移动盆地或地表塌陷盆地。一般按边界角或者下沉 10 mm 点划定其范围。

地表移动参数:反映地表移动与变形特征、程度的参数和角值。主要有:下沉系数、水平移动系数、边界角、移动角、裂缝角、最大下沉角、开采影响传播角、充分采动角、超前影响角、最大下沉速度角和移动延续时间等。

下沉系数:水平或近水平煤层充分采动条件下,地表最大下沉值与采厚之比。

水平移动系数:水平或近水平煤层充分采动条件下,地表最大水平移动值与地表最大下沉值之比。

边界角:在充分或接近充分采动条件下,移动盆地主断面上的边界点与采空区边界之间的连线和水平线在煤柱一侧的夹角。

移动角:在充分或接近充分采动条件下,移动盆地主断面上,地表最外的临界变形点和采空区边界点连线与水平线在煤壁一侧的夹角。

裂缝角:在充分或接近充分采动条件下,移动盆地主断面上,地表最外侧的裂缝和采空区边界点连线与水平线在煤壁一侧的夹角。

最大下沉角:非充分采动时,地表下沉盆地倾斜主断面上实测地表下沉曲线的最大下沉点(或倾斜为零的点)至采空区中心连线与水平线在下山一侧的夹角。

充分采动角:在充分采动条件下,根据地表移动盆地的主断面上实测下沉曲线,取下沉盆地平底边缘点至采空区边界的连线与煤层在采空区一侧的夹角。

最大下沉速度角:工作面推进过程中,地表达到充分采动后,在走向主断面实测下沉曲线上,具有最大下沉速度的点至当时工作面位置的连线与水平线在采空区一侧的夹角。

围护带:设计保护煤柱时,在受护对象的外侧增加的一定宽度的安全带。

允许变形值:建(构)筑物不需修理能保持正常使用所允许的地表最大变形值。

充分采动:地表最大下沉值不随采区尺寸增大而增加的临界开采状态。

非充分采动:地表最大下沉值随采区尺寸增大而增加的开采状态。

超充分采动:地表最大下沉值不随采区尺寸增大而增加的且超出临界开采的状态。

3.2 保护煤柱留设

3.2.1 矿区建筑物保护煤柱留设

（1）矿区建筑物保护煤柱留设

在矿井、水平、采区设计时，对建筑物应当划定保护煤柱。保护等级为特级、Ⅰ级、Ⅱ级建筑物必须划定保护煤柱。建筑物受护范围应当包括受护对象及其围护带。建筑物保护煤柱边界可以采用垂直剖面法、垂线法或者数字标高投影法设计。特级建筑物保护煤柱按边界角留设，其他建筑物保护煤柱按移动角留设。矿区建筑物保护等级划分见表 1-3-1。

表 1-3-1　　　　　　　　　　　　矿区建筑物保护等级划分

保护等级	主要建筑物	围护带宽度/m
特	国家珍贵文物建筑物、高度超过 100 m 的超高层建筑、核电站等特别重要工业建筑物等	50
Ⅰ	国家一般文物建筑物、在同一跨度内有两台重型桥式吊车的大型厂房及高层建筑等	20
Ⅱ	办公楼、医院、剧院、学校、长度大于 20 m 的二层楼房和二层以上多层住宅楼，钢筋混凝土框架结构的工业厂房、设有桥式吊车的工业厂房、总机修厂等较重要的大型工业建筑物，城镇建筑群或者居民区等	15
Ⅲ	砖木、砖混结构平房或者变形缝区段小于 20 m 的两层楼房，村庄民房等	10
Ⅳ	村庄木结构承重房屋等	5

注：凡未列入表中的建筑物，可以依据其重要性、用途等类比其等级归属。对于不易确定者，可以组织专门论证审定。

（2）砖混结构建筑物损坏等级（表 1-3-2）

表 1-3-2　　　　　　　　　　砖混结构建筑物损坏等级

损坏等级	建筑物损坏程度	地表变形值			损坏分类	结构处理
		水平变形 ε /(mm/m)	曲率 K /(10^{-3}/m)	倾斜 i /(mm/m)		
Ⅰ	自然间砖墙上出现宽度 1~2 mm 的裂缝	≤2.0	≤0.2	≤3.0	极轻微损坏	不修或者简单维修
	自然间砖墙上出现宽度小于 4 mm 的裂缝，多条裂缝总宽度小于 10 mm				轻微损坏	简单维修
Ⅱ	自然间砖墙上出现宽度小于 15 mm 的裂缝，多条裂缝总宽度小于 30 mm；钢筋混凝土梁、柱上裂缝长度小于 1/3 截面高度；梁端抽出小于 20 mm；砖柱上出现水平裂缝，缝长大于 1/2 截面边长；门窗略有歪斜	≤4.0	≤0.4	≤6.0	轻度损坏	小修

损坏等级	建筑物损坏程度	地表变形值			损坏分类	结构处理
		水平变形 ε /(mm/m)	曲率 K /(10^{-3}/m)	倾斜 i /(mm/m)		
III	自然间砖墙上出现宽度小于 30 mm 的裂缝,多条裂缝总宽度小于 50 mm;钢筋混凝土梁、柱上裂缝长度小于 1/2 截面高度;梁端抽出小于 50 mm;砖柱上出现小于 5 mm 的水平错动;门窗严重变形	$\leqslant 6.0$	$\leqslant 0.6$	$\leqslant 10.0$	中度损坏	中修
IV	自然间砖墙上出现宽度大于 30 mm 的裂缝,多条裂缝总宽度大于 50 mm;梁端抽出小于 60 mm;砖柱上出现小于 25 mm 的水平错动	> 6.0	> 0.6	> 10.0	严重损坏	大修
	自然间砖墙上出现严重交叉裂缝、上下贯通裂缝,以及墙体严重外鼓、歪斜;钢筋混凝土梁、柱裂缝沿截面贯通;梁端抽出大于 60 mm;砖柱出现大于 25 mm 的水平错动;有倒塌的危险				极度严重损坏	拆建

注:建筑物的损坏等级按自然间为评判对象,根据各自然间的损坏情况按此表分别进行。

3.2.2　矿区构筑物保护煤柱留设

在矿井、水平、采区设计时,对构筑物应当划定保护煤柱。保护等级为特级、I 级、II 级构筑物必须划定保护煤柱。构筑物受护范围应当包括受护对象及其围护带。构筑物保护煤柱设计宜采用垂线法或者垂直剖面法。特级构筑物保护煤柱应当采用边界角留设,其他保护煤柱按移动角留设。矿区构筑物保护等级见表 1-3-3。

表 1-3-3　　　　　　　　　　　矿区构筑物保护等级划分

保护等级	主要构筑物	围护带宽度/m
特	高速公路特大型桥梁、落差超过 100 m 的水电站坝体、大型电厂主厂房、机场跑道、重要港口、国防工程重要设施、大型水库大坝等	50
I	高速公路、特高压输电线塔、大型隧道、输油(气)管道干线、矿井主要通风机房等	20
II	一级公路、220 kV 及以上高压线塔、架空索道塔架、输水管道干线、重要河(湖、海)堤、库(河)坝、船闸等	15
III	二级公路、110 kV 高压输电杆(塔)、移动通信基站等	10
IV	三级及以下公路等	5

注:凡未列入表中的构筑物,可以依据其重要性、用途类比确定。对于不易确定者,可以进行专门论证审定。

3.2.3　铁路保护煤柱留设

(1) 铁路保护煤柱留设

特级铁路保护煤柱按边界角留设,其他铁路保护煤柱按移动角留设。煤柱留设后预计地表移动变形值应当符合铁路技术标准的相关规定。保护煤柱宜采用垂线法或者垂直剖面法设计。铁路保护等级划分见表 1-3-4。

表 1-3-4 铁路保护等级划分

保护等级	铁路等级	围护带宽度/m
特	国家高速铁路、设计速度 200 km/h 的城际铁路和客货共线铁路等	50
Ⅰ	国家Ⅰ级铁路、设计速度 160 km/h 及以下的城际铁路等	20
Ⅱ	国家Ⅱ级铁路等	15
Ⅲ	Ⅲ级铁路等	10
Ⅳ	Ⅳ级铁路等	5

注:为某一地区或者企业服务具有地方运输性质、近期年客货运量小于 10 Mt 且大于或等于 5 Mt 的铁路属于Ⅲ级铁路;为某一地区或者企业服务具有地方运输性质、近期年客货运量小于 5 Mt 者的铁路属于Ⅳ级铁路。铁路车站按其相应铁路保护等级保护。其他铁路配套建筑物(构筑物),可以参照建(构)筑物重要性、用途等划分其保护等级;对于不易确定者,可以组织专门论证审定。

(2) 铁路压煤允许采用全部垮落法开采条件(表 1-3-5)

表 1-3-5 铁路压煤允许采用全部垮落法开采条件

铁路等级	煤层厚度	采深与单(分)层采厚比
Ⅲ级铁路	薄及中厚单一煤层	≥60
	厚煤层及煤层群单一煤层	≥80
Ⅳ级铁路	薄及中厚单一煤层	≥40
	厚煤层及煤层群	≥60

注:该方法适用于取得试采成功经验的矿区。

(3) 铁路压煤允许采用全部垮落法试采条件(表 1-3-6)

表 1-3-6 铁路压煤允许采用全部垮落法试采条件

铁路等级	煤层厚度	采深与单(分)层采厚比
国家Ⅰ级铁路	薄及中厚单一煤层	≥150
	厚煤层及煤层群	≥200
国家Ⅱ级铁路	薄及中厚单一煤层	≥100
	厚煤层及煤层群	≥150
国家Ⅲ级铁路	薄及中厚单一煤层	≥40,<60
	厚煤层及煤层群	≥60,<80
国家Ⅳ级铁路	薄及中厚单一煤层	≥20,<40
	厚煤层及煤层群	≥40,<60

铁路压煤试采,除自营线路外,应当有开采方案设计,且事先征得铁路运输企业和铁路

行业监督管理部门同意,方案得到批准后实施。

3.2.4　井筒与工业场地及主要巷道保护煤柱留设

3.2.4.1　立井与工业场地保护煤柱留设

（1）立井保护煤柱留设

立井地面受护范围应当包括井架（井塔）、提升机房和围护带。立井围护带宽度为 20 m。立井保护煤柱应当采用垂直剖面法设计。

设计立井保护煤柱时,如果煤层倾角为 $45°\sim65°$,为保护井筒免受煤层底板的采动影响,井筒至煤柱下边界的距离 L（沿煤层倾向）不应当小于按下式计算的长度（见图 1-3-1）。

$$L = A_3 H_T \tag{1-3-1}$$

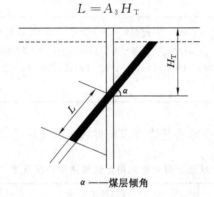

α ——煤层倾角

图 1-3-1　井筒免受煤层底板采动影响示意图

式中　A_3——与煤层倾角有关的系数,按表 1-3-7 选取;

　　　H_T——井筒与煤层交点处的垂深,m。

表 1-3-7　　　　　　　　　　　　　　　系数 A_3 值

煤层倾角/(°)	45	55	60	65
A_3	0.25	0.40	0.55	0.70

（2）暗立井保护煤柱留设

暗立井井口水平的受护范围应当包括井口、提升机房、车场及硐室护巷煤柱和围护带。暗立井围护带宽度为 20 m。保护煤柱应当将暗立井井口水平的受护范围边界投影到天轮硐室顶板标高水平,然后按移动角设计（见图 1-3-2）。

（3）立井防滑煤柱留设

设计立井防滑煤柱时,防滑煤柱的下边界应当根据煤层埋藏条件按下式计算确定（见图 1-3-3）。

$$H_B = H_s \sqrt[3]{n} + H_{\text{上}} \tag{1-3-2}$$

式中　H_B——开采多个煤层时应当留设防滑煤柱的深度,m;

　　　H_s——发生滑移的临界深度,m（H_s 值参照本矿区经验选取）;

　　　n——开采煤层层数;

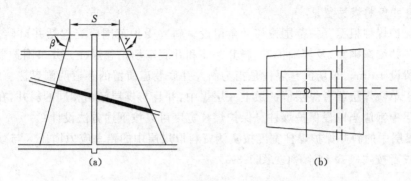

图 1-3-2 暗立井保护煤柱设计方法

(a) 剖面图;(b) 水平投影图

γ——上山移动角;β——下山移动角;S——暗立井受护范围

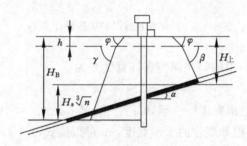

图 1-3-3 立井防滑煤柱设计方法

γ——上山移动角;β——下山移动角;φ——松散层移动角;h——松散层厚度;α——煤层倾角

$H_s\sqrt[3]{n}$——开采多个煤层时发生滑移的临界深度(从保护煤柱的上边界算起),m;

$H_{\pm}$——按一般方法设计保护煤柱的上边界垂深,m。

当立井穿过煤层群时,第一煤层防滑煤柱按上述原则确定留设深度。其余各煤层的防滑煤柱下边界设计方法是:过上层煤防滑煤柱下边界点(在煤层倾斜剖面上),以上山移动角作直线,该直线与各煤层底板的交线即为其防滑煤柱的下边界。

(4) 受断层影响的立井保护煤柱留设

立井保护煤柱附近有落差大于 20 m 的高角度断层穿过时,或者立井井筒受断层切割时,应当考虑采煤引起断层滑移的可能性。此时应当根据具体条件加大煤柱尺寸,使断层与煤层的交面包括在保护煤柱范围内(见图 1-3-4)。

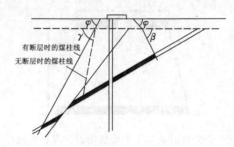

图 1-3-4 受断层影响的立井保护煤柱设计方法

3.2.4.2　斜井保护煤柱留设

斜井保护煤柱根据受护范围按移动角留设。斜井受护范围应当包括井口（含井口绞车房或者暗斜井绞车硐室）及其围护带、斜井井筒和井底车场护巷煤柱。井口围护带在井筒的底板一侧留设 10 m。车场护巷煤柱是指为斜井井底巷道所留的巷道两侧煤柱。

对位于单一煤层或者煤层群的最上一层煤中，并且与煤层倾角相同的斜井，在斜井两侧的各个煤层中都应当留设保护煤柱。保护煤柱宽度可以按下述方法设计：

（1）煤层中的斜井保护煤柱宽度按实测资料取煤层中的铅垂应力增压区与减压区宽度之和设计或者按式（1-3-3）计算（见图 1-3-5）。

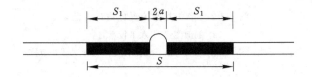

图 1-3-5　斜井或巷道保护煤柱设计方法

煤层（倾角小于 35°时）中的斜井保护煤柱宽度 S 为

$$S = 2S_1 + 2a \tag{1-3-3}$$

式中　a——受护斜井或巷道宽度的一半，m；

　　　S_1——斜井或巷道护巷煤柱的水平宽度，m，可以按式（1-3-4）计算；

$$S_1 = \sqrt{\frac{H(2.5 + 0.6M)}{f}} \tag{1-3-4}$$

式中　H——斜井或巷道的最大垂深，m；

　　　M——煤厚，m；

　　　f——煤的强度系数，$f = 0.1\sqrt{10R_c}$；

　　　R_c——煤的单向抗压强度，MPa。

（2）如果煤层底板岩层的强度小于上覆岩层抗压强度或者其内摩擦角小于 25°时，应当加大按上述方法设计的斜井煤柱宽度的 50%。

（3）当煤层倾角大于 35°时，斜井或者巷道保护煤柱宽度可以参照本矿井（区）经验数据或者用类比法设计。

（4）斜井或者巷道下方煤层中的保护煤柱从护巷煤柱边界起，按移动角设计（见图 1-3-6）。

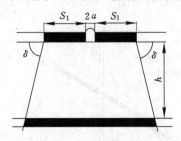

图 1-3-6　斜井或者巷道下方煤层中保护煤柱的设计方法
δ——走向移动角

对位于单一煤层底板或者煤层群底板岩层中,并且与煤层倾角相同的斜井,应当根据斜井至煤层的法线距离(见图 1-3-7)、煤层厚度及其间的岩性(参照表 1-3-8)确定是否留设保护煤柱。当该法线距离大于或者等于表 1-3-8 中的数值时,斜井上方的煤层中可以不留设保护煤柱;当该法线距离小于表 1-3-8 中的数值时,斜井上方的煤层中应当留设保护煤柱。该保护煤柱的宽度可以参照式(1-3-3)设计。

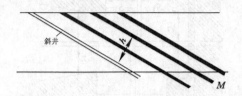

图 1-3-7 斜井上方保护煤柱的设计

h——斜井至各煤层的法线距离;M——斜井上方各煤层的厚度

表 1-3-8 斜井上方煤层中留设保护煤柱的临界法线距离

岩性	岩石名称	临界法线距离 h/m	
		薄、中厚煤层	厚煤层
坚硬	石英砂岩、砾岩、石灰岩、砂质页岩	$(6\sim10)M$	$(6\sim8)M$
中硬	砂岩、砂质页岩、泥质灰岩、页岩	$(10\sim15)M$	$(8\sim10)M$
软弱	泥岩、铝土页岩、铝土岩、泥质砂岩	$(15\sim25)M$	$(10\sim15)M$

注:M 表示斜井上方各煤层的厚度,m。

3.2.5 平硐、石门、大巷及上、下山保护保护煤柱留设

当平硐、石门穿过煤层时,平硐、石门保护煤柱可以按下述方法留设(见图 1-3-8)。

(1)对倾角小于或者等于 35°的煤层,穿煤点上方的平硐、石门保护煤柱的水平投影长度 b[见图 1-3-8(a)]按式(1-3-5)计算确定。

$$b = \frac{h}{\tan \alpha} \tag{1-3-5}$$

式中 h——穿煤点上方保护煤柱的相对垂高,m,$h = 30 - 25\dfrac{a}{\rho}$;

α——煤层倾角,(°);

ρ——常数,$\rho = 57.3°$。

(2)对倾角大于 35°的煤层,平硐、石门上方煤柱相对垂高一般取 10 m。

(3)对于煤层底板为厚度大于 20 m 的坚硬岩层(如石英砂岩等),平硐、石门上方可以只留设 3~5 m 煤柱作为护巷煤柱,而不留设平硐、石门保护煤柱[见图 1-3-8(a)]。

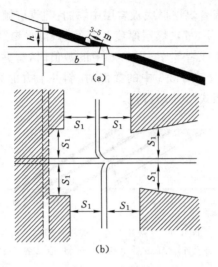

图 1-3-8　平硐及石门保护煤柱设计方法

（a）剖面图；（b）水平投影图

S_1——平硐及石门和巷道煤柱宽度

3.3　巷道贯通通知单规定

巷道贯通通知单规定见表 1-3-9。

表 1-3-9　　　　　　　　　　　巷道贯通通知单规定

施工方向 距离巷道 掘进方式	单向贯通	两头相向贯通	开采冲击地压煤层
岩巷	20～30 m	＞40 m	炮掘相距 30 m,综掘相距 50 m
煤巷（炮掘）	30～40 m	＞50 m	相距 60～80 m
煤巷（单向综掘）		＞70 m	
快速掘进	50～100 m		
过巷	＞20 m		

3.4　各种采煤方法的下沉系数

各种采煤方法的下沉系数见表 1-3-10。

表 1-3-10　　　　　　　　　　各种采煤方法的下沉系数

采煤方法	下沉系数/q	备注
长壁垮落采煤法	0.6～1.0	
长壁水力充填采煤法	0.12～0.17	
条带垮落采煤法	0.03～0.21	采出率 40%～70%
条带水力充填采煤法	0.02～0.12	采出率 40%～70%
房式采煤法	0.4～0.7	

3.5 地表裂缝深度的实测结果

地表裂缝深度与岩性及采深采厚比等因素有关。我国部分煤矿地表裂缝深度的实测结果为 0.4～10.0 m,一般为 3～5 m。

3.6 综放开采裂采比

综放开采覆岩破坏高度实测值一般大于规程规定公式计算值,实测裂采比见表 1-3-11。

表 1-3-11 部分矿综放开采实测裂采比一览表

矿井	工作面	裂采比
兴隆庄	5306	11.1
兴隆庄	5308	11.3
兴隆庄	4314	9.0
杨村矿	301	9.7
振兴矿	15#层外段	11.25
下沟矿	ZF2802	15.05
梁宝寺矿	3202	13

3.7 建筑物损坏补偿办法

建筑物补偿费计算公式

$$A = \sum_{i=1}^{n} B(1-C)D_i E_i$$

式中 A——建筑物的补偿费,元;

B——计算基数,指与当地有关部门协商确定的建筑物补偿单价,元/m²;

C——建筑物折旧率,按表 1-3-12 确定;

D_i——建筑物受损自然间的补偿比例,按表 1-3-13 确定;

E_i——受损自然间的建筑面积,m²;

n——建筑物受损自然间数。

表 1-3-12 建筑物折旧率

建筑物年限/年	<5	5～10	11～15	16～20	21～40	>40
折旧率/%	0	5～15	16～25	26～35	36～65	>65

表 1-3-13　　　　　　　　　　　　砖混结构建筑物补偿比例

损坏等级	建筑物可能达到的破坏程度	损坏分类	结构处理	补偿比例/%
I	自然间砖墙壁上出现宽度 1～2 mm 的裂缝	极轻微损坏	粉刷	1～5
	自然间砖墙壁上出现宽度小于 4 mm 的裂缝,多条裂缝总宽度小于 10 mm	轻微损坏	简单维修	6～15
II	自然间砖墙壁上出现宽度小于 15 mm 的裂缝,多条裂缝总宽度小于 30 mm;钢筋混凝土梁、柱上裂缝长度小于 1/3 截面高度;梁端抽出小于 20 mm;砖柱上出现水平裂缝,缝长大于 1/2 截面边长;门窗略有歪斜	轻度损坏	小修	16～30
III	自然间砖墙壁上出现宽度小于 30 mm 的裂缝,多条裂缝总宽度小于 50 mm;钢筋混凝土梁、柱上裂缝长度小于 1/2 截面高度;梁端抽出小于 50 mm;砖柱上出现小于 5 mm 的水平错动;门窗严重变形	中度损坏	中修	31～65
IV	自然间砖墙壁上出现宽度大于 30 mm 的裂缝,多条裂缝总宽度大于 50 mm;梁端抽出小于 60 mm;砖柱上出现小于 25 mm 的水平错动	严重损坏	大修	66～85
	自然间砖墙壁上出现严重交叉裂缝、上下贯通裂缝,以及墙体严重外鼓、歪斜;钢筋混凝土梁、柱裂缝沿截面贯通;梁端抽出大于 60mm;砖柱出现大于 25mm 的水平错动;有倒塌的危险	极严重损坏	拆除	86～100

第4章　煤矿地测相关政策性规定

4.1　采矿许可证、探矿权有效期

采矿许可证、探矿权有效期见表 1-4-1。

表 1-4-1　　　　　　　　　　　　　采矿许可证、探矿权有效期

矿井规模	采矿权最长有效期/年
大型以上	30
中型	20
小型	10

依据《矿产资源开采登记管理办法》，采矿许可证有效期满，需要继续采矿的，应当在采矿许可证有效期届满的 30 日前，到登记管理机关办理延续登记手续。

探矿权有效期：《矿产资源勘查登记管理办法》规定探矿权最长 3 年，需要延长保留期的，可以申请延长，每次不超过 2 年，保留探矿权的范围为可供开采的矿体范围。

4.2　采矿权使用费计算

按照矿区范围的面积逐年缴纳，标准为每平方千米每年 1 000 元。采矿权使用费可以根据不同情况规定予以减缴、免缴。如果矿山企业未按规定及时缴纳采矿权使用费的，由国土资源管理机关责令其在 30 日内缴纳，并从滞纳之日起，每日加收 2‰的滞纳金；逾期仍不缴纳的，由国土资源管理机关吊销其采矿许可证。

4.3　采矿权价款缴纳规定

申请国家出资勘查并已经探明矿产地的采矿权的，还应当缴纳经评估确认的国家出资勘查形成的采矿权价款；采矿权价款按照国家有关规定，可以一次缴纳，也可以分期缴纳，但最长不超过 6 年。

4.4　探矿权使用费计算

探矿权使用费以勘查年度计算，按区块面积逐年缴纳，第一个勘查年度至第三个勘查年

度,每平方千米每年缴纳 100 元;从第四个勘查年度起,每平方千米每年增加 100 元,但是最高不得超过每平方千米每年 500 元。

4.5　探矿权价款

申请国家出资勘查并已经探明矿产地的区块的探矿权的,探矿权申请人还应当缴纳经评估确认的国家出资勘查形成的探矿权价款;探矿权价款按照国家有关规定,可以一次缴纳,也可以分期缴纳,但最长不超过 2 年。

4.6　矿产资源补偿费

根据《财政部、国家税务总局关于全面推进资源税改革的通知》(财税〔2016〕53 号)要求,自 2016 年 7 月 1 日起,全部资源品目矿产资源补偿费费率降为零,停止征收矿产资源补偿费。

4.7　矿井水平、采区、工作面个数规定

矿井水平、采区、工作面个数规定见表 1-4-2。

表 1-4-2　　　　　　　　　　　　矿井水平、采区、工作面个数规定

类别	个数规定
水平	矿井同时生产的水平不得超过 2 个
采区	原则上 1 个生产水平的大中型煤矿不得布置 3 个及以上采区同时生产;经批准 2 个生产水平同时生产的,不得布置 4 个以上采区同时生产
工作面	1 个采(盘)区内同一煤层的一翼最多只能布置 1 个采煤工作面和 2 个煤(半煤岩)巷掘进工作面同时作业;1 个采(盘)区内同一煤层双翼开采或多煤层开采的,最多只能布置 2 个采煤工作面和 4 个煤(半煤岩)巷掘进工作面同时作业

附　件

附件 1　地质年代表

表 1　　地质年代表(年代地层表)

字(宙)	界(代)	系(纪)	统(世)	
显生宇(PH)	新生界(Kz)	第四系(Q)	全新统(Q₄/Qh)	
			更新统(Q₃/Qp)	
		新近系(N)	上新统(N_1)	
			中新统(N_1)	
		古近系(E)	渐新统(E_3)	
			始新统(E_2)	
			古新统(E_1)	
	中生界(Mz)	白恶系(K)	上白恶统(K_2)	
			下白恶统(K_1)	
		侏罗系(J)	上侏罗统(J_3)	
			中侏罗统(J_2)	
			下侏罗统(J_1)	
		三叠系(T)	上三叠统(T_3)	
			中三叠统(T_2)	
			下三叠统(T_1)	
	古生界(Pz)	二叠系(P)	乐平统(P_3)	
			瓜德鲁普统(P_2)	
			乌拉尔统(P_1)	
		石炭系(C)	宾夕法尼亚亚系(C_2)	上
				中
				下
			密西西比亚系(C_1)	上
				中
				下

续表 1

宇(宙)	界(代)	系(纪)	统(世)
显生宇(PH)	古生界(Pz)	泥盆系(D)	上泥盆统(D_3)
			中泥盆统(D_2)
			下泥盆统(D_1)
		志留系(S)	普里道利统(S_4)
			罗德洛统(S_3)
			温洛克统(S_2)
			兰多维列统(S_1)
		奥陶系(O)	上奥陶统(O_3)
			中奥陶统(O_2)
			下奥陶统(O_1)
		寒武系(∈)	芙蓉统
			第三统($∈_3$)
			第二统($∈_2$)
			纽芬兰统($∈_1$)

附件 2　地测专业技术资料审批规定一览表

表 2　　　　　　　　　　地质专业技术资料审批规定表

专业	名称	编制时限或要求	审批部门
地质	建井(矿)地质报告	移交生产前 6 个月	《煤矿地质工作规定》《煤矿安全规程》规定由煤矿企业总工程师组织审定,并报所在地煤炭行业管理部门、煤矿安全监管监察部门备案
	生产地质报告	基建煤矿移交生产后 3 年内,之后每 5 年修编 1 次;遇地质条件发生较大变化、煤炭资源/储量变化超过前期保有资源/储量的 25%、煤矿改扩建前重新修编	《煤矿地质工作规定》《煤矿安全规程》规定煤矿企业总工程师审批
	煤矿地质类型划分报告	基建矿井移交生产 1 年内,后期每 5 年重新修编;当发生影响煤矿地质类型划分的突水和煤与瓦斯突出等地质条件变化时,应在 1 年内重新划分	
	煤矿闭坑地质报告	开采活动结束前 1 年	《煤矿地质工作规定》《煤矿防治水细则》规定由煤矿企业组织编写后报所在地煤炭行业管理部门、煤矿安全监管监察部门备案

续表 2

专业	名称	编制时限或要求	审批部门
地质	煤矿隐蔽致灾地质因素普查报告	未明确具体修编时间	《煤矿安全规程》规定由矿总工程师审批,《煤矿地质工作规定》规定由煤矿企业总工程师审批
	矿井地质补充勘探及水平延深补充地质勘探设计及报告	勘探设计由具有相应资质的单位承担;工程结束后6个月内提交勘探报告	《煤矿地质工作规定》规定由煤矿企业总工程师审批
	采区地质说明书	采区设计前3个月	《煤矿地质工作规定》规定由煤矿企业总工程师审批

表 3　　　　　　　　　　测量专业技术资料审批规定表

专业	内容	编制时限或要求	审批单位
测量	近水体开采方案设计	根据矿井接续计划	《煤矿安全规程》规定由煤矿企业主要负责人审批;《建筑物、水体、铁路及主要井巷煤柱留设与压煤开采规范》规定由煤矿企业组织论证、审批,涉及煤矿企业以外其他受护对象安全问题时,与受护对象产权单位协商一致后报省级以上煤炭管理部门
	建(构)筑物下压煤开采方案	根据矿井接续计划	《建筑物、水体、铁路及主要井巷煤柱留设与压煤开采规范》规定由煤矿企业组织审批后报省级以上煤炭管理部门

表 4　　　　　　　　　　储量专业技术资料审批规定表

专业	内容	编制时限或要求	审批单位
储量	矿井资源储量核实报告	一般3~5年	《固体矿产资源储量核实报告编写规定》规定由煤矿企业组织编写报省级以上国土管理部门备案
	储量转入、转出、注销地质及水文地质损失	20万t以上	《生产矿井储量管理规程》规定由省级以上煤炭管理部门审批
		0.5万t~20万t(包括20万t)	《生产矿井储量管理规程》规定由煤矿企业审批
	储量报损	5万t以下(包括5万t)	《生产矿井储量管理规程》规定由煤矿企业审批
		5万t~30万t	《生产矿井储量管理规程》规定由省级以上煤炭管理部门审批
		30万t以上(包括30万t)	《生产矿井储量管理规程》规定由国家自然资源部审批
	采矿权划定、登记、延续、转让、注销及变更	根据矿井接续计划	《矿产资源开采登记管理办法》、国土资源部《关于进一步规范矿业权出让管理的通知》、国土资源部《关于进一步完善采矿权登记管理有关问题的通知》规定由省级以上国土资源管理部门审批

表 5　　　　　　　　　　　防治水专业技术资料审批规定表

专业	内容	编制时限或要求	审批单位
防治水	矿井水文地质类型划分报告	每 3 年修订 1 次。当发生较大以上水害事故或因突水造成采掘区域或矿井被淹的,在恢复生产前重新确定	《煤矿防治水细则》规定由煤炭企业总工程师审批
	矿井水文地质补充勘探设计及报告	根据矿井计划编制	
	地面水文地质物探设计及成果报告	根据矿井计划编制	
	地面区域治理设计	煤层底板存在高承压岩溶含水层,且富水性强或者极强	
	区域疏放水方案	采取超前疏放措施对含水层进行区域疏放水	
	井筒预注浆、注浆堵水及帷幕注浆方案	根据矿井计划编制	
	带压开采专项安全技术措施	承压含水层与开采煤层之间的隔水层能够承受的水头值大于实际水头值	
	充填开采、控制采高等设计方案	通过充填开采、限制采高等措施控制导水裂隙带高度	
	巷道超前预注浆封堵加固方案	巷道穿过含水层或者与河流、湖泊、溶洞、强含水层等存在水力联系的导水断层、裂隙(带)、陷落柱等构造前编制	
	排水能力和水仓设计	矿井最大涌水量与正常涌水量相差大的矿井,由具有资质的设计单位编制	
	注浆改造设计	注浆改造顶板含水层	《煤矿防治水细则》规定由煤炭企业总工程师审批
		煤层底板存在高承压岩溶含水层,且富水性强或者极强	煤矿总工程师审批设计,煤炭企业总工程师组织效果评价
	疏干(降)方案	被富水性强的松散含水层覆盖的缓倾斜煤层,需要疏干(降)开采时	《煤矿防治水细则》《煤矿安全规程》规定由煤炭企业总工程师审批
	疏水降压安全措施	承压含水层与开采煤层之间的隔水层能够承受的水头值小于实际水头值	
	防隔水煤(岩)柱留设及防水闸门(墙)设计	根据矿井计划编制	
	提高开采上限,缩小防隔水煤柱(岩)柱尺寸	进行可行性研究和工程验证,组织有关专家论证评价	《煤矿防治水细则》规定由煤炭企业主要负责人审批
	防突水措施	有突水危险的采区不具备设置防水闸门条件	《煤矿防治水细则》《煤矿安全规程》规定由煤炭企业主要负责人审批

附件3　煤矿安全生产标准化基本要求及评分办法 （地质灾害防治与测量）

一、工作要求(风险管控)

1. 机构设置

(1) 矿井设立负责地质灾害防治与测量(以下简称"地测")工作的部门,配备有满足矿井地质、水文地质、瓦斯地质(煤与瓦斯突出矿井)、矿井储量管理、矿井测量、井下钻探、物探、制图等方面工作需要的专业技术人员;

(2) 水文地质类型复杂或极复杂的矿井设立专门的防治水工作机构;

(3) 冲击地压矿井设立专门的防冲机构与人员。

2. 煤矿地质

(1) 查明隐蔽致灾地质因素;

(2) 在不同生产阶段,按期完成各类地质报告修编、提交、审批等基础工作;

(3) 原始记录、成果资料、地质图纸等基础资料齐全,管理规范;

(4) 地质预测预报工作满足安全生产需要;

(5) 储量计算和统计管理符合《矿山储量动态管理要求》规定。

3. 煤矿测量

(1) 测量控制系统健全,测量工作执行通知单制度,原始记录、测量成果齐全;

(2) 基本矿图种类、内容、填绘、存档符合《煤矿测量规程》规定;

(3) 沉陷观测台账资料齐全。

4. 煤矿防治水

(1) 坚持"预测预报、有疑必探、先探后掘、先治后采"基本原则,做好雨季"三防",矿井、采区防排水系统健全;

(2) 防治水基础资料(原始记录、台账、图纸、成果报告)齐全,满足生产需要;

(3) 井上、下水文地质观测符合《煤矿防治水规定》要求,水文地质类型明确;

(4) 防治水工程设计方案、施工措施、工程质量符合规定;

(5) 水文地质类型复杂或极复杂的矿井建立水文动态观测系统和水害监测预警系统。

5. 煤矿防治冲击地压

(1) 按规定进行煤岩冲击倾向性鉴定,鉴定结果报上级有关部门备案;

(2) 开展冲击危险性评价、预测预报工作,按规定编制防冲设计及专项措施,防治措施有效、落实到位;

(3) 冲击地压监测系统健全,运行正常。

二、重大事故隐患判定

1. 煤矿地质灾害防治与测量技术管理重大事故隐患

(1) 未配备地质测量工作专业技术人员的；

(2) 水文地质类型复杂、极复杂矿井没有设立专门防治水机构和配备专门探放水作业队伍、配齐专用探放水设备的。

2. 煤矿防治水重大事故隐患

(1) 未查明矿井水文地质条件和井田范围内采空区、废弃老窑积水等情况而组织生产的；

(2) 在突水威胁区域进行采掘作业未按规定进行探放水的；

(3) 未按规定留设或者擅自开采各种防隔水煤柱的；

(4) 有透水征兆未撤出井下作业人员的；

(5) 受地表水倒灌威胁的矿井在强降雨天气或其来水上游发生洪水期间未实施停产撤人的。

3. 煤矿防治冲击地压重大事故隐患

(1) 首次发生过冲击地压动力现象，半年内没有完成冲击地压危险性鉴定的；

(2) 有冲击地压危险的矿井未配备专业人员并编制专门设计的；

(3) 未进行冲击地压预测预报，或采取的防治措施没有消除冲击地压危险仍组织生产的。

三、评分方法

(1) 按照表6～表10评分，每个表总分为100分。按照所检查存在的问题进行扣分，各小项分数扣完为止。

(2) 地质灾害防治与测量安全生产标准化考核得分采用下列方法计算：

① 无冲击地压灾害，水文地质类型简单和中等矿井按公式 $A = J \times 15\% + D \times 30\% + C \times 25\% + F_1 \times 30\%$ 计算；

② 无冲击地压灾害，水文地质类型复杂和极复杂矿井按公式 $A = J \times 15\% + D \times 25\% + C \times 20\% + F_1 \times 40\%$ 计算；

③ 冲击地压矿井，水文地质类型简单和中等矿井按公式 $A = J \times 15\% + D \times 20\% + C \times 15\% + F_1 \times 20\% + F_2 \times 30\%$ 计算；

④ 冲击地压矿井，水文地质类型复杂及以上矿井按公式 $A = J \times 15\% + D \times 15\% + C \times 15\% + F_1 \times 25\% + F_2 \times 30\%$ 计算；

式中　A——煤矿地质灾害防治与测量部分安全生产标准化考核得分；

$\quad\quad$ J——煤矿地质灾害防治与测量技术管理标准化考核得分；

$\quad\quad$ D——煤矿地质标准化考核得分；

$\quad\quad$ C——煤矿测量标准化考核得分；

$\quad\quad$ F_1——煤矿防治水标准化考核得分；

$\quad\quad$ F_2——煤矿防治冲击地压标准化考核得分。

表 6 煤矿地质灾害防治与测量技术管理标准化评分表

项目	项目内容	基本要求	标准分值	评分方法	得分
一、规章制度（50分）	制度建设	有以下制度： 1. 地质灾害防治技术管理、预测预报、地测安全办公会议制度； 2. 地测资料、技术报告审批制度； 3. 图纸的审批、发放、回收和销毁制度； 4. 资料收集、整理、定期分析、保管、提供制度； 5. 隐蔽致灾地质因素普查制度； 6. 岗位安全生产责任制度	15	查资料。每缺1项制度扣5分；制度有缺陷1处扣1分	
	资料管理	图纸、资料、文件等分类保管，存档管理，电子文档定期备份	15	查资料。未分类保管扣5分，存档不齐，每缺1种扣3分，电子文档备份不全，每缺1种扣2分	
	岗位规范	1. 管理和技术人员掌握相关的岗位职责、管理制度、技术措施； 2. 现场作业人员严格执行本岗位安全生产责任制，掌握本岗位相应的操作规程和安全措施，操作规范，无"三违"行为； 3. 作业前进行安全确认	20	查资料和现场。发现"三违"不得分，不执行岗位责任制、不规范操作1人次扣3分	
二、组织保障与装备（50分）	组织保障	矿井按规定设立负责地质灾害防治与测量部门，配备相关人员	25	查资料。未按要求设置部门不得分，设置不健全扣10分，人员配备不能满足要求扣5分	
	装备管理	1. 工器具、装备完好，满足规定和工作需要； 2. 地质工作至少采用一种有效的物探装备； 3. 采用计算机制图； 4. 地测信息系统与上级公司联网并能正常使用	25	查资料和现场。因装备不足或装备落后而影响安全生产的不得分；装备不能正常使用1台扣2分；无物探装备扣5分；未采用计算机制图扣10分；地测信息系统未与上级公司联网扣10分，不能正常使用扣5分	

得分合计：

表 7　　　　　　　　　　　　　　　煤矿地质标准化评分表

项目	项目内容	基本要求	标准分值	评分方法	得分
一、基础工作(20分)	地质观测与分析	1. 按《煤矿地质工作规定》要求进行地质观测与资料编录、综合分析; 2. 综合分析资料能满足生产工作需要	10	查资料。未开展地质观测、无观测资料或综合分析资料能满足生产需要不得分,资料无针对性扣5分,地质观测与资料编录不及时、内容不完整、原始记录不规范1处扣2分	
	致灾因素普查地质类型划分	1. 按规定查明影响煤矿安全生产的各种隐蔽致灾地质因素; 2. 按"就高不就低"原则划分煤矿地质类型,出现影响煤矿地质类型划分的突水和煤与瓦斯突出等地质条件变化时,在1年内重新进行地质类型划分	10	查资料。矿井隐蔽致灾地质因素普查不全面,每缺1类扣5分;普查方法不当扣2分;未按原则划分煤矿地质类型扣5分;未及时划分煤矿地质类型不得分	
二、基础资料(35分)	地质报告	有满足不同生产阶段要求的地质报告,按期修编,并按要求审批	10	查资料。地质类型划分报告、生产地质报告、隐蔽致灾地质因素普查报告不全,每缺1项扣3分;地质报告未按期修编1次扣3分;未按要求审批1次扣2分	
	地质说明书	采掘工程设计施工前,按时提交由总工程师批准的采区地质说明书、回采工作面地质说明书、掘进工作面地质说明书;并巷揭煤前,探明煤层厚度、地质、构造、瓦斯地质、水文地质及顶底板等地质条件,编制揭煤地质说明书	5	查资料。资料不全,每缺1项扣2分;地质说明书未经批准扣2分;文字、原始资料、图纸数字不符,内容不全,1处扣1分	
	采后总结	采煤工作面和采区结束后,按规定进行采后总结	5	查资料。采后总结不全,每缺1份扣3分,内容不符合规定1次扣3分	
	台账图纸	1. 有《煤矿地质工作规定》要求必备的台账、图件等地质基础资料; 2. 图件内容符合《煤矿地质测量图技术管理规定》要求,图种齐全有电子文档	10	查资料。台账不全,每缺1种扣3分;台账内容不全不清,1处扣1分;检查全部地质图纸,图种不全的,每缺1种扣5分;图幅不全扣2分,无电子文档扣2分,未及时更新1处扣1分,图例、注记不规范1处扣1分;素描图不全,每缺1处扣2分,要素内容不全1处扣1分;日常用图中采掘工程及地质内容未及时填绘的1处扣1分	
	原始记录	1. 有专用原始记录本,分档按时间顺序保存; 2. 记录内容齐全,字迹、草图清楚	5	查资料。记录本不全,每缺1种扣3分;其他1处不符合要求扣1分	

项目	项目内容	基本要求	标准分值	评分方法	得分
三、预测预报(10分)	地质预报	地质预报内容符合《煤矿地质工作规定》要求,内容齐全,有年报、月报和临时性预报,并以年为单位装订成册,归档保存	10	查资料。采掘地点预报不全,每缺1个采掘工作面扣5分,预报内容不符合规定、预报有疏漏、失误1处扣1分,未经批准1次扣2分;未预报造成工程事故本项不得分	
四、瓦斯地质(15分)	瓦斯地质	1. 突出矿井及高瓦斯矿井每年编制并至少更新1次各主采煤层瓦斯地质图,规范填绘瓦斯赋存采掘进度、煤层赋存条件、地质构造、被保护范围等内容,图例符号绘制统一,字体规范; 2. 采掘工作面距保护边缘不足50 m前,编制发放临近未保护区通知单,按规定揭露煤层及断层,探测设计及探测报告及时无误; 3. 根据瓦斯地质图及时进行瓦斯地质预报	15	查资料。瓦斯预报错误造成工程事故或误揭煤层及断层的不得分;未编制下发临近未保护区通知单的,1次扣2分;未编制揭煤探测设计及探测报告扣5分;其他1项不符合要求扣1分;	
五、资源回收及储量管理(20分)	储量估算图	有符合《矿山储量动态管理要求》规定的各种图纸,内容符合储量、损失量计算图要求	6	查资料。图种不全,每缺1种扣2分,其他1项不符合要求扣1分	
	储量估算成果台账	有符合《矿山储量动态管理要求》规定的储量计算台账和损失量计算台账,种类齐全、填写及时、准确,有电子文档	6	查资料。每种台账至少抽查1本,台账不全或未按规定及时填写的,每缺1种扣2分;台账内容不全、数据前后矛盾的,1处扣1分	
	统计管理	1. 储量动态清楚,损失量及构成原因等准确; 2. 储量变动批文、报告完整,按时间顺序编号、合订; 3. 定期分析回采率,能如实反映储量损失情况; 4. 采区、工作面结束有损失率分析报告; 5. 每半年进行1次全矿回采率总结; 6. 三年内丢煤通知单完整无缺,按时间顺序编号、合订; 7. 采区、工作面回采率符合要求	8	查资料。回采率达不到要求不得分,其他1项不符合要求扣2分	

得分合计:

表 8　　　　　　　　　　　　　　　　煤矿测量标准化评分表

项目	项目内容	基本要求	标准分值	评分方法	得分
一、基础工作（40分）	控制系统	1. 测量控制系统健全，精度符合《煤矿测量规程》要求； 2. 及时延长井下基本控制导线和采区控制导线	10	查资料和现场。控制点精度不符合要求1处扣1分；井下控制导线延长不及时1处扣2分；未按规定敷设相应等级导线或导线精度达不到要求的，1处扣2分	
	测量重点	1. 贯通、开掘、放线变更、停掘停采线、过断层、冲击地压带、突出区域、过空间距离小于巷高或巷宽4倍的相邻巷道等重点测量工作，执行通知单制度； 2. 通知单按规定提前发送到施工单位、有关人员和相关部门	10	查资料。贯通及过巷通知单未按要求发送、开掘及停头通知单发放不及时的，1次扣5分；巷道掘进到特殊地段时漏发通知单的，1次扣3分；其他通知单，1处错误扣2分，漏发扣3分	
	贯通精度	贯通精度满足设计要求，两井贯通和一井内3 000 m以上贯通测量工程应有设计，并按规定审批和总结	8	查资料和现场。两井间贯通或3 000 m以上贯通测量工程未编制贯通测量设计书或未经审批、没有总结的，每缺1项扣3分；贯通后重要方向误差超过允许偏差值的，1处扣5分	
	中腰线标定	中腰线标定符合《煤矿测量规程》要求	6	查资料和现场。掘进方向偏差超过限差1处扣3分	
	原始记录及成果台账	导线测量、水准测量、联系测量、井巷施工标定、陀螺定向测量等外业记录本齐全，并分档按时间顺序保存，记录内容齐全，书写工整无涂改；测量成果计算资料和台账齐全	6	查资料。无专用记录本扣2分；无目录、索引、编号，导致查找困难扣1分；记录本不全，每缺1种扣3分；无编号1处扣1分；误差超限1处扣2分；原始记录内容不全1处扣1分；无测量成果计算资料和标定解算台账扣5分，测量成果计算资料和标定解算台账中数据不全或错误的，1处扣2分	
二、基本矿图（40分）	测量矿图	有采掘工程平面图、工业广场平面图、井上下对照图、井底车场图、井田区域地形图、保安煤柱图、井筒断面图、主要巷道平面图等《煤矿测量规程》规定的基本矿图	20	查资料。图种不全，每缺1种扣4分	

项目	项目内容	基本要求	标准分值	评分方法	得分
二、基本矿图(40分)	矿图要求	1. 基本矿图采用计算机绘制,内容、精度符合《煤矿测量规程》要求; 2. 图符、线条、注记等符合《煤矿地质测量图例》要求; 3. 图面清洁、层次分明,色泽准确适度,文字清晰,并按图例要求的字体进行注记; 4. 采掘工程平面图每月填绘 1 次,井上下对照图每季度填绘 1 次,图面表达和注记无矛盾; 5. 数字化底图至少每季度备份 1 次	20	查资料。图符不符合要求 1 种扣 2 分;图例、注记不规范 1 处扣0.5分;填绘不及时 1 处扣 2 分;无数字化底图或未按时备份数据扣 2 分	
三、沉陷观测控制(20分)	地表移动	1. 进行地面沉陷观测; 2. 提供符合矿井情况的有关岩移参数	15	查资料和现场。未进行地面沉陷观测扣 10 分,岩移参数提供不符合要求 1 处扣 3 分	
	资料台账	1. 及时填绘采煤沉陷综合治理图; 2. 建立地表塌陷裂缝治理台账、村庄搬迁台账; 3. 绘制矿井范围内受采动影响土地塌陷图表	5	查资料。不符合要求 1 处扣 1 分	

得分合计:

表 9　　　　　　　煤矿防治水标准化评分表

项目	项目内容	基本要求	标准分值	评分方法	得分
一、水文地质基础工作(45分)	基础工作	1. 按《煤矿防治水规定》要求进行水文地质观测; 2. 开展水文地质类型划分工作,发生重大及以上突(透)水事故后,恢复生产前应重新确定; 3. 对井田范围内及周边矿井采空区位置和积水情况进行调查分析并做好记录,制定相应的安全技术措施	15	查资料和现场。水文地质观测不符合《煤矿防治水规定》1 处扣 2 分;未及时划分水文地质类型扣 5 分;采空区有 1 处积水情况不清楚扣 2 分;未制定相应的安全技术措施扣 5 分	
	基础资料	1. 有井上、井下和不同观测内容的专用原始记录本,记录规范,保存完好; 2. 按《煤矿防治水规定》要求编制水文地质报告、矿井水文地质类型划分报告、水文地质补充勘探报告,按规定修编、审批水文地质报告; 3. 建立防治水基础台账(含水文钻孔管理台账)和计算机数据库,并每季度修正 1 次	10	查资料。每缺 1 种报告扣 4 分,每缺 1 种台账扣 2 分;无水文钻孔管理记录或台账记录不全,1 处扣 2 分;其他 1 处不符合要求扣 1 分	

项目	项目内容	基本要求	标准分值	评分方法	得分
一、水文地质基础工作(45分)	水文图纸	1.绘制有矿井充水性图、矿井涌水量与各种相关因素动态曲线图、矿井综合水文地质图、矿井综合水文地质柱状图、矿井水文地质剖面图,图种齐全有电子文档,图纸内容全面、准确; 2.在采掘工程平面图和充水性图上准确标明井田范围内及周边采空区的积水范围、积水量、积水标高、积水线、探水线、警戒线	10	查资料。每缺1种图纸扣3分,图纸电子文档缺1种扣2分;图种内容有矛盾的1处扣1分;积水区及其参数未在采掘工程平面图和充水性图上标明的1处扣5分,参数标注有误的1处扣2分	
	水害预报	1.年报、月报、临时预报应包含突水危险性评价和水害处理意见等内容,预报内容齐全、下达及时; 2.在水害威胁区域进行采掘前,应查清水文地质条件,编制水文地质情况分析报告,报告编制、审批程序符合规定; 3.水文地质类型中等及以上的矿井,年初编制年度水害分析预测表及水害预测图; 4.编制矿井中长期防治水规划及年度防治水计划,并组织实施	10	查资料。因预报失误造成事故不得分,预报缺1次扣2分,预报不能指导生产的1次扣2分;图表不符、描述不准确1处扣1分;预报下发不及时1次扣2分;审批、接收手续不齐全1次扣1分;突水危险性评价缺1次扣2分;无年度水害分析图表扣2分;无中长期防治水规划或年度防治水计划扣3分,未组织实施扣5分	
二、防治水工程(50分)	系统建立	1.矿井防排水系统健全,能力满足《煤矿防治水规定》要求; 2.水文地质类型复杂、极复杂的矿井建立水文动态观测系统	10	查资料和现场。防排水系统达不到规定要求不得分;未按规定建立观测系统不得分,系统运行不正常扣5分	
	技术要求	1.井上、井下各项防治水工程有设计方案和施工安全技术措施,并按程序审批,工程结束提交总结报告及验收报告; 2.制定采掘工作面超前探放水专项安全技术措施,探测资料和记录齐全; 3.探放水工程设计有单孔设计;井下探放水采用专用钻机,由专业人员和专职探放水队伍施工; 4.对井田内井下和地面的所有水文钻孔每半年进行1次全面排查,记录详细; 5.防水煤柱留设按规定程序审批; 6.制定并严格执行雨季"三防"措施	15	查资料和现场。各类防治水工程设计及措施不完善扣5分,未经审批扣3分;验收、总结报告内容不全1处扣1分;对充水因素不清地段未坚持"有掘必探"扣10分,单孔设计未达到要求扣3分;无定期排查分析记录,每缺1次扣2分;防水煤柱未按规定程序审批扣3分;未执行雨季"三防"措施扣2分	
	工程质量	防治水工程质量均符合设计要求	15	查资料和现场。工程质量未达到设计标准1次扣5分;探放水施工不符合规定1处扣5分;超前探查钻孔不符合设计1处扣2分	

项目	项目内容	基本要求	标准分值	评分方法	得分
二、防治水工程（50分）	疏干带压开采	用物探和钻探等手段查明疏干、带压开采工作面隐伏构造、构造破碎带及其含（导）水情况，制定防治水措施	5	查资料和现场。疏干、带压开采存在地质构造没有查明不得分，其他1项不符合要求扣1分	
	辅助工程	1. 积水能够及时排出； 2. 按规定及时清理水仓、水沟，保证排水畅通	5	查现场。排积水不及时，影响生产扣4分；未及时清理水仓、水沟扣1分	
三、水害预警（5分）	水害预警	对断层水、煤层顶底板水、陷落柱水、地表水等威胁矿井生产的各种水害进行检测、诊断，发现异常及时预警预控	5	查资料和现场。未进行水害检测、诊断或异常情况未及时预警不得分	

得分合计：

表 10 　　　　　　　　　　　煤矿防治冲击地压标准化评分表

项目	项目内容	基本要求	标准分值	评分方法	得分
一、基础管理（10分）	组织保障	1. 按规定设立专门的防冲机构并配备专门防冲技术人员；健全防冲岗位责任制及冲击地压分析、监测预警、定期检查、验收等制度； 2. 冲击地压矿井每周召开1次防冲分析会，防冲技术人员每天对防冲工作分析1次	10	查资料和现场。无管理机构不得分；岗位责任制及冲击危险性分析、监测预警、检查验收制度不全，每缺1项扣2分；人员不足，每缺1人扣1分；其他1处不符合要求扣1分	
二、防冲技术（40分）	技术支撑	1. 冲击地压矿井应进行煤岩层冲击倾向性鉴定，开采具有冲击倾向性的煤层，应进行冲击危险性评价； 2. 冲击地压矿井应编制中长期防冲规划与年度防冲计划； 3. 按规定编制防冲专项设计，按程序进行审批； 4. 冲击危险性预警指标按规定审批； 5. 有冲击地压危险的采掘工作面有防冲安全技术措施并按规定及时审批	20	查资料。未进行冲击倾向性鉴定、冲击危险性评价，或未编制中长期防冲规划与年度防冲计划、无防冲专项设计或未确定冲击危险性预警指标不得分；工作面设计不符合防冲规定1项扣5分，作业规程中无防冲专项安全技术措施扣5分；采掘工作面防冲安全技术措施审批不及时1次扣5分	
	监测预警	1. 建立冲击地压区域监测和局部监测预警系统，实时监测冲击危险性； 2. 区域监测系统应覆盖所有冲击地压危险区域，经评价冲击危险程度高的采掘工作面应安装应力在线监测系统； 3. 监测系统运行正常，出现故障时及时处理； 4. 监测指标发现异常时，应采用钻屑法及时进行现场验证	20	查资料和现场。未建立区域及局部监测预警系统不得分；监测系统故障处理不及时1次扣2分；区域监测系统布置不合理1处扣1分；发现异常未及时验证1次扣3分	

项目	项目内容	基本要求	标准分值	评分方法	得分
三、防冲措施(30分)	区域防冲措施	冲击地压矿井开拓方式、开采顺序、巷道布置、采煤工艺等符合规定;保护层采空区原则不留煤柱,留设煤柱时,按规定审批	10	查资料和现场。不符合要求 1 处扣 5 分	
	局部防冲措施	1. 钻机等各类装备满足矿井防冲工作需要; 2. 实施钻孔卸压时,钻孔直径、深度、间距等参数应在设计中明确规定,钻孔直径不小于 100 mm,并制定安全防护措施; 3. 实施爆破卸压时,装药方式、装药长度、装药量、封孔长度以及连线方式、起爆方式等参数应在设计中明确规定,并制定安全防护措施; 4. 实施煤层预注水时,注水方式、注水压力、注水时间等应在设计中明确规定; 5. 有冲击地压危险的采煤工作面推进速度应在作业规程中明确规定并执行; 6. 冲击地压危险工作面实施解危措施后,应进行效果检验	20	查资料和现场。不落实防冲措施不得分;1项落实不到位扣 5 分	
四、防护措施(10分)	安全防护	1. 煤层爆破作业的躲炮距离不小于 300 m; 2. 冲击危险区采取限员、限时措施,设置压风自救系统,设立醒目的防冲警示牌、防冲避灾路线图; 3. 冲击地压危险区存放的设备、材料应采取固定措施,码放高度不应超过 0.8 m;大型设备、备用材料应存放在采掘应力集中区以外; 4. 冲击危险区各类管路吊挂高度不应高于 0.6 m,电缆吊挂应留有垂度; 5. U 型钢支架卡缆、螺栓等采取防崩措施; 6. 加强冲击地压危险区巷道支护,采煤工作面两巷超前支护范围和支护强度符合作业规程规定; 7. 严重冲击地压危险区域采掘工作面作业人员佩戴个人防护装备	10	查现场和资料。爆破作业躲炮时间和距离不符合要求 1 次扣 2 分;未采取限员限时措施扣 5 分;未设置压风自救系统扣 5 分,压风自救系统不完善 1 处扣 2 分;图牌板不全,每缺 1 块扣 2 分;悬挂不醒目、不规范 1 处扣 2 分;通信线路未防护扣 4 分;巷道不畅通 1 处扣 2 分;设备材料码放、管线吊挂不符合要求 1 处扣 2 分;锚索、U 型钢支架卡缆、螺栓等未采取防崩措施 1 处扣 2 分;有冲击地压危险的采掘工作面作业人员未佩戴个人防护装备,发现 1 人扣 1 分	
五、基础资料(10分)	台账资料	1. 作业规程中防冲措施编制内容齐全、规范,图文清楚,保存完好,执行、考核记录齐全; 2. 建立钻孔、爆破、注水等施工参数台账,上图管理; 3. 现场作业记录齐全、真实、有据可查,报表、阶段性工作总结齐全、规范; 4. 建立冲击地压记录卡和统计表	10	查资料。防冲措施内容不齐全 1 处扣 2 分,内容不规范 1 处扣 1 分;未建立台账或未上图管理扣 5 分,台账和图纸不全,每缺 1 次扣 1 分;现场作业记录、报表、阶段性工作总结等不齐全 1 项扣 2 分;发生冲击地压不及时上报、无记录或瞒报不得分	

得分合计:

第 2 部分
煤矿水害钻探技术

第 1 章　钻探工程地质、水文地质基础知识

1.1　岩石的概念及特点

　　岩石是天然产出的一种或多种矿物的固态集合体。岩石由矿物组成,矿物的特性及其在岩石中所占比例影响岩石的特性。矿物是地壳中的化学元素经地质作用形成的、具有一定化学成分和物理特性的单质体或化合物。岩石一般具有以下几个特点:

　　(1) 大多数岩石是矿物的天然集合体,由一种或多种矿物按一定方式结合而成。

　　(2) 岩石具有一定的结构、构造特征。

　　(3) 岩石是地球形成发展过程中地质作用的产物。岩石的化学成分、矿物成分、结构、构造及外形特征等均与地质作用密切相关。

1.2　岩石的分类

　　现在自然界已知的岩石种类繁多,按照岩石的成因不同,可归纳为岩浆岩、沉积岩、变质岩三大类。地球表面的岩石以沉积岩为主,约占地壳面积的 75%,海洋底几乎全部为沉积岩覆盖。地壳较深处和上地幔的上部主要由火成岩和变质岩组成。火成岩占整个地壳体积的 64.7%,变质岩占 27.4%,沉积岩占 7.9%。虽然三大类岩石在成因和特征上有严格的区分界限,但相互之间存在过渡的关系。例如在矿井井下火成岩侵入处,存在变质岩与沉积岩之间的渐变过程。在地球的发展演变过程中,由于地质作用的复杂性、多期性和漫长性,三大类岩石之间可以相互转化。

1.2.1　岩浆岩

　　地下深处形成的含有挥发组分的高温黏稠硅酸熔融体叫岩浆,由岩浆冷凝固结而成的岩石叫岩浆岩。如花岗岩、花岗斑岩、流纹岩、闪长岩、安山岩、辉长岩、玄武岩等,如图 2-1-1～图 2-1-7 所示。

1.2.2　变质岩

　　地壳中各种已成岩石受温度、压力或外来化学作用,使其结构、构造、矿物组分或化学成分发生变化,形成新的岩石的作用叫变质作用,形成的新的岩石叫变质岩。常见的变质岩有大理岩、片麻岩、石英岩、千枚岩等,如图 2-1-8～图 2-1-11 所示。

图 2-1-1　花岗岩

图 2-1-2　花岗斑岩

图 2-1-3　流纹岩

图 2-1-4　闪长岩

图 2-1-5　安山岩

图 2-1-6　辉长岩

图 2-1-7　玄武岩

图 2-1-8　大理岩

图 2-1-9　片麻岩

图 2-1-10　石英岩

图 2-1-11　千枚岩

1.2.3　沉积岩

　　沉积岩是指常温常压条件下,由风化作用、生物作用和某些火山作用形成的碎屑物质经搬运、沉积和成岩作用而形成的层状岩石。在煤矿生产过程中,经常接触的是沉积岩,它是煤系地层的主要岩石。沉积岩最大的特征是具有层理构造,不同时期的沉积物的成分、粒度、颜色和结构不同,便形成了成层更替的现象(见图 2-1-12)。此外,沉积岩的层面上常有波痕和泥裂特征,沉积岩中有时还能见到化石和结核。一般将沉积岩划分为三大类,即碎屑岩类、黏土岩类及生物化学岩和化学岩类。常见的沉积岩有砾岩、砂岩、粉砂岩、泥岩、页岩、石灰岩等。

图 2-1-12　煤系地层沉积地貌

（1）碎屑岩类

　　主要是母岩经风化作用后产生的碎屑物质所形成的岩石称为正常碎屑岩类,如图 2-1-13所示砾岩、图 2-1-14 所示粗砂岩、图 2-1-15 所示细砂岩等。

图 2-1-13　砾岩

图 2-1-14　粗砂岩

图 2-1-15　细砂岩

　　碎屑岩一般是根据含量大于 50% 的粒度进行命名的。如果含量在 50%～25% 时,可称为"＊质＊岩",如图 2-1-16 所示砂质泥岩,图 2-1-17 所示石英砂岩。如果含量在 25%～5% 时则称为"含＊的＊岩",如图 2-1-18 所示含泥质的石英砂岩。

图 2-1-16　砂质泥岩

图 2-1-17　石英砂岩

图 2-1-18　含泥质的石英砂岩

（2）黏土岩类

黏土岩多为黏土矿物所组成，其粒度 50％以上是小于 0.01 mm 的，肉眼无法鉴定，现场鉴定时一般称为黏土岩或泥质岩，如图 2-1-19 所示黏土岩，图 2-1-20 所示泥岩等。

图 2-1-19　黏土岩

图 2-1-20　泥岩

（3）化学岩及生物化学岩类

这类岩石主要是母岩经过化学分解形成胶体溶液，在经受化学作用及生物作用后所形成的岩石。主要有石灰岩、鲕状灰岩、方解石等。如图 2-1-21 所示石灰岩，图 2-1-22 所示鲕状灰岩，图 2-1-23 所示含生物化石的石灰岩，图 2-1-24 所示方解石等。

图 2-1-21　石灰岩

图 2-1-22　鲕状灰岩

图 2-1-23　含生物化石的石灰岩

图 2-1-24　方解石

1.3　岩石的物理特性

（1）硬度：指岩石抵抗其他刚性物体压入的能力。组成岩石的矿物颗粒愈硬、愈小，硬颗粒所占比例愈大，胶结物愈坚固，则岩石的硬度愈高。

（2）强度：指岩石在外力作用下抵抗破坏的能力。因外力作用形式不同而有抗拉、抗压、抗剪、抗弯等指标。

（3）弹性、塑性和脆性：指岩石在外力作用下的变形特性。

（4）研磨性：指岩石对切削工具的磨损能力。一般来说，岩石不均质、矿物颗粒硬度愈大、胶结强度愈低，则研磨性愈强。

1.4　岩石硬度系数

岩石硬度可分为普氏硬度和摩氏硬度，其系数相应为普氏硬度系数和摩氏硬度系数。

1.4.1　普氏硬度

普氏硬度的大小用坚固性系数表示，又叫硬度系数，也叫普氏硬度系数，用 f 值表示。

$$f = R/10$$

式中　f——坚固性系数；

　　　R——岩石标准试样的单轴极限抗压强度值，MPa。

通常用的普氏岩石分级法就是根据坚固性系数来进行岩石分级的，如：

① 极坚固岩石 $f = 15 \sim 20$（坚固的花岗岩、石灰岩、石英岩等）；

② 坚硬岩石 $f = 8 \sim 10$（如不坚固的花岗岩、坚固的砂岩等）；

③ 中等坚固岩石 $f = 4 \sim 6$（如普通砂岩、铁矿等）；

④ 软岩石 $f = 0.8 \sim 3$（如黄土、石灰岩等）。

岩石的坚固性也是一种抵抗外力的性质，但它与岩石的强度却是两种不同的概念。坚固性系数表见表 2-1-1。

表 2-1-1　　　　　　　　　　　　　坚固性系数表

岩石级别	坚固程度	代表性岩石
Ⅰ	最坚固	最坚固、致密、有韧性的石英岩、玄武岩和其他各种特别坚固的岩石（$f = 20$）
Ⅱ	很坚固	很坚固的花岗岩，石英斑岩，硅质片岩，较坚固的石英岩，最坚固的砂岩和石灰岩（$f = 15$）
Ⅲ	坚固	致密的花岗岩，很坚固的砂岩和石灰岩，石英矿脉，坚固的砾岩，很坚固的铁矿石（$f = 10$）
Ⅲa	坚固	坚固的砂岩、石灰岩、大理岩、白云岩、黄铁矿，不坚固的花岗岩（$f = 8$）
Ⅳ	比较坚固	一般的砂岩、铁矿石（$f = 6$）
Ⅳa	比较坚固	砂质页岩，页岩质砂岩（$f = 5$）
Ⅴ	中等坚固	坚固的泥质页岩，不坚固的砂岩和石灰岩，软砾石（$f = 4$）
Ⅴa	中等坚固	各种不坚固的页岩，致密的泥灰岩（$f = 3$）
Ⅵ	比较软	软弱页岩，很软的石灰岩，白垩，盐岩，石膏，无烟煤，破碎的砂岩和石质土壤（$f = 2$）
Ⅵa	比较软	碎石质土壤，破碎的页岩，黏结成块的砾石、碎石，坚固的煤，硬化的黏土（$f = 1.5$）
Ⅶ	软	软致密黏土，较软的烟煤，坚固的冲击土层，黏土质土壤（$f = 1$）

岩石级别	坚固程度	代表性岩石
Ⅶa	软	软砂质黏土、砾石,黄土($f=0.8$)
Ⅷ	土状	腐殖土,泥煤,软砂质土壤,湿砂($f=0.6$)
Ⅸ	松散状	砂,山砾堆积,细砾石,松土,开采下来的煤($f=0.5$)
Ⅹ	流沙状	流沙,沼泽土壤,含水黄土及其他含水土壤($f=0.3$)

1.4.2　摩氏硬度

摩氏硬度是由德国的矿物学家摩氏(Frederich Mohs)首先提出来的,作为评判矿物硬度的标准。它是应用棱锥形金刚钻针刻划所试矿物的表面而产生划痕,将所测得的划痕的深度分十级来表示硬度。最软者为滑石,最硬者为金刚石,共有十种矿物,定为十级,分别为:滑石 1(硬度最小),石膏 2,方解石 3;萤石 4,磷灰石 5,正长石 6,石英 7,黄玉 8,刚玉 9,金刚石 10。

硬度值并非绝对硬度值,而是按硬度的顺序表示的值。摩氏硬度仅为相对硬度,比较粗略。虽滑石的硬度为 1,金刚石为 10,刚玉为 9,但经显微硬度计测得的绝对硬度,金刚石为滑石的 4 192 倍,刚玉为滑石的 442 倍。摩氏硬度应用方便,野外作业时常采用。

1.5　岩石的可钻性

1.5.1　岩石可钻性分级

岩石可钻性是岩石被碎岩工具钻碎的难易程度,即岩石的抗钻性能,与岩石的强度、硬度、弹塑性、研磨性和结构特征有关。

地质岩芯钻探中,岩石可钻性分级采用综合分级法,是以岩石物理力学性质和岩石局部抗机械破碎能力作为统一定级的基础,主要以岩石压入硬度为主,分为 12 个级别。为使用方便,常把一至三级称为"软岩石";四至六级称为"中硬岩石";七至九级称为"硬岩石";十至十二级称为"坚硬岩石"。

(1)一级——松散土。代表性岩石为:次生黄土、次生红土、松软不含碎石及角砾的砂土、硅藻土、不含植物根的泥炭质腐殖层。

(2)二级——较软松散岩。代表性岩石为:黄土层,红土层,松软的泥炭层,含 $10\%\sim20\%$ 砾石、碎石的黏土质和砂土质,松软的高岭土类,含植物根的腐殖层。

(3)三级——软岩。代表性岩石为:强风化页岩、板岩、千枚岩和片岩,轻微胶结的砂层,含 20% 砾石、碎石的砂土,含 20% 礓结石的黄土层,石膏质土层,泥灰岩,滑石片岩、贝壳石灰岩、褐煤、烟煤。

(4)四级——稍软岩。代表性岩石为:页岩、砂质页岩、油页岩、碳质页岩、钙质页岩、砂页岩互层,较致密的泥灰岩、泥质砂岩,块状石灰岩、白云岩、强风化的橄榄岩、纯橄榄岩、蛇纹岩和磷灰岩。中等硬度煤层、岩盐、结晶石膏、高岭土层、火山泥灰岩、冻结的含水砂层。

（5）五级——稍硬岩。代表性岩石为：卵石、碎石及砾石层、崩级层、泥质板岩、绢云母绿泥石板岩、千枚岩和片岩、细粒结晶灰岩、大理石、较松软的砂岩、蛇纹岩、纯橄榄岩、风化的角闪石斑岩和粗面岩、硬烟煤、无烟煤、冻结的粗粒砂、砾层、冻土层。

（6）六至七级——中硬岩。代表性岩石为：绿泥石、云母、绢云母板岩、千枚岩、片岩、轻微硅化的灰岩、方解石、绿帘石、钙质胶结的砾岩、长石砂岩、石英砂岩、石英粗面岩、角闪石斑岩，透辉石岩、辉长岩、冻结的砾石层、石英、角闪石、云母、赤铁矿化板岩、千枚岩、片岩、微硅化的板岩、千枚岩、片岩、长石石英砂岩、石英二长岩、微片岩化的钠长石斑岩，粗面岩，角闪石斑岩，砾石、碎石层，微风化的粗粒花岗岩、正长岩、斑岩、辉长岩及其他火成岩，硅质灰岩，燧石灰岩等。

（7）八至九级——硬岩。代表性岩石为：硅化绢云母板岩、千枚岩、片岩、片麻岩、绿帘石岩，含石英的碳酸岩石，含石英重晶石岩石，含磁铁矿和赤铁矿的石英岩，钙质胶结的砾岩，玄武岩，辉绿岩，安山岩，辉石岩，石英安山斑岩，中粒结晶的钠长斑岩和角闪石斑岩，细粒硅质胶结的石英砂岩和长石砂岩，含大块燧石灰岩，轻微风化的花岗岩、花岗片麻岩、伟晶岩、闪长岩、辉长岩，高硅化的板岩、千枚岩、灰岩、砂岩，粗粒的花岗岩、花岗闪长岩、花岗片麻岩、正长岩、辉长岩、粗面岩，微风化的石英粗面岩、伟晶花岗岩、灰岩、硅化的凝灰岩、角页岩化凝灰岩、细粒石英岩、石英质磷灰岩、伟晶岩。

（8）十至十一级——坚硬岩。代表性岩石为：细粒的花岗岩，花岗闪长岩，花岗片麻岩，流纹岩，微晶花岗岩，石英粗面岩，石英钠长斑岩，坚硬的石英伟晶岩、刚玉岩，石英岩，碧玉岩，块状石英，最坚硬的铁质角页岩，碧玉质的硅化板岩，燧石岩。

（9）十二级——最坚硬岩。代表性岩石为：未风化极致密的石英岩、碧玉岩、角页岩、纯钠辉石刚玉岩，石英，燧石，碧玉。

1.5.2　岩石可钻性影响因素

岩石可钻性不是岩石固有的性质，它不仅取决于岩石的特性，而且还取决于采用的钻进技术和工艺条件。

（1）岩石的特性

岩石的特性包括岩石的矿物组分、组织结构特征、物理性质和力学性质。其中直接影响因素是岩石的力学性质，而岩石的物理性质、矿物组分和组织结构特征等主要是通过影响其力学性质而间接影响可钻性的。在影响岩石可钻性的力学性质中，起主要作用的是岩石的硬度、弹塑性和研磨性。岩石硬度影响钻进初始的碎岩难易程度；弹塑性影响碎岩工具作用下岩石的变形和裂纹发展导致破碎的特征；研磨性决定了碎岩工具的持久性和机械钻速（纯钻进时间内的单位时间进尺，m/h）的递减速率。一般规律是岩石可钻性随压入硬度和研磨性的增大而降低，随塑性系数的增大而提高。

（2）钻进技术和工艺条件

岩石钻进技术和工艺条件包括钻进切削研磨材料、钻头类型、钻探设备、钻探冲洗介质、钻进工艺的完善程度，以及钻孔的深度、直径、倾斜度等。

1.6　水文基础知识

1.6.1　自然界的水循环

自然界的水是循环的(见图 2-1-25)，按循环的形式不同分为外(大)循环和内(小)循环。外(大)循环是指水蒸气由海洋到陆地，以降水的形式落到地表再回到海洋的循环。内(小)循环是指在陆地或海洋各自范围内的循环。

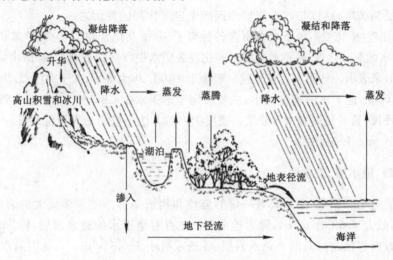

图 2-1-25　自然界的水循环示意图

1.6.2　地下水

埋藏在地表以下岩石(包括土层)的空隙(包括孔隙、裂隙和空洞等)中的各种状态的水称为地下水。赋存于疏松岩孔隙中的地下水称为孔隙水；埋藏在岩石裂隙中的地下水称为裂隙水；赋存于石灰岩、白云岩等可溶性岩石裂隙、溶洞中的地下水称为岩溶水。

(1)地下水的物理性质

① 温度：地下水的温度主要受气温及地热控制。浅层地下水可低于 0 ℃，火山活动区有时超过 100 ℃。

② 颜色：地下水在一般情况下是无色的。当水中含有某些元素或有悬物质和胶质体物质时便有不同的颜色，如含高价铁离子时为黄褐色。

③ 透明度：地下水的透明度取决于其中固体与胶体悬浮物的含量，常见的地下水一般是透明的。

④ 气味：地下水的气味取决于水中所含有的气体成分和有机质。一般地下水是无味的，含有 H_2S 气体时，有臭鸡蛋味；含亚铁离子时，有铁腥味；含腐殖酸时，有沼泽味。一般温度低时，不易辨别，而加热到 40 ℃左右时气味最显著。

⑤ 味道：地下水的味道取决于其中所含的盐分及气体。例如，含氯化钠的水具有苦味；含硫酸钠的水具有涩味；含氯化镁或硫酸镁的水具有苦味；含氧化铁的水具有锈味；大量有

机质的存在能使水具有甜味;二氧化碳在水中含量较多时,能使水清凉可口;溶有重碳酸钙、重碳酸镁的水则美味适口。

味道的强弱,取决于各种矿物质成分的浓度和地下水的温度,在 20～30 ℃时,水的味道比较明显。

(2) 地下水的化学性质

① 酸碱度:水的酸碱度通常用"氢离子浓度",即 pH 值来表示。当 pH＝7 时,水呈中性;当 pH＜7 时,水呈酸性;当 pH＞7 时,水呈碱性。

② 侵蚀性:当含有 CO_2 的地下水与混凝土或石灰岩等接触时,可能溶解其 $CaCO_3$,使混凝土的结构受到破坏,这也是在石灰岩地区产生岩溶作用的原因之一。

③ 总矿化度(矿化度):地下水中所含各种离子、分子及化合物(不包括游离状态的气体)的总量,称为水的总矿化度,简称矿化。矿化度表明水中所含盐量的多少,即水的矿化程度,用克/升(g/L)来表示。饮用水总矿化度一般小于 1 g/L,称为淡水,大于 50 g/L 为盐水。

④ 水的硬度:地下水的硬度大小,主要决定于地下水中 Ca^{2+} 和 Mg^{2+} 的含量,水的硬度通常分为总硬度、暂时硬度和永久硬度。硬度的表示方法一般用毫克当量每升,小于 3 mg/L 为软水,大于 6 mg/L 为硬水。

1.6.3　含水层、隔水层、透水层

地下水的运动和聚集,必须具备一定的岩性和构造条件。空隙多而大的岩层能使水流通过(渗透系数大于 0.001 m/d),称为透水层。贮存有地下水的透水岩层,称为含水层。空隙少而小的致密岩层是相对的不透水岩层(渗透系数小于 0.001 m/d),称为隔水层。

1.6.4　矿井充水条件

在煤矿建设和施工过程中,进入井筒、巷道和工作面的各种类型水源的水称为矿井水,水进入矿井的过程称为矿井充水。矿井充水条件如下。

(1) 充水水源

矿井充水必然有某种水源的补给,一般矿井充水的水源主要有大气降水、地表水、地下水和老窑积水。

① 大气降水

大气降水是矿井水的重要补给来源,特别是开采地形低洼并且埋藏较浅的煤层时,大气降水往往是矿井涌水的主要来源。

② 地表水

位于矿井附近或直接位于矿井以上的河流、湖泊、水池、水库等地表水,可通过一定的通道进入矿井,成为矿井充水的水源。地表水作为矿井充水水源有以下特点:

a. 煤层距地表水体越近,矿井涌水量越大。

b. 常年性水体,其水体越大,矿井涌水量越大。

c. 多数季节性河流,在旱季地表虽然断流,但地下径流却依然存在,依然起到含水层的作用。

③ 地下水

地下水是矿井充水最直接、最主要的充水水源。

a. 充水水源为孔隙水：多数情况下在开采松散岩层的下伏煤层时会遇到此类水源。

b. 充水水源为裂隙水：当采掘工作面揭露裂隙水的围岩时，这种水就会流入工作面，水量较小，水压较高。

c. 充水水源为岩溶水：在开采顶、底板为石灰岩等可溶性岩层的煤层时，常会遇到此类水源。

④ 老窑积水

古代和近期的采空区及废弃巷道，由于长期停止排水而积存的地下水，通常称为老窑积水（老空水），其特点如下：

a. 来势凶猛，在短暂时间内可有大量的水涌入井巷，且水中常携带着煤块、石块等，有时含有有害气体，破坏性很大。

b. 老窑积水一般为酸性水，对金属有腐蚀性，易破坏井下的金属设备。

c. 若与其他水源无水力联系时，则易疏干；若与其他水源有水力联系时，则可造成稳定的涌水，危害性极大。

（2）矿井充水的通道

矿井只有充水水源存在，还不能确定矿井是否充水，还必须有把水源水引入矿井的通道，即充水通道。矿井充水的通道主要有以下几种：

① 岩层的孔隙

这种通道多存在于疏松的沉积物中。

② 岩层的裂隙

岩层的风化裂隙、成岩裂隙、构造裂隙等都能构成矿井充水的通道。

③ 岩层的溶隙

这种空隙存在于碳酸盐类的可溶性岩层中。

④ 人工作用造成的充水通道

a. 封闭不良的钻孔。当钻孔未封闭或封闭质量不符合规定要求时，这些钻孔就构成了沟通煤层顶、底板含水层或地表水的通道，在采掘过程中遇到或接近它时，就会发生涌水等事故。

b. 采矿活动。煤层采空后，在矿山压力作用下，使采空区上部岩层产生冒落裂隙，使煤层底板也产生底鼓或裂隙，这些裂隙若与地表水或地下水沟通，也会引起矿井涌水。

c. 矿井长期疏排水。在煤矿长期疏排水过程中，所形成的水位降落漏斗，在不稳定的情况下，逐渐向外扩展，可能涉及新的水源，另外，还可能引起地面沉降、开裂、塌陷等，造成地表水灌入井下，使矿井涌水量增大。

1.6.5　水文地质观测内容

（1）地面水文地质观测

① 气象观测

a. 观测内容：降水量、蒸发量、气温、相对湿度等。

b. 资料整理：绘制气象要素变化图、降水量与矿井涌水量变化关系图。

② 地表水观测

a. 对河流、水沟观测：流量、水位、雨季最大流量和水位、通过构造断裂带的流失量，洪水期淹没带等。

b. 对湖泊、水库、大型塌陷段积水区的观测：积水范围、水深、水量、水位标高。

对以上观测应整理成各种曲线图并标在平面图上。

③ 地下水观测

a. 对象：泉、井、钻孔、探巷、被淹井巷等，并组成观测系统。

b. 资料整理：编制各种综合图件，如等水位线（等水压线）图等。

④ 导水断裂带发育高度的观测

观测煤层采空后的地面形变，采空区垮落带、断裂带的高度。

（2）井下水文地质观测

巷道充水性观测主要包括以下内容：

① 含水层观测

巷道通过含水层，测含水层厚度、岩性、裂隙、岩溶、标高、水压、水温、涌水量并取水样化验水质。

② 岩层裂隙发育调查观测

井下见含水层的裂隙调查包括裂隙产状要素、长度、宽度、成因类型、张开和充填程度、充填物成分、地下水活动痕迹，测量裂隙率（面密度）。

③ 断裂构造观测

断层性质、产状要素、落差、破碎带宽度、充填物性质及透水性。

④ 出水点观测

出水时间、地点、层位、岩性、厚度、出水形式、出水量、水压、标高、围岩、巷道变形等情况，分析出水原因及水源，采水样化学分析。

⑤ 出水征兆观测（工作面）

潮湿、滴水、淋水、顶底板及支柱变形等情况。

1.6.6　矿井涌水量及观测方法

（1）矿井涌水量的概念

矿井涌水量是指流入矿井巷道内的地表水、裂隙水、老窑水、岩溶水等的总量。矿井涌水量的大小常用每小时或每分钟的流量表示，通常分为矿井正常涌水量和最大涌水量。矿井正常涌水量是指矿井开采期间，单位时间内流入矿井的水量；矿井最大涌水量是指矿井开采期间，矿井涌水量的高峰值。

（2）涌水量观测方法

① 水桶法

水桶法指的是将涌出的水导入一定容积的量水桶（圆形或方形）内，用秒表记下流满该量水桶所需的时间，然后按下式计算涌水量。

$$Q = V/t$$

式中　Q——涌水量，$m^3/h(m^3/min)$；

　　　V——量水桶的体积，m^3；

　　　t——水流满量水桶的时间，$h(min)$。

② 水位标定法

水位标定法指的是利用泥浆泵将水窝（或水仓）中的水位降低，然后停泵，测量水位回升

到原来位置所需要的时间,然后按下式计算涌水量:

$$Q = FH/t$$

式中　Q——涌水量,$m^3/h(m^3/min)$;

　　　F——水窝(或水仓)的断面积,m^2;

　　　H——水位回升高度,m;

　　　t——水位回升所需的时间,$h(min)$。

③ 泥浆泵能力法

泥浆泵能力法指的是维持水位不变时增加泥浆泵的排水能力,按下式计算涌水量:

$$Q = KNW + SH/t$$

式中　Q——涌水量,$m^3/h(m^3/min)$;

　　　K——泥浆泵的排水系数,%(当新泵排清水时 $K=1$,旧泵排清水时 $K=0.8$,新泵排混水时 $K=0.9$,旧泵排混水时 $K=0.7$,双台旧泵单管排水时 $K=0.6$);

　　　N——增加的泥浆泵台数,台;

　　　W——泥浆泵的铭牌排水量,$m^3/h(m^3/min)$;

　　　S——水窝(或水仓)的水平截面积,m^2;

　　　H——水位回升高度,m;

　　　t——水位上升所需的时间,$h(min)$。

当 $H=0$ 时,即水位不上升,则 $Q=KNW$。

④ 浮标法

浮标法指的是利用木屑或纸屑作为浮标,测量水沟中水的流速,根据水沟断面计算其涌水量。按下式计算涌水量:

$$Q = K(F_1 + F_2)/t \times L$$

式中　Q——涌水量,$m^3/h(m^3/min)$;

　　　F_1——断面 1 的面积,m^2;

　　　F_2——断面 2 的面积,m^2;

　　　t——从断面 1 到断面 2 的水流时间,$h(min)$;

　　　L——从断面 1 到断面 2 的距离,m;

　　　K——断面系数,与水沟粗糙度、风流方向和大小有关,在一般情况下,水沟水深大于 1.0 m,当水沟粗糙时,$K=0.75\sim0.85$,当水沟平滑时,$K=0.80\sim0.90$。

此计算方法可用于巷道排水沟中水的测量;当涌水较大,淹没巷道水沟时,也可用来测量巷道流水中水量。

⑤ 堰测法

堰测法指的是在井下排水沟中设置测水堰板,使水流通过一定形状的堰口,实测堰口水流高度,然后计算涌水量。

堰测法采用的测水堰板通常有三角堰、梯形堰和矩形堰三种,如图 2-1-26 所示。

堰测法计算涌水量公式分别如下:

三角堰:$Q = 0.014/\sqrt{h}$;

梯形堰:$Q = 0.018\,6Bh\sqrt{h}$;

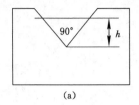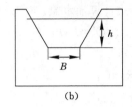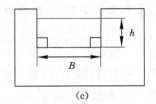

图 2-1-26　测水堰板

(a) 三角堰；(b) 梯形堰；(c) 矩形堰

矩形堰：$Q = 0.018\,38(B - 0.2h)h\sqrt{h}$

式中　Q——涌水量，$m^3/h(m^3/min)$；

　　　h——堰口水流高度，m；

　　　B——堰底宽度，m。

⑥ 流速仪法

流速仪法指的是使用流速仪测定水流速度，实测水流断面，然后计算涌水量。

1.6.7　承压水等水压线图

承压水位标高相同点的连线，便是承压水等水压线。平面图上的等水压线图，可以反映承压水（位）面的起伏情况。承压水（位）面和潜水面不同，潜水面是一个实际存在的地下水面，即含水层的顶面，而承压水（位）面是一个势面，这个面可以与地形极不吻合，甚至高出地面，只有当钻孔打穿上覆隔水层至含水层顶面时才能测到，因此，承压水等水压线图通常要附以含水层顶板等高线。

承压水等水压线图的绘制方法，与潜水等水位线图相似。在某一承压含水层内，将一定数量的钻孔、井、泉（上升泉）等的初见水位（或含水层顶板的高程）和稳定水位（即承压水位）等资料，绘在一定比例尺的地形图上，用内插法将承压水位等高的点相连，即得等水压线图，如图 2-1-27 所示。

根据等水压线图，可以分析确定以下几个问题：

（1）确定承压水的流向

承压水的流向应垂直等水压线，常用箭头表示，箭头指向较低的等水压线。

（2）计算承压水某地段的水力坡度

也就是确定承压水（位）面坡度。在流向方向上，取任意两点的承压水位差，除以两点间的距离，即得该地段的平均水力坡度。

（3）确定承压水位距地表的深度

可由地面高程减去承压水位得到。这个数字越小，开采利用越方便；该值是负值时，表示水会自溢于地表。据此可选定开采承压水的地点。

（4）确定承压含水层的埋藏深度

用地面高程减去含水层顶板高程即得。

（5）确定承压水头值的大小

承压水位与含水层顶板高程之差，即为承压水头值高度。据此，可以预测受水威胁程度。

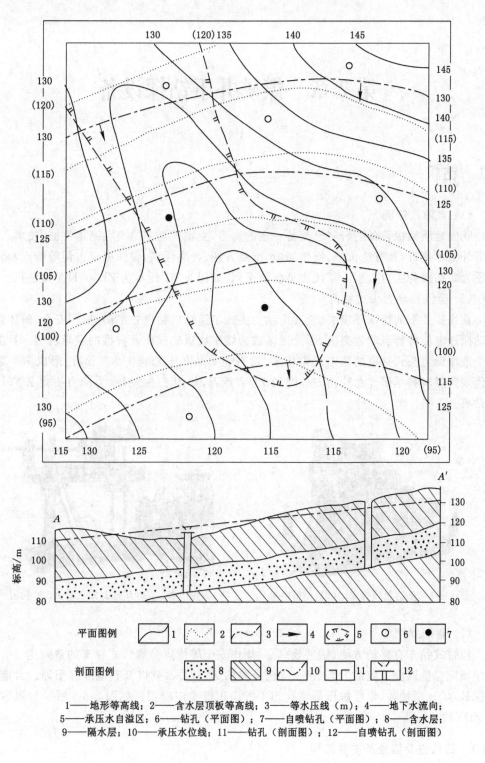

平面图例　　1　　2　　3　　4　　5　　6　　7

剖面图例　　8　　9　　10　　11　　12

1——地形等高线；2——含水层顶板等高线；3——等水压线（m）；4——地下水流向；
5——承压水自溢区；6——钻孔（平面图）；7——自喷钻孔（平面图）；8——含水层；
9——隔水层；10——承压水位线；11——钻孔（剖面图）；12——自喷钻孔（剖面图）

图 2-1-27　等水位线示意图

第 2 章　煤矿井下钻探设备

2.1　钻机

（1）立轴式钻机

我国地质钻探装备的研制已具备一定的实力,立轴式岩芯钻机在基本性能、技术水平上与国外基本接近,具有造价低、操作简单、维修方便、可靠性高、整体搬运方便等特点,是国内地质岩芯钻探的主力机型。其代表是杭钻系列,如图 2-2-1 所示为 ZL300HA 型钻机。

（2）全液压动力头式钻机

在煤矿井下的特殊环境中,全液压动力头式坑道钻机钻进效率高、操作安全、解体性好、移动搬迁方便等特点非常突出,因此逐渐成为煤矿坑道钻探作业首推的主导机型。目前,国内全液压动力头式钻机的施工厂家较多,钻进能力从几十米到 1 000 m,已形成多个系列。其代表是煤炭科学研究总院西安分院的 ZDY 系列,如图 2-2-2 所示为动力头式 ZDY1200S 型钻机。

图 2-2-1　杭钻立轴式 ZL300HA 型钻机　　　　图 2-2-2　动力头式 ZDY1200S 型钻机

（3）履带式钻车

履带式钻车有移动方便、钻进效率高、操作安全等优点。履带式钻车的系列主要有煤炭科学研究总院西安分院的 DY 系列、重庆分院的 ZYWL 系列以及其他改进型等。目前在煤矿探放水、瓦斯抽放、煤层解压等钻孔施工方面积极推广应用。如图 2-2-3 所示为履带式钻车 ZDY1200L 型

2.1.1　钻机主要型号及主要结构

（1）ZDY 系列钻机

① 钻机型号

图 2-2-3　履带式钻车 ZDY1200L 型

主要型号：ZDY750 型、ZDY1200 型、ZDY1250 型、ZDY1900S 型、ZDY-2300 型等型号。

② 钻机型号释义

型号：ZDYXXXX(S)。Z——钻机；D——动力头式；Y——液压传动；XXXX——主轴最大额定转矩，N·m；S——双泵系统。

③ 钻机结构

钻机整体结构由主机（座架、动力头、夹持器、立柱和钻具等）、操纵台、泵站三大部分组成。

（2）ZL(J)系列钻机

① 钻机型号

主要型号：ZL300HA、ZL750 型等型号。

② 钻机型号释义

型号：ZL(J)XXXX。Z——钻机；L——立轴式；J——机械式；XXXX——主轴最大额定转矩，N·m。

③ 钻机结构

ZL 系列钻机主要由动力头、变速箱、绞车、制动闸、底架、操纵台和钻具等七部分组成。

（3）ZDY 履带式钻机

① 钻机型号

主要型号：ZDY1200L 型、ZDY2600L 型、ZDY3200L 型、ZDY4200L 型、ZDY6000L 型等型号。

② 钻机型号释义

型号：ZDYXXXXL(D)。Z——钻机；D——动力头式；Y——液压传动；XXXX——主轴最大额定转矩，N·m；L(D)——履带式。

③ 钻机结构

本钻机采用整体式布置，全机由主机、泵站、操纵台和履带车体四大部分组成，各部分之间用软管连接。

2.1.2　钻机液压系统基础知识

（1）液压传动的定义

液压传动是以受压液体为工作介质进行动力（或能量）的传递、转换、控制和分配的液体传动。

（2）液压传动的工作特征

① 力的传递靠液体压力实现，系统的工作压力取决于负载；

② 运动速度的变化靠容积变化相等原则实现，运动速度取决于流量；

③ 系统的动力传递符合能量守恒定律，压力和流量的乘积等于功率。

（3）液压系统的组成及功能

① 动力源：电机、液压泵。功能：将电机的机械能转变为液体的压力能，输出具有一定压力的油液。

② 执行机构：液压缸、液压马达。功能：将油液的压力变为机械能，用以驱动负载的工作机构做功，实现往复直线运动、连续回转转动等。

③ 控制阀：压力、流量、方向控制阀和其他控制元件。功能：控制调节液压系统中从泵到执行机构中油液的压力、方向和流量，从而控制执行器输出器的力（力矩）、速度（转速）和方向，以保证执行器驱动的主机工作机构完成预定的运动。

④ 液压辅助件：油箱、油管、过滤器、热交换器、蓄能器及指示仪表等。功能：用来存放、提供和回收液压介质；实现液压元件间的连接以及载能液压介质；滤清液压介质中的杂质，保持系统工作过程中所需介质的清洁度；系统加热或散热；储存或释放液压能或吸收液压脉动和冲击；显示系统压力和油温等。

⑤ 液压工作介质：各类液压油（液）。功能：作为系统的载能介质，在传递能量的同时起润滑、冷却作用。

2.2　泥浆泵

泥浆泵是指在钻探过程中向钻孔里输送泥浆或水等冲洗液的机械。

泥浆泵是钻探设备的重要组成部分，在钻探中，它是将冲洗介质——清水、泥浆或聚合物冲洗液在一定的压力下，经过高压软管、水龙头及钻杆柱中心孔直送钻头的底端，以达到冷却钻头、将切削下来的岩屑清除并输送到地表的目的。

常用的泥浆泵是活塞式或柱塞式的，如图 2-2-4 所示的 NBB-250/6 型泥浆泵，由动力机带动泵的曲轴回转，曲轴通过十字头再带动活塞或柱塞在泵缸中做往复运动。在吸入和排出阀的交替作用下，实现压送冲洗液的目的。

2.2.1　泥浆泵性能

泥浆泵性能的两个主要参数为排量和压力。

（1）排量

排量以每分钟排出若干升计算，它与钻孔直径及所要求的冲洗液自孔底上返速度有关，即孔径越大，所需排量越大。要求冲洗液的上返速度能够把钻头切削下来的岩屑、岩粉及时

图 2-2-4　NBB-250/6 型泥浆泵

冲离孔底,并可靠地携带到孔口。地质岩芯钻探时,一般上返速度在 0.4～1.0 m/min 左右。

(2) 压力

泵的压力大小取决于钻孔的深浅、冲洗液所经过的通道的阻力以及所输送冲洗液的性质等。钻孔越深,管路阻力越大,需要的压力越高。

随着钻孔直径、深度的变化,要求泵的排量也能随时加以调节。在泵的机构中设有变速箱或以液压马达调节其速度,以达到改变排量的目的。为了准确掌握泵的压力和排量的变化,泥浆泵上要安装压力表,随时使钻探人员了解泵的运转情况,同时通过压力变化判别孔内状况是否正常,以便预防发生孔内事故。

2.2.2　NBB-250/6 型泥浆泵参数及特点

(1) 主要参数

型式	卧式三缸单作用往复或活塞泵
活塞行程	100 mm
缸套内径	85 mm
额定排出压力	6 MPa
额定数量	250、150 80、40 L/min
配套电机型号、动力	Y200L-4、30 kW
三角皮带型式、规格、根数	C 型 2642×4
吸水管直径	89 mm
排水管直径	50 mm

(2) 主要特点

① 具有可满足大、小口径钻机所需的各四挡流量,流量调节范围大,参数选择合理,各型号钻机配套使用,可满足不同口径、不同孔深、不同地质岩芯钻探的需要。

② 活塞为聚氨酯橡胶活塞,大大提高使用寿命。

③ 设有五道防尘密封圈,以防止液力端的泥浆带入动力端和动力端润滑油滤。密封可靠,性能良好,齿轮使用寿命长。

④ 进排水阀采用钢球,并在阀盖上设有减声橡胶垫,以减少冲击噪声。

⑤ 结构紧凑,造型美观。

⑥ 可拆性好,便于维修和搬迁。

2.3　钻杆

钻杆是两端带有螺纹的钢管,用于连接钻机设备和位于钻孔底端的钻磨设备或底孔装置。钻杆的用途是传递钻机扭矩给井底钻头,负责传输冲洗液到钻头,并与钻头一起提高、降低或旋转底孔装置。钻杆必须能够承受巨大的内外压、扭曲、弯曲和振动。在钻探过程中,钻杆可以多次使用。

（1）分类

根据外形分类,钻杆主要有外平式钻杆（见图 2-2-5）、螺旋（刻槽）式钻杆（见图 2-2-6、图 2-2-7）两类。

（2）规格

煤矿井下钻探常用钻杆规格主要有:$\phi 42$ mm、$\phi 50$ mm、$\phi 73$ mm 等。

图 2-2-5　外平式钻杆

图 2-2-6　螺旋式钻杆

图 2-2-7　刻槽式钻杆

2.4　钻头

钻头是钻探设备的主要组成部分,其主要作用是破碎岩石、形成钻孔。钻头是主要的钻探设备之一,根据钻进岩层的不同,钻头的规格、形状也应当有所不同,在进行钻探工作时,应当以具体需要、具体设计方案为依据,合理地、科学地选择钻头。

（1）分类

根据制造材料分类,钻头可分为合金钻头（见图 2-2-8）、天然金刚石钻头（见图 2-2-9、

图 2-2-10)、人造金刚石钻头(聚晶金刚石复合片钻头,简称 PDC 钻头,见图 2-2-11、图 2-2-12)。

根据用途分类,钻头可分为取芯钻头(见图 2-2-8～图 2-2-11)和不取芯钻头(见图 2-2-12)。

(2)规格

煤矿井下钻探中常用的钻头规格主要有 46、59、75、91、110、130、150、170 mm 等多种。

图 2-2-8　合金钻头

图 2-2-9　孕镶金刚石钻头

图 2-2-10　表镶金刚石钻头

图 2-2-11　人造金刚石钻头(PDC 钻头)

图 2-2-12　PDC 三翼钻头

第 3 章　钻 机 操 作

3.1　立轴式 ZL300HA 型钻机操作

3.1.1　钻机的固定

（1）钻机进入作业地点安装前,应先检查作业点附近巷道支护及通风等情况,发现问题要及时处理。整修、加固时,应清理干净脏、杂物。

（2）钻机固定前,将固定地点的底板铲平,用起吊鼻子将 3T 手动葫芦固定在牢固处,将钻机慢慢吊起,直接放置底板上,并在钻机底以井字形架垫设枕木。如不平整则应提前用混凝土搭设钻机固定平台。

（3）架设枕木垫底时,升起一个枕木的高度要架设一层,不可一下升起高度过大,枕木数量不得超过三层。架设钻机时,作业人员要时刻注意钻机状态,等钻机稳定后再架设枕木。

（4）钻机架设起来之后,相邻枕木间用钯钉钉死,防止枕木发生移动。四根压梁分别架设在钻机底座的四角,压梁与巷道顶板要放垫木板,并用双股 6 分钢丝绳将四根柱子连接好,拴在托梁上,防止钻机在施工过程中造成松动而脱落。

3.1.2　开钻前检查

（1）检查钻机安装是否牢固,各部件连接是否牢固可靠。

（2）检查液压油箱和变速油箱油位是否合适。

（3）检查各旋转件是否灵活,有无阻力过大现象或异音。

（4）检查油路系统各接头是否拧紧,检查操纵阀各操纵位置是否可靠灵活。

3.1.3　打钻操作

（1）开孔。钻孔开孔位置要严格按照设计进行确定,钻机移到位后,要先用坡度规确定角度、罗盘确定方位角、卷尺确定孔口高度,在现场施工原始记录单上做好记录,待开孔完成后要再次测量钻孔的角度并记录清楚,钻孔的倾角以完成开孔时的度数为准,且钻孔的角度误差不可超过 ±1°。

（2）安装钻头。安装钻头时,将钻机关闭,人工将钻杆穿过卡盘,在推进油缸前方人工拧上钻头,准备钻进。

（3）开钻。钻机开钻前,使油泵空转 3～5 min 后再进行操作,如油温过低,空转时间应加长,待油温达 20 ℃左右时,才可调大排量进行工作。调整回转速度时,根据具体情况进行加压或减压钻进。

（4）续接钻杆。钻杆钻进终了时，减小孔底压力，停钻，停止供水，卸下水葫芦，接上钻杆并用管钳拧紧，再接上水葫芦，退回回转器并卡紧钻杆，即可开始钻进。

（5）起钻。起钻时，先停钻，再停止供水，卸下水葫芦，拉出钻杆，待欲卸的接头露出夹持器 250～300 mm 时停止，并使用管钳将钻杆卸下。拉出下一根钻杆，再重复上述操作。如此循环往复，直到拔出孔内全部钻杆。最后取出钻具。

（6）根据实际施工情况填写钻探记录、现场施工管理牌以及钻孔说明牌等。

3.1.4 移钻安全注意事项

（1）钻孔施工完毕后移至下一工作点前，要检查钻孔内是否还留有钻具、钻机是否完整等。

（2）检查完毕后，将钻机按顺序拆开进行移钻。

（3）抬运钻机大件时，工作人员要同肩并协调一致。

（4）钻机移至下一工作点，作业人员要将钻机各部位依次安装好，方可进行打钻。

3.2 动力头式 ZDY1200S 型钻机操作

3.2.1 钻机结构

该钻机采用分组式布置，整机共分主机、泵站、操纵台三大部分，各部分之间用胶管连接。解体性好，在井下便于搬迁、运输，摆布灵活。在运输条件较差的地区，主机还可以进一步解体。

（1）主机

主机由回转器、夹持器、给进装置及机架组成，各部分之间装拆方便，如图 2-3-1 所示。

（2）回转器

回转器由斜轴式变量柱塞马达、齿轮减速器和胶筒式液压卡盘组成。马达经两级齿轮减速，带动主轴及液压卡盘实现钻具的回转。调节马达排量可以调节转速。回转器主轴为通孔式结构，通孔直径 75 mm，更换不同直径的卡瓦组可使用 $\phi50$、$\phi42$ mm 的常规钻杆，钻杆的长度不受钻机本身结构尺寸的限制，回转器安装在给进机身的拖板上，借助给进油缸沿机身导轨往复运动，实现钻具的给进或起拔，机身刚度好，起下钻运行平稳。回转器具有侧向开合装置。液压卡盘采用液压夹紧、弹簧松开常开式结构，具有自动对中、安全可靠、卡紧力大等特点，它不但能保证正常钻进，还可用来升降钻具、强力起拔等（卡盘配用不同规格的钻杆、更换卡瓦时，用专用工具将卡瓦组的弹簧压缩放入胶筒内）。

（3）夹持器

夹持器采用碟形弹簧夹紧，油压松开的常闭式结构。可以防止起下钻具时因突然停电引起的跑钻事故。夹持器固定在给进装置机身的前端，用于夹持孔内钻具并可配合回转器实现机械拧卸钻杆。夹持器卡瓦靠左右两根销轴与卡瓦座轴向固定，圆周方向的固定靠卡瓦座上的平键。只要将左右两根销轴抽出，卡瓦就可以取出，夹持器通孔即可通过 $\phi108$ mm 的岩芯管。

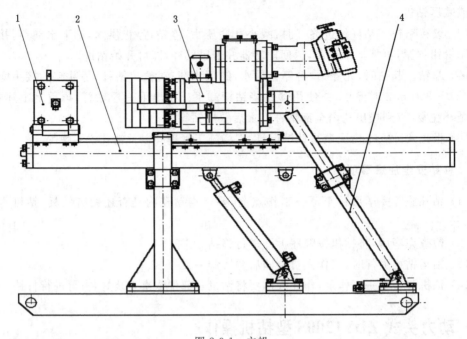

图 2-3-1 主机

1——夹持器;2——给进装置;3——回转器;4——机架

（4）给进装置

采用油缸直接推、拉带动拖板及回转器沿给进机身导轨前后移动。回转器与拖板之间采用类似于立轴钻机开箱式结构和连接方式。一边用销轴把拖板与回转器穿在一起,另一边用铰式螺栓把回转器压在拖板上,起下粗径钻具时,将螺栓松开,即可把回转器搬向销轴一侧,让开孔口。给进机身通过锁紧卡瓦固定在机架的前后立柱及支撑杆的横梁上。

（5）机架

钻机的机架用于安装固定给进装置。

机架由一个爬履式底座、立柱、支撑油缸及支撑杆等部件组成,给进装置在机架上可以调整安装,并可利用支撑油缸调整倾角,以满足各种倾角钻孔的需要。支撑杆采用二节式结构,钻进较小倾角钻孔时,取下上面一节加长杆;钻进较大倾角钻孔时,再接上加长杆。利用爬履式底座以常规方法可将钻机安装在基台木上。

（6）操纵台

操纵台（见图 2-3-2）是钻机的控制装置,由各种控制阀、压力表及管件等组成。钻机的回转、给进、起拔与卡盘、夹持器的联动功能是靠操纵台上的阀类元件组合来实现的。在操纵台上有马达回转、支撑油缸、给进起拔、起下钻转换及截止阀五个操作手把,增压、调压、背压三个调节手轮,以及指示系统压力、给进压力、起拔压力、回油压力的四块压力表。油管排列整齐,并有指示牌标明连接方法。各种油路控制阀安装在操纵台框架内。高压胶管采用扣压式接头,拆卸油管时用自带的堵头将油管两端接头出口封堵,以免管中油液漏失及脏物进入管中。

（7）泵站

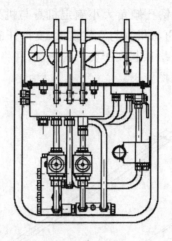

图 2-3-2　操纵台

泵站是钻机的动力源,由防爆电动机、主油泵、副油泵、油箱、冷却器、滤油器、底座等部件组成。电动机通过弹性联轴器带动油泵工作,从油箱吸油并排出高压油,经操纵台驱动钻机的各执行机构工作。调节油泵端头的手轮即可改变油泵的排量,实现主机回转和给进速度的无级调整。

油箱是容纳液压油的容器,它置于油泵的上方。为了保证液压系统的正常工作,在油箱上设有多种保护装置,如吸油滤油器、回油滤油器、冷却器、空气滤清器、油温加强计、油位指示计、磁铁等。为避免在井下加油时脏物进入油箱,可通过空气滤清器加油。

3.2.2　钻机优点

(1) 钻机由三大件组成,可以根据场地情况灵活摆布,解体性好,搬迁运输方便。

(2) 机械化拧卸钻具,可减轻工人劳动强度,提高工作效率。夹持器卡瓦可方便地取出,扩大其通孔直径,便于起下粗径钻具。

(3) 单油缸直接给进与起拔钻具,结构简单,安全可靠,给进、起拔能力大,提高了钻机处理事故的能力。

(4) 采用双泵系统,回转参数与给进工艺参数可以独立调节。变量油泵和变量马达相结合进行无级调整,转速和扭矩都可大范围调整,提高了钻机对不同钻进工艺的适应能力。

(5) 回转器通孔直径大,更换不同直径的卡瓦可适用不同直径的钻杆,钻杆的长度不受钻机本身结构尺寸的限制。

(6) 用支撑油缸调整机身角度方便省力,安全可靠。

(7) 通过操纵台进行集中操作,人员可远离孔口一定距离,有利于人身安全。

(8) 液压系统保护装置完备,提高了钻机工作的可靠性,主要液压元件通用性强。

3.2.3　钻机的稳装

(1) 准备好场地。根据钻孔倾角、所用钻杆、岩芯管的长短进行挑顶、起底或扩帮等工作。

(2) 钻机运到现场之后,先稳装主机,再将操纵台、泵站摆放在有利于操作安全的地方。

（3）在安装主机之前，根据钻孔倾角大小确定机身与机架的连接方式。当钻进下斜孔或垂直孔时，先将支撑杆接上，再将机身与立柱横梁、支撑杆横梁，支撑杆与横梁上锁紧卡瓦分别松开，用支撑油缸将机身缓缓顶起到所要求的角度，并将松开的卡瓦锁紧。最后用地脚螺钉把底座固定在基台木上，见图 2-3-3。

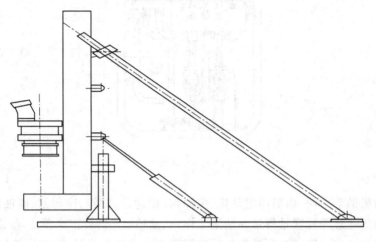

图 2-3-3　垂直孔安装示意图

（4）当钻进大角度上斜孔时，机身要调头安装，支撑油缸杆在机身下面接头座上偏心安装。调整角度方式同前，见图 2-3-4。

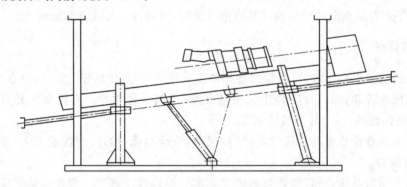

图 2-3-4　机身调头安装示意图

3.2.4　钻机的操作

（1）开钻前的准备

① 油箱内加满清洁油液（钻机正常工作后油面应在油位指示计的中间偏上部位约 2/3 处），一般用 N46 抗磨液压油，如果环境温度较高可用 N68 抗磨液压油；

② 检查钻机各部分紧固件是否紧固，主机稳装是否牢固；

③ 在需要润滑的部位加注润滑油和润滑脂；

④ 查各油管是否连接无误；

⑤ 排量调到额定值的三分之一（在油泵端头有铭牌指示）；

⑥ 台上各操作手把放在中间位置,增压、背压调节手轮顺时针调到极限位置,给进压力调节手轮调到中间位置,马达变速手把调到所需的位置上(低速);

⑦ 油箱上的截止阀,此阀未打开前不准启动电机。

(2) 启动

① 接通电源;

② 试转电机,注意转向是否与油泵要求一致;

③ 启动电机,观察油泵运转正常(应无异常声响,操纵台上的回油压力表应有所指示),检查各部件有无渗漏油;

④ 使油泵空转 3~5 min 后再进行操作,如油温过低,空转时间应加长,待油温达 20 ℃左右时,才可调大排量进行工作。

(3) 试运转

① 油马达正转、反转双向试验,运转应正常平稳,系统压力表读数不应大于 3.5 MPa;

② 反复试验回转器的前进、后退,以排除油缸中的空气,直到运转平稳为止,此时系统压力不应超过 2.5 MPa;

③ 试验卡盘、夹持器,开合应灵活,动作要准确;

④ 检查各工作机构的动作方向与指示牌的标记方向是否一致,如不一致应及时调换有关油管,如回转器马达的正反转,回转器的前进和后退等;

⑤ 在以上各项试运转过程中,各部分有无漏油现象,如发现应及时排除。

(4) 开孔

① 无岩芯开孔:

a. 从回转器后端插入一根钻杆,穿过卡盘,顶在夹持器端面上(因此时夹持器闭合,不能穿入);

b. 将起下钻转换手把推到下钻位置,向前推给进起拔手把,使钻杆插入夹持器,在夹持器前方人工拧上无岩芯钻头,准备钻进。

② 取芯开孔:

a. 抽出夹持器卡瓦,回转器后退到极限位置,在卡盘前方放入粗径取芯钻具(应使用短岩芯管);

b. 从回转器后端插入一根钻杆,与粗径钻具接头拧在一起,准备钻进。

(5) 下钻

① 将回转器翻转到一侧,抽出夹持器卡瓦,将小于 φ108 mm 的粗径钻具下孔内,用垫叉悬置在孔口管(施工下垂孔时),或顶在夹持器前端(施工上仰孔时);

② 使回转器复位,从回转器后端插入钻杆,将起下钻手把置于下钻位置,向前推给进起拔手把(即给进回转器)使钻杆穿过夹持器,与粗径钻具接头连在一起(手动或机动),然后装上夹持器卡瓦;

③ 搬动给进起拔手把,依靠回转器的往复移动将钻杆送入孔内,待钻杆尾端接近回转器主轴后端时停止送入;

④ 从回转器后端插入第二根钻杆,人工对上丝扣,后退回转器,正转马达(卡盘自动夹紧)拧好钻杆,重复③操作,送入第二根钻杆。如此循环往复,直到送完全部钻杆。

(6) 钻进

① 接上水龙头,开动泥浆泵,向孔内送入冲洗液。

② 待孔口见到返水后,根据具体情况调整回转速度进行加压或减压钻进:

a. 加压钻进:首先将给进压力调节至最小,让钻头慢慢推向孔底进行扫孔,扫孔完毕,逐渐增大钻进压力使达到规定值,开始正常钻进;

b. 减压钻进:钻进下垂孔时,若钻具重量超过钻头所需压力时,应作减压钻进,朝顺时针方向旋转背压手轮,减小背压,使钻具缓慢下移进行扫孔,待钻头接触孔底后,再继续减小背压,提高孔底压力到达规定值,开始正常钻进。

(7) 倒杆

① 减小孔底压力,停止给进,转换手把置于下钻位置,然后停止回转,打开截止阀,夹持器夹住钻具;

② 退回回转器;

③ 借助于给进,打开夹持器,关闭截止阀,然后重新开始钻进(操作同前)。

(8) 加杆(接长钻具)

① 减小孔底压力,停止给进和回转,打开截止阀;

② 停供冲洗液,卸下水龙头;

③ 接上加尺钻杆,再接上水龙头,退回回转器,打开夹持器,关闭截止阀,即可开始钻进。

(9) 停钻

① 减小孔底压力,停止给进和回转,打开截止阀;

② 将钻具提离孔底一定距离(参考起钻);

③ 停供冲洗液。

(10) 起钻

① 停供冲洗液,卸下水龙头;

② 将起下钻转换手把置于起钻位置,回转器马达排量调到最大;

③ 搬动给进起拔手把,拉出钻杆,待欲卸的接头露出夹持器 300 mm 左右时停止,反转马达拧开钻杆(注意:开始卸钻杆时回转器绝不能后退到极限位置,须留 70 mm 以上的后退余地,以便回转器能在卸扣过程中随着丝扣的脱开而自动后退,否则将会损坏机件或钻杆丝扣);

④ 前移回转器,使孔内钻具的尾端进入卡盘,同时取下已卸开的钻杆;

⑤ 拉出下一根钻杆,再按③、④操作。如此循环往复,直到拔出孔内全部钻杆,最后取出粗径钻具。

3.3　钻机操作安全与维护注意事项

3.3.1　操作安全注意事项

(1) 油管没有全部接好以前不允许试转电机。

(2) 孔内有钻具,除按规定程序卸钻杆外,绝不允许马达反转。

(3) 停止钻进时,要立即打开夹持器截止阀,夹住钻杆,确保安全。

（4）用马达反转卸开钻杆接头时,须留足卸扣长度。

（5）安装钻杆时,检查钻杆,应不堵塞、不弯曲、丝口未磨损,不合格的不得使用,接头连接应可靠,防止钻机工作时出现伤人事故。

（6）在钻进过程中要随时注意观察各压力表的读数变化,发现异常及时处理。

（7）所有施工人员工作服必须穿戴整洁,衣袖扎紧,施工现场整洁,无杂乱堆放物品。

3.3.2 钻机维护注意事项

（1）应尽量使用液压油;如果没有液压油而以相同黏度的机械油作代用品时,元件使用寿命将受影响。

（2）初次加油时,应认真清洗油箱,所加液压油必须用滤油机过滤。

（3）在井下不许随便打开油箱盖和拆卸液压元件,以免混入脏物。

（4）使用中应经常检查油面高低,发现油量不足即应通过空气滤清器加油。

（5）回油压力超过 0.6 MPa 应更换回油滤油器芯。

（6）定期检查液压油的污染和老化程度(可采用与新油相比较的方法)。如发现颜色暗黑混浊发臭(老化),或明显混浊呈乳白色(混入水分),则应全部更换。

（7）开动以前或连续工作一段时间以后,应注意检查油温。通常油温在 10 ℃以下时,要进行空负荷运转提高油温,超过 55 ℃则应使用冷却器。

（8）机身导轨表面应在每次起下钻前加润滑油一次,夹持器滑座应经常加注润滑油。

（9）使用泥浆时,要经常用清水冲洗卡盘四块卡瓦之间的缝隙。

（10）如作较长距离的搬迁,拆下油管后,所有的接头及油管接头均需用堵头封堵,且要盘绕整齐,以免运输过程中挂断。

（11）如装车运输,应将各部锁紧轴瓦松开,把机身下落到适当高度,然后锁紧轴瓦。

（12）在起重、装卸、运输过程中,应注意保护压力表、操作手把、手轮、外露油管接头、机身导轨、滤清器、冷却器等零部件。

（13）所有部件在搬运过程中,均不允许顺坡道滚放,也不能从水中通过。

第 4 章　煤矿井下钻探基本知识

4.1　概述

4.1.1　井下钻探主要用途

井下钻探就是在井下钻场使用钻机按照一定设计角度和方向钻孔,通过取出孔内的岩芯、岩屑,抽取水样或气体,孔内下入测试仪器等,以了解岩层、含水层水压、水量、水质,含气层气体成分及矿产构造等。这种工程称为井下钻探。

4.1.2　钻探施工流程

钻探工程主要施工流程为:按钻孔设计定孔位→平整、加固施工现场→安装钻探设备及附属设备→安装验收→开孔前的准备工作→开孔及下孔口管→换径→钻进→岩芯整理和保管→其他工作(下套管、校正孔深、简易水文观测)→终孔→钻孔验收→拆迁。

4.2　钻孔设计

4.2.1　钻孔参数

(1) 主要参数

井下钻孔参数主要有三个:钻孔方位、钻孔倾角及钻孔深度。钻孔参数的表示方法为:钻孔编号、钻孔方位、钻孔倾角及钻孔孔深的组合,如图 2-4-1 所示(由于钻孔布置平面图中方位一定,往往仅标明钻孔倾角与孔深两个要素),其次还有钻孔孔径等。钻孔设计中必须明确钻孔的三个参数,井下现场施工中才能根据设计进行钻孔参数的标定及施工工作。

(2) 钻孔其他参数

① 孔口位置。在井下进行重要钻探工程时,往往需要设计钻孔孔口(开孔)坐标,甚至钻孔终孔坐标(以 X 表示经线,Y 表示纬线,Z 表示海拔标高),以反映钻孔开始位置以及终止位置。对于井下大量施工的钻孔,往往只标明钻孔的位置,如 1# 钻孔孔口位于某某巷道下顺槽 5# 测量点前 21 m 迎头,距离左帮 1.5 m,距离顶板 1.6 m。

② 钻孔孔径。钻孔设计中应注明钻孔孔径,钻孔孔径主要根据钻头规格确定,从小到大为 75、91、110、130、150、170 mm 等。

4.2.2　钻孔倾角计算

(1) 垂直煤层走向钻孔的倾角、孔深计算

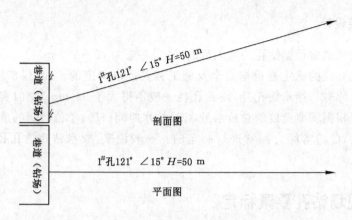

图 2-4-1　钻孔参数示意图

① 顺层施工钻孔倾角计算。顺层施工的钻孔倾角与地层倾角一致。

② 穿层施工钻孔倾角计算。垂直于煤层走向的钻孔倾角 β、孔深 H 等参数如图 2-4-2所示。

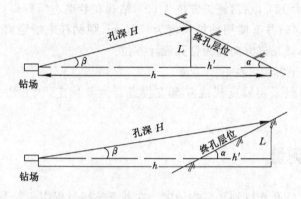

图 2-4-2　垂直煤层走向钻孔倾角、孔深计算参数图

（2）斜交煤层走向钻孔倾角、孔深计算

斜交煤层走向的钻孔倾角 β、孔深 H 等参数如图 2-4-3 所示。

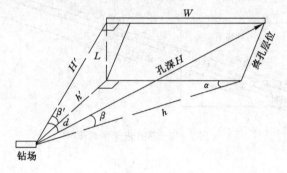

图 2-4-3　斜交煤层走向钻孔倾角、孔深计算参数图

4.2.3　钻孔孔径设计

普通钻孔直径通常根据钻孔的施工目的确定,一般为 75～120 mm。

探放水钻孔孔径的确定是根据安全及施工相关要求确定的。如《煤矿防治水细则》规定:"探放水钻孔除兼作堵水钻孔外,终孔孔径一般不得大于 94 mm"。但实际工作中疏放水钻孔的孔径是根据需要疏放的总放水量(Q)、放水时间(H)、单位时间的放水量(q)、放水地点的排水能力($Q_排$)等综合因素进行确定的。一般说来,放水钻孔的孔径以不超过 127 mm 为宜。

4.3　井下现场钻孔要素标定

(1) 钻孔方位井下标定

井下标定钻孔方位,一般采用以下几种方法:

① 仪器测量法。即使用测量仪器标定钻孔方向,精度高。

② 三角函数法。在施工现场使用测量仪器受限制时使用本方法。

例如:钻孔方位为 121°,巷道施工方位为 92°,钻孔在巷道右帮开口,则钻孔与巷道的夹角为 29°,sin 29°=0.48;井下使用钻杆长度为 0.76 m,则钻杆末端距离巷道右帮的距离为 0.76×0.48=0.36 m,该钻进方向即为钻孔设计方位。

(2) 钻孔倾角井下标定方法

井下钻孔倾角一般采用坡度规或罗盘直接进行测量标定,该方法方便、便捷,且易于操作。

4.4　钻孔孔深测量

钻孔孔深是指从钻孔孔口到孔底的长度。在井下钻探过程中一般采用进尺(钻杆长度)标明钻孔深度,钻孔进尺可分为钻孔总进尺、残尺和净进尺三类,如图 2-4-4 所示。净进尺(孔深)就是总进尺与残尺的差值。

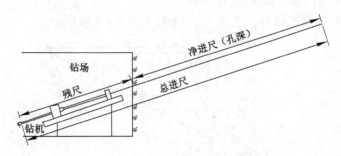

图 2-4-4　钻孔进尺示意图

(1) 总进尺

总进尺是指从安装到钻机上的最后一根钻杆到钻孔孔底第一根钻杆长度之和。

(2) 残尺

残尺是指从安装到钻机上的最后一根钻杆到钻孔孔口的长度。

（3）净进尺（孔深）

净进尺，也就是孔深，是指从钻孔孔口到孔底所有钻杆的长度。

三种进尺主要是井下现场用来记录加减钻杆情况，方便原始记录填写，是考核各施工小组（班）钻进情况的依据。

4.5　钻进方法

4.5.1　钻进方法分类

（1）按机械碎岩方式划分，有回转钻探、冲击钻探、冲击回转钻探等。

（2）按碎岩工具或磨料划分，有钢粒钻探、硬质合金钻探、金刚石钻探、复合片钻探、牙轮钻头钻探等。

（3）按获取岩芯的方式划分，有提钻取芯、绳索取芯、反循环连续取芯取样等。

（4）按冲洗液类型划分，有清水钻探、泥浆钻探、空气钻探等。

（5）按冲洗液循环方式划分，有正循环钻探、反循环钻探、孔底局部反循环钻探等。

此外还有一些特殊的方法，如井底动力驱动钻探、定向钻探等，也可以是上述方法的组合。

4.5.2　确定钻探方法的基本原则

（1）应满足钻探设计确定的施工目的。

（2）在适应钻进地层特点的基础上，优先采用先进的钻探方法。

（3）以高效、低耗、安全、环保为目标，保证钻探质量、降低劳动强度，争取好的经济效益。

（4）适应施工地点的环境条件。

4.5.3　钻探方法的选择

针对主要岩层特点，依据岩石硬度、研磨性及完整程度，结合口径、钻孔深度等，选定钻探方法。6 级以下岩石可选用硬质合金钻进方法，7 级以上岩石应以金刚石钻进方法为主，金刚石复合片及聚晶金刚石钻进适用于 4～7 级、部分 8 级岩石。煤矿井下钻探机械碎岩方式一般选择回转钻探。

4.5.4　金刚石钻进

1963 年我国研制成了表镶天然金刚石钻头，1972 年研制成了人造金刚石钻头，如今，金刚石钻进技术已推广到全国各行业的矿山勘探中。实践证明，金刚石钻进相比其他钻进方法有许多优越性，它具有钻进效率高、钻探质量好、孔内事故少、钢材消耗少、成本低及应用范围广等特点。

金刚石钻进与其他钻进方法一样，在正确选择钻头的情况下，其钻进效率取决于钻进规程参数，即钻压、转速、泵量、泵压。

（1）钻压

金刚石钻进中，钻压既要保证金刚石能有效地切入岩石，又要保证不超过每颗金刚石的允许承载能力，即作用于钻头上的钻压，应使每粒工作的金刚石与岩石的接触压力既要大于岩石的抗压入强度，又要小于金刚石本身的抗压强度。这里所说的钻压是指纯加在钻头上的力，至于冲洗液对钻具的浮力、水压反作用力以及钻具摩擦阻力等应在确定机械给进压力时加以考虑。正常钻进的钻压，在实际施工中应根据具体情况进行调节。

① 岩石完整、硬度高、中等研磨性，宜采用大钻压；岩石较软、研磨性强、裂隙发育、破碎、不均质等，应采用小钻压。

② 金刚石晶形完整、椭圆化、抛光处理的，可采用大钻压；晶形有缺陷、品级低的应选用小钻压。同样浓度的钻头，金刚石颗粒大的用小钻压，颗粒小的用大钻压。

③ 新钻头下孔，其唇部形状与孔底形状不适应，其钻压需减轻到正常钻压的 $1/4 \sim 1/5$，经过一段时间磨合后，再增大到正常钻压。

④ 在钻孔弯曲、超径的情况下，钻压要适当降低。

⑤ 孔内发生异常，如泵压升高、转矩增大等现象发生时，都应减小钻压观察。

⑥ 钻压要与钻头转速相配合，一般情况下，转速较高时，钻压则须适当降低。钻进中，钻压应保持平稳，不得大幅度调节。钻速降低时，不许盲目地超额加压。

（2）转速

金刚石钻进中，钻头转速是决定钻进效率的重要参数之一，在一定条件下，转速愈高，则钻速也愈高。由于机械钻速是随转速呈直线变化的，因此，在容许范围内尽量采用高转速钻进。但是，在钻压不变的情况下，转速升高到一定限度时，钻速有不再增长的趋势，这是由于金刚石在激烈摩擦中损坏所致，所以，转速要与钻压配合运用，即转速升高到一定限度时，势必要降低钻压。

① 孕镶钻头的金刚石颗粒细小，切入岩石浅，只有靠单位时间内进行多次破碎才能获得高效钻进，因此，要求转速更高。以圆周线速度计，一般为 $1.5 \sim 3.0$ m/s。

② 表镶钻头因为金刚石出刃大，受到振动易损伤，所以转速应该相对较低，圆周线速度为 $1 \sim 2$ m/s。

③ 若岩层完整、质均或较软，可选用高转速；若岩层破碎，层理发育或较硬，宜选用低转速。

④ 若钻头质量好，金刚石品级高，宜采用高转速；若钻头质劣，金刚石品级低，宜采用低转速。此外，调节转速还要考虑到金刚石的粒度，颗粒小选高转速，颗粒大选低转速。

⑤ 新钻头下孔，须用低速试钻数分钟，无异状后，再转入正常转速。

⑥ 正常钻进中，如发现孔内有异常响声、激烈振动或转矩增大等现象时，则须立即降低转速仔细观察。

⑦ 当级配不合理（孔径与钻杆直径差值大）、钻孔弯曲等时，都不能用高转速。

（3）泵量

① 冲洗的意义。

金刚石在破碎岩石过程中，沿着移动方向的功消耗于破碎岩石和克服摩擦上。试验证明，消耗在摩擦上的功是很大的。摩擦功转化为热能可使金刚石强度降低、石墨化而导致早期磨损。按能量转换计算，钻进中在正常钻压、转速情况下，如断绝冷却 2 min，钻头便烧毁。因此,金刚石钻进时必须充分冷却钻头。

钻进中的钻头,其工作面下的间隙很小,金刚石前面的岩石颗粒被压皱凸起的岩石抬起,对胎体进行削蚀,部分岩屑颗粒被挤压在金刚石下遭到重复破碎,无益地磨损金刚石。被挤压的岩粉还会垫起钻头,阻碍其破碎岩石,这就需要强大的冲洗液把岩粉及时带走,并排出孔外。

此外,高速回转的钻具与孔壁激烈摩擦,其摩擦阻力是很大的,这也需要冲洗液来润滑。

② 冲洗液量的确定。

金刚石钻进的冲洗液量应从以下三方面来考虑:一是保证钻头充分冷却;二是保证把岩粉从钻头下带走,三是把岩粉排出孔外。冲洗液从钻头底面下流出,其中,从唇面、岩石面之间间隙流过者,因阻力大,流速低,称为"缓流";从水口流出者,因阻力小,流速高,故称之为"急流"。表镶钻头唇面、岩石面间的间隙较大,缓流冲洗液能够直接起冷却、排粉作用。孕镶钻头,唇面、岩石面之间间隙小,缓流水几乎不能起冷却、排粉作用,这种情况下,金刚石的冷却主要靠急流冲洗液,岩粉也靠急流水排除。

在实际应用中要根据具体情况进行调节。如钻速高、岩石粗糙或研磨性强等,应采用大泵量;反之应采用小泵量。此外,泵量还要随着钻孔的延伸适当增加,泵量大,对冷却钻头、清除岩粉都是有益的,但泵量太大,泵压势必升高,会促使钻压降低。高速液流有时对孔壁有冲刷作用,并对不稳定地层会加剧其恶化。

经验证明,金刚石钻进对冲洗液量的要求并不是太苛刻,但是必须保证不断供应,钻进中不允许有片刻停水及钻杆接头严密不漏水,确保泥浆泵工作良好,一般不用分流方式调节泵量。

(4) 泵压

钻进中,要时刻地注意泵压的变化,如发现泵压突然降低,可以判断为冲洗液在输送途中漏失,没有送到孔底,或泥浆泵出现故障;如泵压突然升高,可以判断为水路堵塞,冲洗液流动不畅。这些现象出现,都对冷却排粉不利,须停钻检查,不许勉强钻进。

4.5.5　金刚石钻进操作技术要求

(1) 下钻

① 下钻时,操作人员对孔内情况要做到心中有数,钻头通过套管口或换径处、破碎处等应放慢下降速度。下钻遇阻,不准猛冲硬蹾,可用管钳慢慢回转钻具,无效时应立即提钻,采用其他方法处理。

② 每次下钻,不得将钻具直接下到孔底,距孔底约 1 m 时,应接上水龙头开泵送水,等孔口返水后,轻压慢转扫孔到底,正常后可按要求参数钻进。

(2) 钻进

① 一个钻进回次宜由一人操作,操作者应精力集中,随时注意和认真观察钻速、孔口返水量、泵压及动力机声响或仪表数值等变化,发现异常,立即处理。

② 岩层变化时,应调整钻进技术参数。岩层由硬变软时,进尺速度过快,应减小钻压,岩层由软变硬,钻速变慢时,不得任意增大压力,以免损坏钻头。在非均质岩层中钻进,应控制钻速。

③ 钻进中发现岩芯轻微堵塞时,可调整钻压、转速,处理无效应及时提钻。正常钻进

时,不应随意提动钻具。

4.5.6　合金钻进

硬质合金钻进碎岩的机理是钻头在钻压的作用下,硬质合金切削、刮削岩石。硬质合金钻进适用于岩石可钻性为Ⅱ～Ⅶ级。

硬质合金钻进是钻头上的切削具在轴心压力和回转力的作用下,压入并剪切岩石,使岩石破碎,再经冲洗液将被破碎岩石的岩粉颗粒冲洗上来。切削破碎岩石时,要同时克服岩石抗压入阻力和剪切强度,因此,每颗切削具上的压力超过岩石的抗压入阻力,才能使切削具切入岩石一定深度。切削具切入岩石的深度越大,破碎岩石的效果越好。不同的岩石,切削具切入岩石的深度是不相同的。另外,切削具剪切岩石的次数越多,破碎岩石的速度也越快。因此,硬质合金钻进中,要有一定的钻压和转速。

硬质合金钻进优点:

(1)钻进时,钻头工作平稳,振动较小。岩芯比较光滑、完整、采取率高。容易控制钻孔弯曲,提高工程质量。

(2)根据不同的岩性,可以灵活地改变钻头结构。在软和中硬岩石中钻进,具有相当高的钻进效率。

(3)操作简单方便,钻进规程、参数容易控制,孔内事故少。

(4)钻头镶焊工艺简单,修磨方便,钻探成本低。

(5)应用范围不受孔深、孔径、孔向的限制。

4.5.7　硬质合金钻进注意事项

(1)硬质合金钻头的规格要符合设计要求。钻头上的合金应镶嵌牢固,不允许用金属锤直接敲击合金,超出外出刃的焊料应予清除,出刃要一致。钻头切削具磨钝、崩刃、水口减小时,应进行修磨。

(2)新钻头下孔时,应在距孔底 0.5～1 m 以上慢转扫孔到底,逐渐调整到正常钻进参数。

(3)孔内脱落岩芯或残留岩芯在 0.5 m 以上时,应用旧钻头处理。

(4)下钻中途遇阻,不要猛蹾,可用自由钳扭动钻杆或开钻试扫。

(5)拧卸钻头时,严防钳牙咬伤硬质合金、合金胎块,或夹扁钻头体。卸扣时不准用大锤敲击钻头。

(6)钻进中不得无故提动钻具,要保持压力均匀,不允许随意增大钻压。倒杆后开钻时,应降低钻压。发现孔内有异常,如糊钻、憋泵或岩芯堵塞时,处理无效应立即提钻。

(7)取芯时要选择合适的卡料或卡簧。投入卡料后应冲孔一段时间,待卡料到达钻头部位后再开钻。采芯时,不应频繁提动钻具。当采用干钻取芯时,干钻时间不得超过 2 min。

(8)保持孔内清洁。孔底有硬质合金碎片时,应捞净或磨灭。

(9)使用肋骨钻头或刮刀钻头钻进时,应及时扫孔修孔。

(10)合理掌握回次进尺长度,每次提钻后,应检查钻头磨损情况,调整下一回次的技术参数。

4.6　高压含水层钻进

4.6.1　钻孔施工技术要求

（1）提前编制单孔设计，并编制安全技术措施，经矿总工程师组织有关人员审批后实施。根据实际情况变化，及时调整方案。

高压含水层钻孔一般用 $\phi146$ mm 钻头开孔，下入 $\phi127$ mm（长度以设计为准，一般不小于 10 m）的无缝钢管作为一级套管，然后换用 $\phi110$ mm 钻头钻进，揭露含水层前，下入 $\phi108$ mm 的无缝钢管作为二级套管，最后换用 $\phi75$ mm 钻头钻进，终孔直径一般不小于 $\phi75$ mm。

（2）必须严格按照标定的钻孔方位、倾角施工，不得随意改动，如因现场施工条件受限需要变动时，必须经总工程师同意后方可变动，同时根据现场情况编制单孔设计。

（3）水压较大时，为确保施工人员的安全，钻孔必须使用防喷、孔口钻杆卡持器等防喷反压装置，以免钻具被水顶出伤人。

（4）钻孔套管封固质量必须进行耐压试验检验，合格后即在二级管上安装规格为 $\phi100$ mm 的高压水门，不合格必须重封，直至合格为止。耐压试验的压力、持续耐压时间、水门的最大抗压能力等技术指标要符合《煤矿防治水规定》的相关规定要求。

（5）钻孔施工应选取一定数量钻孔全孔取芯，便于分析区域水文地质变化情况，以获取更多的地质资料。所取岩芯必须置入岩芯箱内，摆放整齐，填好回次票，保存到终孔验收。其余钻孔不取芯，以加快施工速度，防止发生孔内事故。

（6）所有施工地点都应具备自然泄水条件，以免出水堵人。

（7）认真做好现场小班记录，记录要符合"及时、准确、完整、清晰"的要求。准确记录各含水层的初始水量、最大水量、稳定水量和水压、岩层层位、名称、换层深度、进入含水层前有无"导高"、进入含水层后岩溶发育程度、位置等简易水文观测记录，以便于收集、分析资料。

（8）每孔结束后要由地测技术人员组织有关人员进行验收，并填写竣工验收单。

4.6.2　套管封固

套管封固是否合格直接关系到高压含水层钻孔的安全施工，套管封固不但要把套管与围岩牢固地胶结在一起，而且要把钻孔周围的裂隙进行严密封堵，只有这样才能保证打压试验合格。

（1）下管工艺

① 冲孔。冲孔就是用清水冲洗钻孔。方法是把前端带破碎钻头的钻杆下到孔底，用泥浆泵向孔内压清水，直到孔内出清水为止。

② 试孔。试孔就是用一根与套管同直径的加长岩芯管（一般大于 4 m）慢慢下到孔底试一试，看是否通畅，再确定能否下套管。如有破碎段卡孔严重时需注浆加固，直到试孔正常后方可下套管。

③ 排管及整理丝扣。排管就是挑选准备下到孔内的套管，按照先后顺序排列在一起。套管总长等于设计长度加 10～20 cm（套管外露部分）。整理丝扣一是修整套管丝扣在加工

和运输过程中形成的缺陷,如内陷或外突、毛刺等;二是公母丝扣适配,不得出现过紧或过松现象,防止下套管过程中发生脱扣跑管事故。

④ 下套管。下套管就是把套管按照预先排好的顺序依次下到钻孔内。在下套管过程中,要把套管公扣缠上棉线或麻、抹上铅油,拧紧丝扣,确保套管不渗水。下套管时如遇阻力较大,不得强拉硬压,防止发生脱扣或套管弯曲,一般采用将钻杆带破碎钻头下到卡阻处,用钻机破碎岩块,并用泥浆泵压水冲洗钻孔,同时使用管钳转动套管,使其慢慢下移,直到将套管下到设计位置。

(2) 套管封固

① 一级管(孔口管)封固

一级管封固套管时,一般采用单液水泥浆,注浆时,水泥浆浓度由稀到浓,水泥浆浓度(比重)一般 1.3~1.6,视注浆情况、压力情况及时进行调整,确保注浆的连续性,若出现跑浆现象时,可采用间歇式注浆。为缩短水泥凝固时间亦可在水泥浆中加入适量水玻璃。注浆结束后,注浆泵以浓浆封孔。

如遇到钻孔渗水情况,先将孔口管插入孔内后,在孔口用水玻璃和水泥将孔口管固定并封死,在管的上方另留一个小管,而后从孔口管内向四周压入水泥浆,开始从小管跑出空气和水,待跑出浓水泥浆时即将小管封死,继续向孔口管内压入水泥浆,至一定压力后停止注浆,关闭孔口管闸阀,待水泥浆凝固(见图 2-4-5)。如周围跑浆严重,可在水泥浆内加入适量水玻璃缩短初凝时间,从而封堵渗水。

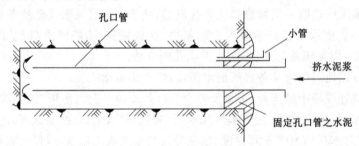

图 2-4-5　孔口管封固示意图

② 二级管反循环注浆封固

封固二级管时,一般采用如图 2-4-6 所示反循环注浆方式进行注浆固定套管。水泥浆使用单液浆,比重 1.3~1.7,先稀后浓。注浆时,水泥浆从一级套管上的注浆管注入两级套管间隙,待孔口返浆后,将二级管返浆阀门关闭,用浓浆继续注浆,注浆泵达到一定压力后停注,关闭注浆管阀门。

采用反循环注浆方式封固二级套管,套管间隙封固更密实,耐压试验合格率高;若封固上仰钻孔可直接采用浓浆,孔口见浆即停,可大大节约水泥使用量。

③ 二级管正循环注浆封固

使用如图 2-4-7 所示方式封固二级套管为正循环注浆。水泥浆先稀后浓,从二级管内注入,水泥浆到达孔底后沿两级套管间隙上行,待返浆小管见浓浆后,关闭返浆管上的阀门,注浆泵达到一定压力后停注,关闭注浆阀门。

采用正循环注浆方式,必须捞净孔内岩粉,否则岩粉会被冲入管壁间隙,影响封固质量;

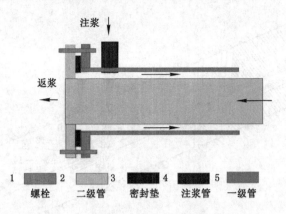

图 2-4-6　反循环注浆封固二级管示意图

注浆期间需不断打开返浆阀门放气,不然上部会形成大量气泡,影响封固质量;下斜钻孔注浆前孔内有水,会稀释水泥浆,注浆时放浆量大,易造成水泥浪费;上仰钻孔需灌满二级管,水泥消耗量大。因此,此方法多为试压不合格补注时应用。

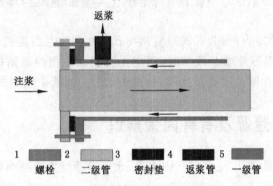

图 2-4-7　正循环注浆封固二级管示意图

（3）套管打压实验

水泥浆固结一般不小于 48 h 后扫孔,对于一般的注浆钻孔,实际操作中都采用加入适量水玻璃,可将水泥浆凝固时间缩短到 8 h 以内。首先扫孔至正常岩石,然后用泵注清水进行耐压试验。注水压力也应大于目标压力的 2.5～3 倍,以孔口周围不渗水且稳压大于 30 min 为合格;否则,要重新注浆,再次进行耐压试验,直至合格为止。

4.6.3　防喷措施

对水压高于 1.0 MPa 且水量较大的积水或强含水层进行探放水时,孔口应安装防喷逆止阀,以免高压水顶出钻杆,喷出碎石伤人,如图 2-4-8 所示。

安装防喷逆止阀时应注意以下事项:

① 防喷立柱必须切实打牢,它与防喷挡水板用螺钉固定,挡水板上留有钻杆通过的圆孔;

② 逆止阀固定盘与挡板用固定螺钉连接;

③ 在打倾斜孔时,逆止阀固定盘与挡板之间有不同的夹角,可用木楔夹紧,打水平孔时

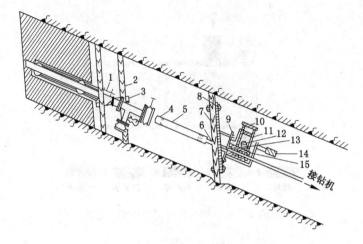

图 2-4-8　防喷逆止阀安装示意图

1——孔口管加压螺栓；2——孔口立柱；3——固定管卡；4——钻头；5——岩芯管；
6——ϕ42 mm 钻杆；7——防喷立柱；8——挡水板；9——逆止阀固定盘；10——弹簧架；
11——弹簧；12——轮轴；13——偏心轮；14——制动手把；15——制动卡瓦

二者重叠(夹角为零)固定，打垂直孔时可直接与孔口水门法兰盘连接；

④ 孔内遇高压水强烈外喷并顶钻时，用逆止阀制动手把控制钻杆徐徐退出拆卸，当岩芯管离开孔口闸阀后，立即关闭孔口闸阀，让高压水沿三通泄水阀喷向安全地点。

4.7　钻探施工危险源及有害因素辨识

（1）煤岩松动、片帮、来压见水或孔内水量、水压突然增大或减小以及顶钻时，拔出钻杆易造成透水伤人事故。

（2）吊链、钢丝绳等吊运工具不完整或质量不合格，移钻机时易发生工具断裂，造成钻机伤人。

（3）在斜坡处进行移钻机作业时，钻机下方、两侧站人，易造成钻机滑落伤人。

（4）机器运转时接触机械运转部位，易绞伤人员。

（5）利用工具安、卸钻杆时，无专人看护钻机启动按钮，误操作易造成钻机伤人。

（6）钻机施工时，严禁后方站人，以防止打钻时喷孔伤人。

（7）钻机固定不牢，易导致钻机倾倒伤人。

（8）延伸或退出钻杆时配合不协调，易造成钻杆碰伤人员事故。

第 5 章　井下钻孔事故预防与处理方法

5.1　孔内事故的危害及预防事故的意义

在钻孔施工过程中，由于种种原因，常常发生各种孔内故障而中断正常钻进，通常把这些故障统称为孔内事故。它首先耽误钻探进尺，推迟施工进度，影响地质资料和报告的提交。如果孔内事故处理不当，还会报废钻探工作量和管材，使钻探成本提高，严重时，还会损坏机器设备，造成人身伤亡事故等严重后果。孔内事故的发生，一般有主观和客观两个方面的因素。

（1）主观因素：主要指操作人员技术不熟练，技术措施不当以及违章作业等。例如，修理泥浆泵时，未将钻具提离孔底一定高度，就容易发生埋钻和夹钻事故等。

（2）客观因素：主要指地质条件复杂和设备、管材质量不好等。例如，岩石节理裂隙发育、涌水等情况，会使钻孔坍塌、掉块和出现探头石；高岭土、绿泥石等塑性岩石常常遇水膨胀而使钻孔缩径；钻探设备、管材质量不好，也常常容易造成孔内事故。

孔内事故是提高钻进效率，保证工程质量、安全施工和降低钻探成本的大敌。应积极贯彻"预防为主，处理为辅"的方针，把事故杜绝于发生之前。实践证明，只要思想重视，严格遵守操作规程和采取有效的预防措施，就能把孔内事故发生率降至最低，甚至完全杜绝孔内事故。

5.2　孔内事故的分类

孔内事故可分人为的和自然的两类。实际上，绝大多数事故的发生都与人为因素有关，纯自然事故是比较少见的。

人为事故，指事故发生的主要原因是操作者没有严格按钻探操作规程作业，没有根据钻探的具体情况采取相应的技术措施而造成的事故。例如，钻具折断、烧钻、岩粉埋钻等事故，都属于人为的。

自然事故，主要指有地质条件等客观因素而造成的事故。这种客观因素，或者是我们事先无法掌握，或者即使我们事先掌握了，采取的相应措施很难收效而难以避免事故。例如，严重孔壁坍塌引起的埋钻事故，严重破碎地层引起的掉块挤夹事故等，都属于自然事故。

根据孔内事故发生的具体原因及现象，其可分为如下几种类型。

（1）埋钻事故；

（2）烧钻事故；

（3）挤夹、卡钻事故；

（4）钻具折断、脱落和跑钻事故；

（5）工具、物件落入事故；

（6）套管事故。

5.3 处理孔内事故的步骤

孔内事故发生在钻孔中，眼睛不能直接观察，手又不能直接接触，只能靠间接标志去判断事故的情况，靠专用工具去处理孔内事故。如果判断准确，选用的方法合适，处理工具恰当，则很快即可排除孔内事故而恢复正常施工。否则，如果孔内事故处理不当，可能出现双重事故，使事故进一步恶化。孔内事故处理的基本步骤是：

（1）事故发生后原因、过程、状态要分析清。

① 事故部位要清。事故发生后，要根据机上余尺或提出来的断头钻具，精确计算事故部位的孔深，确定打捞钻具的长度。

② 事故头要清。根据提出孔外的钻具和其他有关的标志，弄清事故头是钻具的哪一部分，口径多大，损坏变形的程度如何，必要时可以采用打印法查明，以确定处理方法和打捞工具。

③ 孔内情况要清。弄清发生事故钻具的结构（规格、种类、数量），钻孔结构，孔内岩石性质，孔壁稳定程度，岩粉和钻粉多少，有无暗管和其他残留物以及事故发生过程和起初的征兆（如冲洗液循环情况、钻具回转阻力、动力机声音变化、操作者的感觉等），这些都是判断事故情节和确定处理方法及步骤的重要依据。

（2）处理事前准备要充分。

① 弄清上述情况后，发动群众，发扬技术民主，开好事故分析会，认真分析研究事故发生情况、事故性质、事故原因，慎重制定事故的处理方法、步骤和安全措施。

② 根据处理方法与步骤，慎重地选择和检查打捞工具。

（3）处理事故中要做到快、稳、准、勤。

① 处理事故的方案和方法确定以后，组织工作要迅速落实，处理事故作业的动作要快，操作要稳、准，不要忙乱和蛮干。总之，要抓紧时间，及时排除，避免事故恶化。

② 勤了解和分析事故的实际变化情况。在实践中验证原来所制定的方案是否正确，根据事故情节的变化，适当修改处理方案。

③ 所用打捞工具和处理中的各种情况，应立即填入报表，并准确如实交接清楚。

（4）事故排除后，应详细讨论造成事故的原因，总结经验，吸取教训，以防止类似事故再次发生。

5.4 处理孔内事故的基本技术

孔内事故的具体处理方法，主要根据事故的具体情况来确定。由于事故的性质、类型、情节以及当时各方面的条件都是各不相同的，所采用的处理方法也不一样。常用的基本方法和工具，归纳起来，可以分为以下几种。

（1）捞

　　用各种类型的丝锥和捞管器打捞孔内事故钻具。

　　用丝锥打捞,是借助自身硬度大的丝扣,对孔内钻具的断头重新套扣,并与其接合而打捞上来。在一般情况下,用正丝钻杆和正丝丝锥打捞折断或脱落事故钻具。在处理卡钻、夹钻、埋钻、烧钻等引起的折断和脱落时,如果事故钻具提升阻力很大,不易提拔,则应采用反丝钻杆和反丝丝锥捞取。丝锥分公锥和母锥两种类型。打捞钻杆及其接头时,根据不同情况可用公锥或母锥。打捞套管、岩芯管时只能用公锥。常用的丝锥如图 2-5-1 所示。

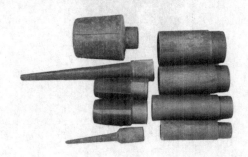

图 2-5-1　常见丝锥

　　用丝锥进行打捞时,必须注意检查与事故钻具是否吻合;本身有无伤裂缺陷;连接用的钻杆和接头是否坚固。不合格者严禁使用。

　　打捞其他事故物件,如断脱在孔内的电缆、钢丝绳、工具等,则采用捞矛、抓筒、磁铁打捞器或其他专用打捞工具。

　　(2) 提

　　用丝锥或其他打捞工具对上事故钻具后,一般用钻机提拉,即可将事故钻具提出孔外。

　　发生卡钻、埋钻、夹钻等事故时,都要先用钻机提拉。用钻机提拉时,用力不要过猛,要逐渐积蓄力量,在提升设备的安全负荷允许范围内进行有效的提拉。提拉事故钻具时,有时不仅要向上提拉,当提拉到一定高度后,还可靠钻具自重向下回送,这样反复串动,决不能死拉。发生掉块或掉物件卡钻时,事故钻具往往有一定活动距离,即可用此法将事故钻具逐渐提出孔口。

　　(3) 扫

　　事故钻具在孔内某孔段遇阻,超出这孔段就不能提升或下降,但钻具能够回转或上下活动。遇此情况,可开钻回转钻具,向上或向下扫,把挤夹物扫碎或挤入孔壁,使事故钻具能够顺利提升或下降。

　　(4) 冲

　　用冲洗液冲洗事故钻具上部或周围的障碍物。当发生埋钻和夹钻事故时,如用钻机起拔无效,可用增加冲洗液量进行强力冲孔的办法排除埋挤的障碍物。一般不太严重的埋钻和夹钻事故,经强力冲洗后,再进行起拔,即可排除。所以发生孔内事故后,不要停止冲洗液循环,已经中断循环的应当尽可能地恢复循环。

　　(5) 打

　　用吊锤(见图 2-5-2)或震动器,冲击和震动卡钻事故钻具,消除或减少事故钻具周围的挤压力,以使事故钻具松动或上下串动进而解卡。此法一般用于浅孔或中深孔浅部的掉块或钢粒挤夹事故。

冲打钻具,有向上打或向下打两种。当钻具在孔底被挤夹时,必须向上打;钻具悬空挤夹时,应向下打。向上打时,应将钻具用钻机拉紧,以增加冲击效果。

图 2-5-2　吊锤

(6) 顶

用千斤顶起拔事故钻具。千斤顶起拔的能力比钻机的大得多。该法适用于阻力较大的卡钻、挤夹钻和烧钻事故。

用千斤顶起拔时一种静力作用,顶时不要用力过猛,上顶速度不宜过快,以免事故钻具顶断而造成插钎,使事故复杂化。因此,每顶起 100~200 mm,应停顿一下,缓慢地增加力量,使作用力充分传到孔底事故钻具上。

钻探常用的千斤顶有螺旋千斤顶和油压千斤顶两种。螺旋千斤顶时利用丝杠旋转的力量强力起拔事故钻具,油压千斤顶是运用油泵、油缸,利用油压起拔。油压千斤顶具有劳动强度低,操作安全可靠,起拔力大等特点。

以上处理事故的方法,都是力图将事故钻具完整地由孔内提出,但在某些情况下,往往很难做到一次将事故钻具完全提出钻孔,常常需要分段处理。此时可用下述几种方法排除。

(1) 反

通过粗径钻具上部的反事故接头或采用反丝钻杆和反丝丝锥,将事故钻具分若干段分次从孔内反取上来。反取了全部钻杆,就给进一步处理下部粗径钻具创造了有利条件。如果粗径钻具上面埋挤的障碍物较多,还需用特质的导向钻具进行"冲"、"扫",减轻对事故钻具的挤夹;尤其是反取带有取粉管和短钻杆的粗径钻具,往往阻力较大,应采取措施减少阻力。

(2) 扩

孔内事故钻进经反取处理以后,只剩下短钻杆和粗径钻具,且周围挤夹力较大时,可用大一级岩芯管连接只有外刃和底刃的薄壁硬质合金钻头进行扩孔套取,如图 2-5-3 所示。一般情况下,扩孔到底后,事故钻具可随扩孔岩芯管一起被带上来;若带不上来可用丝锥捞取。

(3) 劈

用环状切铁钻头劈开事故岩芯管和钻头,如图 2-5-4 所示。然后用岩芯管套取或用抓筒取残片。

劈比磨处理得快,但劈时要特别注意,每次要按原劈口延续下去,此法副作用大,应当慎用。

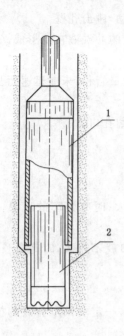

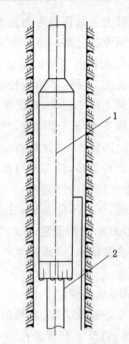

图 2-5-3　扩孔套取事故钻具　　　　　　图 2-5-4　劈割事故钻具
1——扩孔钻具；2——事故钻具　　　　　1——劈割钻具；2——事故钻具

（4）磨

用特质的切铁钻头，将事故钻具从上到下像车刀切削工件一样全部磨完。

5.5　埋钻事故预防与处理方法

钻具在孔内被岩粉、钻粉沉埋或被孔壁坍塌物、流砂等埋住，不能转动，不能提升，也不能通水时，称为埋钻事故。

埋钻事故往往发生在孔底，陷埋物不仅填盖在钻具上部，而且填满在钻具周围，如图 2-5-5 所示。单纯的埋钻事故较少，多因其他钻具事故，处理时间较长而引起埋钻事故，其中钻粉事故的情节较为严重。

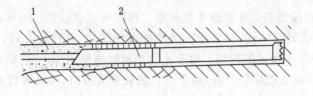

图 2-5-5　埋钻示意图
1——填埋物；2——事故钻具

（1）埋钻事故的原因

① 孔壁垮塌。岩层本身松散破碎、胶结薄弱。例如，严重的风化层、松软的煤层、流砂层等，钻孔穿过这些岩层时又未采取有效的护壁措施，造成孔壁垮塌。

② 钻压过大。钻杆呈弯曲状态,转动后发生剧烈振动,碰击孔壁。

③ 冲洗液流速过高。将孔壁冲毁后,钻孔超径,上升的冲洗液在此形成涡流,对孔壁产生严重冲刷,引起松散岩层的塌陷。

④ 岩粉沉淀。所钻的岩石松软,进尺速度快,产生大量岩粉,未能迅速而及时地排除。

⑤ 泥浆泵工作不正常,排出的冲洗液量不足。

⑥ 钻杆接头部分漏水严重,冲洗液未到达孔底即返回孔口。

⑦ 停泵时间较长,而钻具有未提离至安全孔段。

⑧ 孔内岩粉很多,没有专门捞渣。

（2）发生埋钻前的征兆

① 埋钻前,下钻不能到底,钻进中钻具回转阻力增大;时有蹩车的现象,提动、回转钻具,阻力略微减轻,但接着阻力又增大。

② 开始有些堵水,继而产生严重蹩泵现象,随着孔口就不返水,时间愈长,事故情节愈恶化。

（3）埋钻事故的预防

① 钻孔穿过松散破碎、容易坍塌的岩层或流砂层时,一定要采取有效的护壁措施。必要时水泥固壁,直至下套管护孔。

② 使用泥浆时,要加强泥浆管理,应经常检查泥浆的性能指标,必要时要进行性能调整。污染后要及时更换新鲜泥浆,循环槽、水源箱、沉淀箱等应经常清理。

③ 保持泥浆泵有足够的泵量、泵压。当泵量、泵压不足时,不能凑合钻进。钻进中应避免冲洗液循环中断,尤其是钻进砂层、松软岩层更应特别注意。提钻前,应先冲孔,使孔内岩粉排除干净,待提出机上钻杆后,方能停泵。

④ 钻具在孔内时不能停止冲洗液循环。因故修理泥浆泵时,必须把钻具提至安全孔段。

⑤ 在孔底岩粉较多的情况下,每次下钻距孔底有一定距离时,即应开泵,边冲洗边扫孔,切忌一次下到底。

⑥ 处理其他事故时,防止同时发生埋钻事故。当发生卡钻、跑钻、断钻杆等事故时,如果冲洗液尚能循环,千万不要立即停泵,而应首先冲孔,再进行处理。若冲洗液不能循环,应加速排除上述事故,以免钻具在孔内放置过久而埋陷。

（4）埋钻事故的处理

埋钻事故用强拉硬顶的方法往往不能收效。排除这类事故往往采取以下措施:

① 首先进行强力开泵冲孔,以求用冲洗液冲散坍塌物,并排出孔外。在强力开泵情况下串动钻具,并逐步扩大串动的范围。对于不太严重的埋钻事故。这样处理往往可以排除。

② 若填埋很厚,其程度比较严重,经上述方法处理无效时,可将填埋物以上的钻杆反上来,然后下入同径钻具送水钻进。待将填埋物钻掉,并冲洗干净用丝锥捞取事故钻具。

③ 如钻具捞取不动时,可把岩芯管、异径接头以上的钻杆全部反回,再用透空的方法处理。

④ 经以上方法处理仍不收效。最后只有采取割、磨的方法处理。若条件允许,亦可换小一级的孔径钻进。

5.6　烧钻事故预防与处理方法

在钻进过程中由于孔底冲洗液不足,钻头冷却不良,岩粉排除不畅,钻头与孔壁、岩芯和岩粉摩擦产生高热,使钻头、孔壁岩层、岩芯烧结为一体。此时冲洗液循环中止,钻具不能回转,也不能提动。这种孔内事故称为烧钻事故。

烧钻事故一般发生在金刚石钻进、硬质合金钻进中。特别是金刚石钻进,钻头与孔壁、岩芯的间隙很小,而转速又快,操作时一旦粗心大意,很容易出现烧钻事故。轻则烧毁钻头使金刚石全部损失;重则由于处理事故还要破坏岩芯管,损坏管材,甚至报废钻孔。

5.6.1　烧钻事故的原因

施工实践证明,造成烧钻的关键是钻进时孔底冲洗液供给不足或冲洗液完全中断,即泥浆泵和操作两个方面的原因。

（1）泥浆泵方面的原因

泥浆泵工作不正常,送水量小或不送水,降低了冲洗液对钻头的冷却作用,造成烧钻事故。其主要原因如下:

① 水源箱中水位下降,莲蓬头露出水面,未及时发现。

② 莲蓬头被岩粉和其他杂物堵塞,未及时消除。

③ 给水管道堵塞,未及时发现和排除。

④ 吸水管路中有空气,或进水管、泵壳、缸套、压盖等部分漏气。

⑤ 活塞胶皮碗或缸套过于磨损,未及时更换。

⑥ 吸水高度太大,吸水管道太长或直径太小。

⑦ 传动胶带打滑或离合器打滑。

（2）操作方面的原因

① 钻进软、塑性岩层时,钻头刚下到孔底就加高压进行钻进,造成钻头压入岩层过深,水路不能通畅。

② 岩层由硬变软时,进尺速度变快,如不同时加大泵量或控制钻进速度,岩粉不能很好排出,岩粉越聚越多,循环条件越来越坏,先是糊钻,后是完全堵死,最后成为干钻,摩擦产生高热,将钻头烧在底孔。

③ 钻杆因丝扣磨损而破裂,或丝扣连接不严而漏水,下钻前未经检查和更换,造成中途漏水,使孔底冲洗液供给不足。

④ 钻杆或岩芯管接头水路被杂物堵塞,造成水路不通。

⑤ 硬质合金钻头内外出刃及水口太小,水槽过浅,使冲洗液循环不畅。特别时钻进塑性岩石时,会产生泥包现象,堵死水路。

⑥ 金刚石钻头内外出刃磨损过度,水路不合要求,在转速很高的情况下摩擦产生高热,得不到很好的冷却。

⑦ 扫孔速度太快。钻头插入岩粉,水路堵死。

5.6.2　烧钻事故的征兆

烧钻事故发生前常有如下征兆：

① 进尺很慢或不进尺。

② 严重蹩泵，泵压猛增。高压胶管蹩劲跳动厉害，泥浆泵压力表指针突然升高。

③ 孔内钻具阻力很大，扭矩表指针急剧上升。

④ 动力机负荷增大，发生与正常运转不同的声音，传动胶带跳动厉害。

⑤ 泥浆泵往复次数减少。

⑥ 提动钻具困难，一旦烧钻以后，既开不动车，又提不动钻具。

5.6.3　烧钻事故的预防

烧钻是比较严重的孔内事故，在钻进过程中应当采取积极的预防措施，尽量防止烧钻事故的发生。

（1）做好泥浆泵的维修保养和冲洗液的管理工作，严重磨损的泥浆泵零部件要及时更换，吸水管路要畅通，不漏水、不漏气，保证泥浆泵送水正常。要定期清理冲洗液循环系统，保持冲洗液清洁。

（2）认真检查钻具，下钻前要认真检查钻头、扩孔器、卡簧座等水路是否合乎要求；检查钻杆接头丝扣的磨损情况，磨损严重的要及时更换；新加钻杆时，要检查钻杆接头内是否堵塞，有无破裂现象；严禁使用内孔不通、半通或破裂的钻杆，特别是金刚石钻进，下钻时必须在接头处缠棉纱，或加密封圈，防止漏水。

（3）保持孔内清洁，每次下降钻具应根据孔内岩粉的多少，离孔底一定距离先开泵冲洗，然后开钻扫孔。孔内岩粉超过 0.3 m，应及时捞粉。

（4）要及时发现和处理岩芯堵塞，根据送水量和泵量变化，钻进速度的快慢等情况，一旦发现岩芯堵塞，应及时处理；凡泥浆泵蹩泵，应立即起钻；硬质合金钻进时，发现岩芯堵塞，但不蹩泵，可稍微上下提动钻具（管内堵塞一般无效）或将钻头稍微提高孔底。用慢车空转 1～2 min，或适当加大钻压，强迫钻头进尺顶活岩芯，无效则立即提钻；金刚石钻进发生岩芯堵塞时，不得用大钻压、高转速处理，要立即提钻。

（5）操作人员要集中精力，随时观察各种仪表显示的数据及机械、胶带、胶管等运转情况，发现异常，有烧钻危险，应及时处理。

5.6.4　烧钻事故的处理

（1）烧钻事故发生后，应及时处理。若孔内不清洁，往往易造成烧钻加埋钻双重事故；当及时发现烧钻且程度较轻，孔内较清洁时，应立即提钻。

（2）严重的烧钻事故，一般应先反回钻杆和异径接头，然后再用割、扩孔套取、劈、磨等方法进行处理。

5.7　钻具挤夹、卡阻事故预防与处理方法

所谓钻具挤夹、卡阻就是常说的夹钻和卡钻。夹钻则是粗径钻具侧部在孔内被夹持住，

既提不上来，又不能回转，而且冲洗液不能畅通，多数情况下有憋水现象。卡钻往往是粗径钻具顶部在孔内卡住，提不上来，回转时有阻力，甚至发生憋车和卡死，但一般能通水。

5.7.1　事故发生的原因

（1）孔壁岩石掉块，岩层滑移和错动。当钻孔穿过不稳定地层，由于破坏了地层的平衡状态，孔壁发生变形，不坚固和不稳定部分就向钻孔中心产生位移。轻则表现为错动和位移，重则发展为掉块、探头石出露和垮塌。两者都会造成夹钻和卡钻，如图 2-5-6 所示。

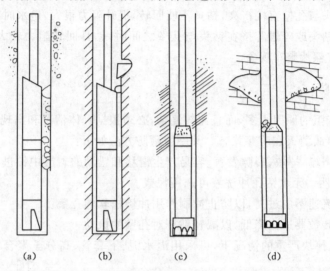

（a）　　　　　（b）　　　　　（c）　　　　　（d）

图 2-5-6　孔壁不稳定造成钻具卡夹示意图
（a）松动掉块卡夹钻具；（b）探头石卡钻；（c）片理发育岩层滑移卡钻；（d）溶洞中充填物掉块卡钻

（2）钻进时，由于钻具稳定性差，回转对孔壁产生"敲帮"现象。

（3）在破碎地层钻进，盲目采用大压力、高转速。

（4）扫脱落岩芯或扩孔时，操作不正确，使孔壁遭到破坏。

（5）岩层遇水膨胀，孔径收缩。当钻孔穿过塑性大的或胶结性差的岩层，如黏土层、泥岩、风化页岩、黏性较高的煤层等。由于冲洗液侵入或岩层吸收水分，造成膨胀而增大体积，向钻孔中心收缩，形成缩径。当钻孔缩径较严重时，便把钻具挤夹和卡阻在缩径孔段。

（6）孔壁和岩芯不规则，操作不当，钻头与孔壁或岩芯挤夹。金刚石钻进或硬质合金钻进时，上一回次钻头内、外径磨损严重，孔径相应缩小，孔身呈上大下小，岩芯相应增粗，呈上小下大。下一次使用新钻头时，往往外径大于孔径，内径小于岩芯直径，如果下钻过猛或升降钻具时跑钻，就会发生钻头直接与孔壁或岩芯挤夹。

5.7.2　事故发生前的征兆

钻具挤夹、卡阻事故发生前，都有一定的预兆和特征。掌握好这些征兆，及时采取预防措施，是避免发生这类事故的重要方面。其具体征兆如下：

（1）钻具提动和转动都有阻力，如涩滞、憋劲等现象。下钻时常常发生遇阻"搁浅"。

（2）提钻后岩芯管和钻头有明显擦痕，或粗径钻具表明刮有岩泥、泥皮，取粉管内掉块增多,块度增大。

(3) 如果是掉块卡钻、夹钻,则钻进时有蹩车现象,提动钻具感到有劲;升降钻具时,不是突然卡住,开始往往可以活动一定距离。一般情况下孔内反水正常。

(4) 如果是探头石卡钻,卡钻位置不变,起下钻到此孔深就受阻,一般没有挤夹力,冲洗液可以正常循环。当粗径钻具与卡阻部分脱离接触时,钻具回转无阻。

(5) 如果是岩层错动和岩层遇水膨胀缩径卡钻、夹钻,除升降钻具遇阻,回转阻力增加外,还有蹩泵现象。

(6) 如果钻头与孔壁直接挤夹,钻具不能回转,提升阻力很大,送水时有蹩泵现象。

(7) 岩芯与钻头或碎岩芯挤在钻头与孔壁之间时,钻具回转阻力较大,提动钻具吃力,但不蹩泵,可能有骤然蹩车现象。

5.7.3　事故的预防

钻具挤夹、卡阻的原因很多,而且比较复杂,必须根据具体情况和出现的征兆,采取相应的预防措施,把事故消灭在萌芽状态。其一般预防方法如下:

(1) 在松软坍塌、掉块、裂隙发育、容易产生滑移和错动的岩层中钻进时,需千方百计地保持孔壁的稳定性。无水钻孔冲洗液可选用泥浆。

(2) 冲洗液流速不应过高,以防止冲刷作用冲垮松软的孔壁。

(3) 钻具的转数要适当降低,以减轻钻杆对孔壁的振动。

(4) 在坍塌、掉块严重的情况下,可采用灌水泥、下套管、高分子聚合物护孔等方法,保持孔壁稳定。

(5) 在塑性大、遇水膨胀、钻孔缩径的岩层中钻进时,应采取以下办法防止缩径。

① 使用肋骨钻头钻进,保证粗径钻具与孔壁有足够的环状间隙,使大量的冲洗液畅通,而且有一定的缩径余地,避免发生钻具恶性挤夹。

② 加强扩孔修整孔壁的工作。在钻头以上另加一个扩孔器,边钻边扩。

③ 采用取粉管上部装反钻头的钻具钻进。以便在孔径收缩时,边回转钻具边向上用反钻头修扩孔壁,如图 2-5-7 所示。

(6) 在坚硬岩层中钻进时,关键在于防止碎硬质合金夹钻。硬质合金换用金刚石钻进时,孔底残余碎硬质合金粒必须打捞干净。

(7) 在所有情况下,都要保持孔内清洁。

① 孔内岩粉、钻粉过多,超过 0.3 m 时,必须专门捞取。

② 钻进时,一般应等冲洗液返回孔口后(漏水孔除外),方可开钻钻进。钻进中泥浆泵工作不正常,应停钻检修。检修前应将钻具提到安全孔段,

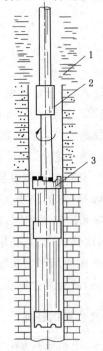

图 2-5-7　带反钻头的钻具
1——缩径岩层;2——接头;
3——反钻头(左丝扣)

以防钻具挤夹和陷埋。

③ 钻进中产生的岩粉粒度大或有岩屑时,应带取粉管。

(8) 钻进裂隙发育、掉块的岩层时,在钻具结构上应注意以下几点:

① 在钻入裂隙严重的地层以后,应尽可能地加长粗径钻具,使粗径保持在严重裂隙层的上部,以减少因掉块而卡钻的可能性。钻穿该层后,可采用水泥胶结或下套管等方法固壁。

② 钻进有掉块可能性的岩层时,应在粗径钻具上部采用铣刀式异径接头。带取粉管时要用上端马蹄形的取粉管;不带取粉管钻进时,禁止使用取粉管接头。

③ 在取粉管上部安装反刃反扣硬质合金钻头。在发生掉块时,可向上反扫,将掉块扫掉。

(9) 硬质合金或金刚石钻进时,应严格控制钻头的内、外径磨损。要在钻头结构设计和镶焊制造工艺上提高钻头的耐磨性,在使用上防止过早磨损,磨损过度的钻头应及时更换。

5.7.4　事故的处理方法

钻具卡夹事故发生以后,应及时进行处理,否则会使事故情节加重,并有继而发生埋钻或折断钻具的可能。处理这类事故,通常用钻机向上提拔,或串动与回转相结合进行处理,在返水的情况下不应停送冲洗液。如果上述处理方法无效,则采用吊锤震打或千斤顶上顶。其再无效时,就根据孔内具体情况,采用反、透、扩、割、掏等方法处理。对不同原因所造成的卡夹事故,其处理方法不同。

(1) 掉块卡夹钻具的处理

掉块卡钻时,如果钻具能回转,也能在一定的范围内上、下活动,则应用串动的方法处理。如串动处理无效,可进一步采取边提动边扫的方法处理。倘若事先已采用了带反钻头的钻具钻进,遇卡后采取边提边开钻上扫的方法很有效。倘若边提边扫还是不能解卡,则可采用吊锤上下震动。一般在浅孔段用吊锤震打处理卡钻事故比较有效。

(2) 探头石或岩层错动卡夹钻具的处理

主要处理方法是把探头石或岩层错动的部分扫碎、扫掉。如果事故钻具带有反钻头,则可向上扫碎卡夹物。否则,可采用吊锥向上震打,若不能解卡时,可把粗径送回孔底,将粗径上部的钻杆全部反回,然后下同径钻具从上向下把障碍物扫碎,再使用丝锥把事故钻具打捞上来,如图 2-5-8 所示。

倘若事故钻具卡夹的很紧,难以送回孔底,则先将上部钻杆反回后,用重钻具向下冲打。下加重钻具前,防止遇阻,可根据孔内具体情况适当用同径钻具扫孔。

(3) 岩层缩径卡夹钻具的处理

首先用钻机强力起拔,用千斤顶上顶。上述办法无效时,则需反回全部钻杆。用割、劈、磨等方法消灭

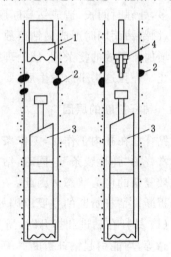

图 2-5-8　探头石或岩层
错动卡夹钻具事故处理示意图

1——同径钻具;2——探头石;
3——事故钻具;4——丝锥

粗径钻具。一般不采用扩或透等方法。因为在缩径钻孔中扩孔,很容易造成双重挤夹。同时,缩径夹卡钻具主要时侧面压力作用所致,用透的方法往往得不到良好效果。

（4）碎硬质合金粒挤夹钻具的处理

一般碎硬质合金粒挤夹钻具时,冲洗液尚能循环。首先应增大泵量,冲散挤夹物,减轻挤夹程度。如果挤夹不严重时,边冲洗边用钻机提拉串动钻具,扩大钻具活动范围即可解除。如果上述处理措施失效,也可用吊锤冲打,吊锤冲打是处理此种事故的有效方法,特别是浅孔,效果更为显著。

上述方法均无效时,可用分段切割的方法处理。通常不宜采用扩孔套取,以免发生双重挤夹事故。

（5）钻具与孔壁直接挤夹的处理

首先用钻机起拔,但不要回转钻具。因为孔内钻具回转,钻头位置发生变化,可能在孔壁刻出沟槽,增加了上提的阻力。如钻机起拔不动时,可根据具体情况用打、顶等方法处理

（6）岩芯夹钻的处理

岩芯夹钻一般挤夹力不大,用钻机强力起拔,串动钻具,待有了活动间隙之后,开钻回转钻具即可解除,再重新扫孔,将甩出的岩芯套入钻头内,就可正常钻进。

5.8　钻具折断、脱落、跑钻事故预防与处理方法

钻具折断是指在钻进过程中,孔内钻杆、岩芯管和各种接头的折断。钻具脱落是指钻具的各连接部分丝扣的脱扣,如钻杆与接头脱扣、岩芯管与钻头脱节等。跑钻是指起下钻过程中,钻具掉落孔内的事故。此类事故是钻探施工中最容易发生的一种。一般情况下,如果孔壁稳定,孔内清洁,这种事故很容易处理。但是,如果孔内情况复杂,处理方法不当,也很容易出现"事故套事故"的现象。例如,孔壁岩层坍塌掉块,造成钻具断脱加卡夹;因孔内岩粉、钻粉多,处理时间长,造成钻具断脱加陷埋;事故发生在特大超径孔底或溶洞中,事故头难以找捞;因跑钻而同时形成夹钻事故;断脱成数节落入孔内,形成"插钎"事故等。上述各种情况都增加了事故的复杂性,使处理工作困难。所以,对于钻具断脱、跑钻事故应十分重视,严格防止。一旦这类事故发生后,要及时、正确地处理。

5.8.1　钻杆折断的原因

钻杆柱在孔内工作时,工作条件比较恶劣,在孔内实质上形成一个长而细的弹性和柔软性非常好的"弹性线条"。同时,钻杆柱在孔内工作时,承受拉、压、扭转、冲击转动等荷载,处于比较复杂的应力状态。因此,一旦某一断面上的合成应力超过了它的强度极限,就会发生钻杆折断。钻杆折断的主要原因如下:

（1）钻杆在钻进和提升时,所受压力、扭力、拉力过大。例如,钻孔弯曲,孔底不清洁,加压过猛等,均能引起钻杆折断。

（2）钻进中发生掉块卡钻、碎合金夹钻、烧钻、埋钻等事故时,钻具回转阻力增大,可能造成钻具折断。

（3）处理事故时,往往因强力起拔,造成钻具折断。

（4）钻杆在孔内工作条件不正常。例如,钻杆本身不直,回转阻力很大;钻孔严重弯曲,

钻杆回转蹩劲；钻杆直径与孔径相差悬殊，特别是严重超径孔段（如大溶洞、大裂隙等），都会造成钻杆折断。

（5）钻杆维护保养不好，造成弯曲、丝扣损坏或其他暗伤，以及使用中严重磨损或有裂纹等缺陷，在使用时检查不严，没有及时更换，一旦钻进中遇到较大回转阻力，就很容易在薄弱处扭断。

（6）钻杆加工质量不合要求，如锁接头与钻杆丝扣锥度不一致；钻杆和岩芯管同心度偏差过大造成过于弯曲；车丝扣退刀槽过深；接头中心镗孔过大；钻杆墩粗不合格和热处理不当等，都会降低钻杆强度，使用时容易发生折断、脱扣等事故。

5.8.2　粗径钻具折断的原因

（1）钻孔不直，由于地层和操作方面的问题，使钻孔产生急骤的弯曲。粗径钻具在通过弯曲处时发生折断。因钻杆柱回转扭力作用，使粗径钻具曲折处的丝扣断裂。

（2）岩芯管管壁磨薄，岩芯管外径磨薄的丝扣部分强度减弱，钻进中遇到较大的回转阻力，就会在薄弱处扭断。

（3）钻具丝扣加工有缺陷，丝扣不合。分批加工或来自不同加工单位的各种钻具丝扣，往往加工质量不一。连接后可能有过松或过紧的现象，实际上不是全部丝扣吃力，产生应力集中，而引起折断；或者连接后不同心，使钻具弯曲或不直，使用时受力过大变容易折断。

5.8.3　钻具脱落的原因

钻具脱落包括丝扣脱节、甩钻、跑钻造成的脱落。其原因如下：

（1）钻具丝扣配合不当，连接后过松或过紧；丝扣部分保护不良；丝扣未对正即强行扭接，造成丝扣变形、早期磨损、发生凹痕等现象，使钻杆与接头丝扣配合松弛，出现滑扣，使钻具脱扣。

（2）遇有突然蹩车，上部钻杆倒转，造成脱扣。

（3）孔内蹩车厉害，钻杆强行回转时，扭力超过了钻杆强度即发生折断。一旦折断，钻杆中储存着很大的惯性力，断头上部的钻杆转得比立轴快，产生转速差，卸脱钻杆。有时可能在几处卸开，造成甩钻"扦插"事故。

（4）钻具未到底，悬空转动，甩脱钻具。

（5）立孔或大倾角钻探操作不慎，下钻过猛，墩脱提引器；垫叉夹持不牢；升降系统失灵；丝扣连接不紧，均造成跑钻。

5.8.4　事故的征兆

（1）钻具折断前的瞬间，阻力突然增大，待折断后阻力又突然减小。如果钻机配有扭矩表，通过扭矩表的明显变化可以反映出来。钻具折断前，扭矩明显增大，而折断后，扭矩突然降低。亦可以通过电机声音、电流表指针、胶带跳动等明显变化判断。如钻具折断前，机器运转音沉重；电流表指针突然升高；带跳动激烈或呈凹陷运转；机上钻杆转数降低，钻具折断后，钻具回转阻力突然减小，转数又提高。

（2）钻具重量减轻，提动钻具时，比较轻松，回转也轻快，特别是断点越靠近上部越明显。

（3）泵压降低,泥浆泵压力表指针突然下降。而且,返回冲洗液逐渐变清。因钻具断脱后,冲洗液从断口流出而返回孔口,液流阻力减小,因而压力表指针骤然下降。由压力降低的多少可以粗略估计钻具折断部位,降低得越多,折断的部位越接近孔口。

（4）钻杆脱扣,岩芯管、钻头脱落时,有磨铁的声音。钻具断脱前后,有时几种现象同时表现出来。

上述几点,只是主要征兆。因此,在施工过程中,操作者必须集中精力,才能正确判断孔内情况。

5.8.5 事故的预防

（1）提高管材加工质量

自制加工钻杆、岩芯管、套管及其连接件的,必须采用正确的加工和处理工艺,以保证其性能符合钻探工作的需要。目前我国岩芯钻探用钢级为 DZ40～DZ95。推荐的钢种有 40 铬、42 铬钼、40 锰 2、40 锰硼、35 锰钼钒、45 锰钼硼等。

（2）加强管材维护管理

① 各种管材、接头和接箍,均须按新旧程度分批、分组使用,较差的应用于孔壁稳定的浅孔或钻孔上部。磨损程度不同的钻杆,如果混用,易将磨损严重钻杆折断。过度磨损的钻具管材,应及时调换。

② 钻杆使用时,应往丝扣上涂以专用的丝扣油。丝扣油可用机油（43%）、石墨片（50%）,羊油脂（5%）和苛性碱（2%）配制,均匀涂抹在丝扣上。这样就能起到润滑、封闭、防锈、防蚀的作用,提高丝扣的使用寿命。

③ 保管堆放时,管壁及丝扣部分必须涂浓机油或润滑脂。

④ 要防止摔弯敲扁,过弯的钻具要及时校直。

（3）严格遵守操作规程

① 正确控制钻头压力,不得盲目加大钻压。当钻具总重量超过的孔底钻头所需压力时,要及时减压钻进。

② 要均匀加压,不应忽大忽小。在复杂地层中钻进时,如破碎、裂隙发育地层,应当降低压力和转速。

③ 扫孔、扩孔、扫脱落岩芯或残留岩芯时,压力要小,转速要低,给进要慢,以免阻力过大,扭断钻杆。

④ 减压钻进时,开钻前,必须先将钻头提离孔底。

⑤ 孔内岩粉过多,阻力过大时,不得贸然开钻。

⑥ 不得使用过度磨损、有缺陷或裂纹、过度弯曲、不同心的钻具。

⑦ 用千斤顶起拔钻具时,应力求缓慢均匀,顶拔力要平稳,有间歇地增加。

⑧ 钻具各连接部分丝扣要对正并拧紧。

（4）采用小口径钻进,做到钻具级配合理

采用小口径钻进,才有可能缩小钻杆直径与钻孔直径的差值。钻具级配合理,就可以最大限度地减少钻具与孔壁或套管壁的环状间隙,就能减少钻具磨损,降低回转阻力,使钻杆工作稳定。

（5）采用高频表面淬火钻杆

目前已推广高频表面子淬火钻杆,淬火层厚 1 mm 左右,表面硬度提高到 HRC50 以上,可以大幅度提高耐磨性和刚性,成倍延长钻杆使用寿命。如果钻杆高频淬火后,再进行一次低温回火,消除淬火应力,则使用效果更好。此外,如果对钻杆表面进行喷镀金属薄膜等强化处理,也可以提高钻杆的耐磨性和防腐蚀性。

5.8.6　事故的处理方法

单纯的钻杆折断、脱落和跑钻事故的处理方法比较简单,主要是采用各种丝锥或捞管器打捞。如果这类事故是因卡钻、烧钻等事故所引起,或者发生这类事故后又伴生夹钻、埋钻等事故,除需打捞孔内钻具外,还需要根据其他事故性质和情况分别按前述方法处理。这样处理起来就比较困难和麻烦。下述处理方法,只从单纯的钻具折断、脱落和跑钻事故考虑,不包括其他事故的处理。

打捞孔内事故钻具之前,首先必须认真检查提上来的断头,根据上部断头的情况,选择适当的打捞工具,然后迅速进行打捞。钻具刚断就起上的,断痕很新,说明下面断头没有变形。如果上部断头已磨成锥形或喇叭口,但变形不大,而起钻前又没有进尺的,则孔内断头的变形也不大。有的断口虽光滑平齐,但上面有相同高度的整齐的磨痕,并在起钻前仍有进尺感觉的,则说明下部断头已被钻裂劈开。如果起上的钻具断头已经变形严重,或者磨痕模糊不清,不能判明孔内断头的情况,则应用打印器探明(俗称"照相")。打印器如图 2-5-9 所示。它是利用一段长 0.1 m 的短套管,装在异径接头上,把短套管外用薄铁皮裹上,而后注入熔化的蜡水或沥青,使蜡水或沥青高出套管口 10～20 mm,待凝固后把铁皮拆掉即成。用钻杆下入孔内打印时,下放动作要轻慢,一接触到断头立即停止下放,切忌转动,起出后观察其印痕。如果一次不清,可多打几次。

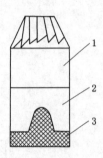

图 2-5-9　打印器
1——异径接头;
2——短套管;
3——蜡(沥青)

用丝锥打捞孔内钻具时,判别丝锥是否对上孔内断头,是顺利排除事故的关键之一。如果下入孔内的丝锥找上了断头,在孔口用管钳拧动钻杆时,越拧越上劲,压起钻具时感到比以前沉重,这说明已经捞上断头。

(1) 钻杆断脱的处理

① 断头是比较平齐或完整的钻杆、接头或接箍。一般采用同级的普通公锥或母锥捞取。如果是钻具跑钻、脱扣,还可以用原来上部的接头、接箍或钻杆丝扣直接对取。

② 断头是较大的斜杈,或有劈叉。这种情况发生在钻杆顶部,一般可用通天母锥处理,如图 2-5-10 所示。

③ 断头靠贴孔壁。

当断头歪倒在钻孔超径不太大的孔壁一侧时,用普通公、母锥均不能对上时,可采用带导向罩的公锥捞取,如图 2-5-11 所示。当接触钻杆断头后,宜用管钳回转钻具,并徐徐下降,使导向罩套上断头,丝锥便易对上事故钻杆。

当断头靠贴孔壁并倒入空洞内,用带导向罩丝锥也捞不着时,还可以用带捞钩扶正器的公锥捞取,如图 2-5-12 所示。用钳子回转钻具,使钩子钩住钻杆,然后慢慢提动钻具,使导向罩脱离钻杆,但钻杆不脱离钩子,再慢慢下降钻具,钻杆断头便进入捞钩的导向罩并对上丝锥。

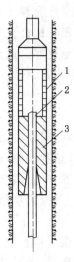

图 2-5-10　用通天母锥捞取钻杆

1——导向管；2——折断钻杆；3——通天母锥

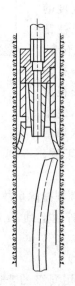

图 2-5-11　用带导向的公锥捞取钻杆

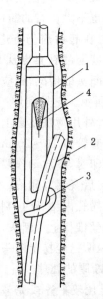

图 2-5-12　用带捞钩扶正器的公锥捞取钻杆

1——导向罩；2——事故钻杆；

3——捞钩扶正器；4——公锥

（2）岩芯管断脱的处理

岩芯管折断和脱落后，从提上来的岩芯管断头，可以判明下头的情况。如上部断头呈锥形或喇叭形，则是套磨所致，可以推断下部断头是整齐的；如上部断头光滑平整，在侧面有磨痕，则是骑磨的结果，可以推知下部岩芯管断头已经破裂，破裂长度可根据上部断头侧面磨痕的高度量出；如上部断头丝扣完整，则说明脱落后下部断头尚未损坏。

凡下部断头丝扣未损坏的，可下入新的接头或岩芯管，将丝扣合上，把事故钻具捞出。

凡从岩芯管或接头处断脱的,一般用套管公锥捞取。如果断头已被钻裂,则不能使用套管公锥捞取,否则会把裂口处撑开,使外径增大,反而增加事故的复杂性,这时可用捞管器捞取。

(3) 钻头脱落的处理

处理钻头脱落有三种情况:

① 扫孔时掉钻头。若钻头内没有岩芯,可直接用公锥捞取。

② 钻进过程中掉钻头。钻头内有岩芯,在这种情况下,首先要把上边的岩芯取出,如图 2-5-13(a)所示。如果钻头丝扣完整,可用岩芯管去对接;否则,可用长度 0.5~0.8 m 的小径钻具透扫事故钻头 0.2~0.3 m,如图 2-5-13(b)所示。并取出小径岩芯,由于震击和冲洗液循环,钻头侧部的挤夹力大大减轻,提出小径钻具时可能将事故钻头带上来。如果带不上来,再用丝锥打捞,如图 2-5-13(c)所示。

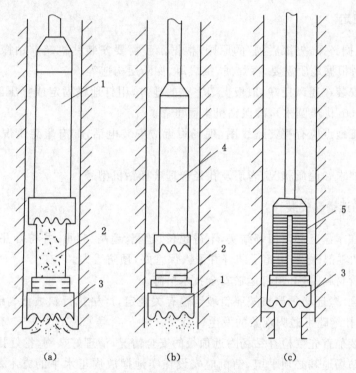

图 2-5-13　处理钻头脱落事故示意图

(a) 取出岩芯;(b) 用钻头对接;(c) 用丝锥打捞

1——同径岩芯钻具;2——岩芯;3——脱落钻头;4——小径岩芯钻具;5——公锥

③ 扫脱落岩芯时掉钻头。这时如果钻头内有岩芯,应将钻头上面的岩芯取出,再用小径钻具扫掉钻头内的岩芯,然后用公锥打捞钻头。如果用小径扫钻头内的岩芯时,钻头被扫活往下落,有时会横在钻孔中,用丝锥无法打捞,则可用切铁钻头或投钢粒用钢砂钻头进行消灭。

附　件

附件 1　井下钻探工安全技术操作规程

一、一般规定

1. 依据"有掘必探,先探后掘"的原则,根据工程需要安装钻机超前钻探,探放水、探小窑、探放瓦斯等;根据地质需要,探煤质,探煤厚,探断层构造等。

2. 钻机应安装在通风良好,顶板支架完整的地方,用打地锚固定或打压戗柱固定(压注直径不小于 20 cm 优质圆木),确保钻机牢固可靠。

3. 钻探施工地点应有避灾路线图,现场附近应安装电话,如有紧急情况应立即通知调度室。

4. 按设计要求和地质状况、岩层及孔径合理选择钻机型号。

二、设备的运输和安装

1. 钻机装在车盘上必须捆绑结实,不得超长、超宽、超高、超重,并符合井下运输的有关规定。拆下下的零部件,要用箱子装好并派人保管好,预防丢失。

2. 运输长管材料时,必须有运输安全技术措施。

3. 钻机装运、搬迁必须严格按照斜坡运输有关规定,严格执行斜坡把勾制度,人工搬迁应相互配合好,杜绝磕手碰脚现象的发生。

4. 钻机安装前首先要检查钻场附近顶板的安全情况,清理好杂物,挖好排水沟。

5. 安装时钻场地基必须平坦,钻机应安设在实地摆放周正水平的方木基础上,机身安放平稳,上紧底固螺丝,基础必须稳固牢固,钻机稳固首先采用打地锚固定,然后打上牢固的戗柱、压柱。

6. 钻机操作必须使用远方控制按钮,且灵敏可靠。

7. 所有机电设备必须保证完好,杜绝失爆。

8. 坚持"谁停电,谁送电"原则,并设专人看守,悬挂"有人工作,禁止送电"的警示牌。严禁任何人擅自送电。

三、开钻前的检查

1. 施工人员进入钻场后,首先必须检查钻场及其周围的安全状况,防火、防水、安全设施等,如有不安全因素不得开钻。

2. 检查有害气体的含量,如甲烷浓度超过规定,严禁开钻。

3. 检查机械设备安装质量和安全设施情况,经试车合格后,方可开钻。

四、钻进工作

1. 定位:根据设计参数确定好钻机的倾角、方位角,未经技术部门同意不得擅自更改钻孔参数。

2. 开孔:按设计选择合适钻头开孔,一般开孔孔径应比下入孔内孔口管外经大 10～15 mm。

3. 清水钻进时,要保证足够的水量,不准干钻,为防止埋钻,钻具下至距孔底 1～2 m 时,立即开泵送水,孔口返水后,方可钻进。

4. 钻进过程中,一旦发现"见软"、"见水"、"见空"和变层,要立即停钻,丈量残尺并记录孔深。

5. 若发现孔内涌水时,应测定水压、水量。

6. 启动开关时,注意力要集中,做到手不离按钮、眼不离钻机,随时观察和听从司机命令,准确、及时、迅速地启动和关闭开关。

7. 钻进时严格执行"先停机、后停水;先开水、后开钻"的操作顺序。

附件 2　钻探工岗位标准操作流程

一、岗位自我描述

我是钻探工＊＊＊,＊＊年＊月经特殊工种培训合格,特殊工种证有效期是＊＊年＊月到＊＊年＊月,现持有效证件上岗。

岗位职责是:

1. 负责地质勘探、探放水等各类钻孔的施工。

2. 负责填写记录、台账、报表、牌板等。

3. 严格按措施施工。

4. 现场情况实报。

二、岗位安全环境描述

我所在的工作地点是＊＊＊,使用的钻机型号为＊＊＊钻机,电动机功率为＊＊kW,钻进深度为＊＊m。

三、岗位操作流程描述

(一)岗前安全流程描述

1. 工作地点顶板完好,无危岩悬矸,钻场硐室周围无杂物。

2. 钻机立轴运转正常,液压系统压力正常,各部连接螺栓齐全。

3. 钻杆、岩芯管、钻头符合技术措施要求。

4. 空载试运行,钻机运转无异常。

（二）岗中操作流程描述

1. 支设钻机，调整方位，倾角，打牢支柱，系好防倒绳。

2. 开关送电，打开夹持器，接入钻杆、钻头、水龙头，关闭夹持器，正常钻进。

3. 观察孔口，岩粉返出正常，岩性为砂岩。

（三）岗后注意事项描述

1. 填写记录。将孔号、深度、角度及施工情况等相关参数、内容填写清楚。

2. 整理工具。将钻具及配件收拾码放好。

四、岗位隐患排查与防控

1. 车辆、设备运行、人员通过时，不得从事工作。

2. 工作区域周围顶板、支护不好时，不得从事工作。

3. 钻具、配件不完好，不得从事工作。

4. 钻机、钻孔内、出现异常，必须立即停车检查，不得无水施工。

5. 劳保用品不齐全，不得从事工作。

五、岗位危险因素

1. 钻机稳固不牢，可能造成机械伤人事故。

2. 钻杆连接不牢，可能造成钻杆飞击伤人、毁孔事故。

3. 钻机各连接不完好，施工期间可能造成事故。

4. 安、撤钻杆时，不停止钻机运转，可能造成事故。

5. 不使用专用工具，可能造成伤人事故。

6. 协调、配合不好可能造成事故。

六、岗位避灾与应急处理

井下避灾的基本原则是："及时汇报、积极抢救、妥善避灾、安全撤离"。

1. 水灾：首先撤离，避开水头，由低处向高处沿最短安全路线撤离；如果突水量大，不能安全撤离时，迅速向高处或相对安全的地方撤离；并向区队和调度室汇报。

2. 火灾（瓦斯、煤尘爆炸）：当发生火灾时，首先撤离至安全地点，根据火灾大小迅速采取措施，能灭则灭，并及时向区队和调度室汇报，不能灭火时迅速撤离并汇报。当上风口发生火灾的时候，火势较小能穿过火区，尽量穿过火区撤职新鲜风流，当不能穿过火区的时候，迅速打开自救器并带好，沿回风巷找最近的联络巷进入到进风巷道迅速升井，处在上风口的人员，沿最短安全路线迅速撤到新鲜风流中去。

3. 顶板：一旦发生顶板事故，立即撤至安全地点，及时向区队和调度室汇报。根据事故大小、性质，组织人员进行处理，坚持由外向里逐步进行的原则，并对周围顶板支护进行加固，当不能处理时，撤至安全地点等待上级指示。当被堵在独头巷道时，采取一切联络办法与外界联系，联系不通时，找到安全地点休息，保持体力，关闭矿灯，等待救援。

附件 3　矿井井下高压含水层探水钻探技术规范

1　范围

本标准规定了矿井井下高压含水层探水钻探作业的施工条件和作业技术要求。

本标准适用于井工开采煤矿井的井下高压含水层探水钻探作业,其他高压含水体探水钻探作业可参考本标准。

2　规范性引用文件

下列文件中的条款通过本标准的引用而成为本标准的条款。凡是注日期的引用文件,其随后所有的修改单(不包括勘误的内容)或修订版均不适用于本标准,然而,鼓励根据本标准达成协议的各方研究是否可使用这些文件的最新版本。凡是不注日期的引用文件,其最新版本适用所于本标准。《MT/T 632—1996 井下探放水技术规范》、《煤矿安全规程》、《电力工程地质钻探技术规定》。

3　术语和定义

下列术语和定义适用于本标准。

3.1　高压含水层 high pressure aquifer

探水钻孔孔口压力不小于 3 MPa 的含水层。

3.2　钻杆外射 drill rocker outshoot from the horehole

探水钻探过程中,由于水压大,当钻机卡盘松开瞬间,钻杆被高压水突然顶出钻孔的现象。

3.3　套管失效 horehole casing out of action

在高压水作用下,由于套管生锈、固结不牢等原因造成的套管松动、鼓出、破裂、孔口冒水等现象。

4　总则

4.1　为适应井下探水钻探技术的要求,确保探水安全,特制定本标准。

4.2　井下高压含水层探水钻进过程中极易发生喷孔、顶钻、套管失效等问题,探水作业应制定严格的探水钻探技术措施。

4.3　探水钻探应严格按照探水钻孔设计要求,编制探水钻探施工组织设计及安全技术措施。

4.4　本标准是按现有井下常规钻探设备和机具编制的,对各种钻探设备的使用除执行本标准外,还应按设备使用说明书的要求操作。

4.5　本标准中未涉及的新技术、新方法、新工艺、新设备、新材料,各施工单位可根据实际情况制订实施细则或做出补充技术规定。

5　探水钻探的准备工作

5.1　一般规定

5.1.1　接到探水钻探任务后,钻探负责人及工程技术人员应熟悉探水钻孔设计,了解现场施工条件,编制探水钻探施工组织设计。

5.1.2　探水钻探施工组织设计应包括以下内容:

a) 探水目的和任务;

b）探水钻孔设计；

c）钻探设备和工具；

d）探水钻探作业流程；

e）探水钻探技术要求；

f）探水钻探安全措施；

g）施工后对探水孔的管理；

h）避灾路线。

5.1.3　探水钻探施工组织设计应由矿总工程师（技术负责人）组织审批后方可实施。

5.1.4　探水钻探施工组织设计在实施前应向参加施工的有关人员进行贯彻，对施工中所涉及的技术方法、注意事项等进行培训。

5.2　钻场条件和配套设施要求

5.2.1　钻场位置不应布置在断层破碎带、松软岩层内。

5.2.2　钻场应满足钻探设备的安装和施工条件，设备进场前钻场应具备场地平整、通风、通水、通电（三通一平）条件。

5.2.3　井下钻场应具备的条件：

a）钻场顶板及两帮的支护应安全可靠；

b）钻场周围应具备排、泄水条件；

c）独头巷道探水时，应有安全躲避硐室及临时排水系统；

d）钻场应设照明及专用电话。

5.3　钻机的安装和固定

5.3.1　钻机的安装、固定工作应在班长的统一指挥下进行。

5.3.2　安装好钻机接电时，应严格按照《煤矿安全规程》的有关规定执行。

5.3.3　钻机应采用专用锚杆或立柱固定，安装平稳牢固，单根锚杆拉拔力不小于 98 kN。水平孔或斜孔施工还要采用锚链或顶柱对钻机进行前后加固，防止钻进过程中钻机前后串动。

5.3.4　垂直孔施工钻机安装应遵守下列规定：

a）钻机安装应稳固、水平、周正，各相应的传动部件应对正；

b）天车、钻机立轴或转盘与孔口的中心线应在同一直线上；

c）配套电器设备应安装在清洁干燥的地方，严防油水及杂物侵入电线，应绝缘良好，电机配电盘起动装置的外壳应接地；

d）皮带轮和机械传动部分应设有牢固的防护栏或防护罩。

5.3.5　水平孔或斜孔施工钻机安装应遵守下列规定：

a）钻机机架应摆放在平整的枕木上，保持钻机周正水平；

b）钻机回转器和夹持器中心轴线应与钻孔方向在同一中心线上；

c）其他要求参照 5.3.4 中的 c）、d）执行。

5.4　钻探前准备工作

5.4.1　开钻前，应由班长检查开孔位置、方位、倾角是否与设计相符，检查钻机各部件安装是否稳定牢固，并进行试运转。

5.4.2　钻进前各设备安装质量和安全防护措施。

a) 钻探设备和附属设备的安装位置应正确牢固,各部件润滑应符合要求,试运转应正常;

b) 各类安全防护设施应齐全可靠;

c) 各种钻具、工具应摆放整齐、位置适当,检查钻具丝扣,并涂油保护;

d) 操作系统各手把、按钮、仪表应齐全,灵敏可靠;

e) 液压系统的油量和各油管接头控制阀密封是否完好,油压系统应调整到"0"位;

f) 制动装置、摩擦离合器、锁紧装置应正常,必要时进行调整;

g) 泥浆泵转动应正常,排量、压力应达到要求。

5.5　孔口装置及其安装要求

5.5.1　高压含水层探水钻孔应安装孔口装置,孔口装置包括孔口套管、下部高压阀门、孔口防喷帽、钻杆控制器、孔口三通及上部高压阀门等。

5.5.2　孔口套管应设在稳定的岩层内,套管的长度和层数根据钻孔地层情况及水文地质条件确定。

5.5.3　孔口套管应采用注浆固结法进行固定,确保固结质量,严防漏水和套管鼓出。注浆固结应遵守下列规定:

a) 套管孔口处可用棉纱、黄麻等缠绕后再下入孔内;

b) 多级套管时,各级套管应牢固地连为一体,各级套管管口位置应预留返浆口,最外一层套管应在返浆口安装截止阀;

c) 注浆用水泥强度等级不低于 42.5,浆液水灰比应控制在 0.6~0.7 之间。

5.5.4　孔口套管注浆固结后,一般待凝 48 h 以上可进行扫孔,扫孔深度应超过孔口管 0.5 m~1 m;待凝 72 h 以上可采用清水进行打压试验,试验压力不小于预揭露含水层水压的 1.5 倍,持续稳压时间不小于 34 min,确保孔口套管不松动、孔口周围不漏水后方可继续钻进,否则重新注浆固结。

5.5.5　孔口套管应根据钻孔用途和水质情况进行防腐处理。

5.5.6　在揭露高压含水层前,应安装好下部高压阀门、孔口防喷帽和钻杆控制器,下部高压阀门和套管法兰的连接口应经耐压试验,不应渗漏。

5.5.7　当孔口返水压力超过正常循环水压力进行钻进或起下钻时,应采用钻杆控制器控制钻杆,防止因卡盘松开,高压水顶钻造成钻杆外射事故。

5.5.8　钻探结束后,根据需要安装孔口三通及上部高压阀门。下部高压阀门应保留,上部高压阀门可经常启闭,观测水压、水量,以防单阀门失效而难以更换。

6　钻探工艺

6.1　一般规定

6.1.1　井下探水钻探宜采用孔口回转的硬质合金钻进或金刚石复合片(PDC)钻进工艺,不宜采用钢粒钻进、冲击钻进等工艺。

6.1.2　在遇到坚硬、高研磨性岩层时,可采用金刚石钻进工艺穿过坚硬岩层后,再换用硬质合金钻进或金刚石复合片(PDC)钻进工艺继续钻进,以提高钻进效率。

6.1.3　根据钻孔目的、钻孔结构和钻孔深度等要求合理选配钻具,采用合理的钻进工艺方法和钻进工艺参数。

6.1.4　换径钻进时应采用带导向的钻头钻进。

6.2　硬质合金钻进

6.2.1　对于可钻性Ⅰ～Ⅶ级和部分Ⅷ级岩石可采用硬质合金钻进工艺,其技术参数应根据地层条件、钻头结构、设备能力及技术水平确定。

6.2.2　硬质合金钻进给进压力、钻头转速和不同孔径的冲洗液量按照《电力工程地质钻探技术规定》中 5.1.2、5.1.3 和 5.1.4 的规定执行,具体参数选择参考附录 A。

6.2.3　钻进过程中应遵守下列规定:

a) 正常钻进时应保持孔底压力均匀,钻进硬岩石在压力不足时,不应采用单纯加快转速的办法提高进尺;

b) 在换径、扩孔、扫孔和钻遇破碎带时,应轻压慢转,适当控制水量钻进;

c) 拧卸钻头时不应损伤钻头合金,钻具将要下到孔底时应带水缓慢下放,边回转边给进;

d) 松散塑性地层使用肋骨或刮刀钻头时,钻进一段后应及时修孔,保持孔径一致;

e) 合金钻头应分组(5～6 个为一组)轮换修磨使用,以保持孔径一致;

f) 每次提钻后应检查钻头的磨损情况,以确定下一回次的钻进技术参数。

6.3　金刚石复合片(PDC)钻进

对于可钻性Ⅰ～Ⅷ级岩石均可采用金刚石复合片钻进工艺,其切削碎岩方式与硬质合金钻进相同,钻头结构与和工艺要求也大致相同,因此其钻进工艺参数可参考硬质合金钻进的工艺参数和相关规定执行。

6.4　金刚石钻进

6.4.1　对于可钻性Ⅷ级以上的岩石可采用金刚石钻进工艺,其技术参数应根据地层条件、钻头结构、设备能力及技术水平确定。

6.4.2　金刚石钻头、扩孔器的选择应根据岩石可钻性、研磨性和岩石完整程度确定,参考附录 B。

6.4.3　金刚石钻进给进压力、钻头转速和不同直径钻头冲洗液量按照《电力工程地质钻探技术规定》中 5.3 的规定执行,具体参数选择参考附录 C。

6.4.4　金刚石钻进应遵守下列规定:

a) 钻头和扩孔器使用时应外径的大小排好顺序,轮换使用,即扩孔器外径大的先用,外径小的后用;钻头应内径小的先用,内径大的后用;

b) 新钻头到达孔底后,应采用轻压(正常压力的 1/3)、慢转(100 r/min 左右)进行 10 min 左右的初磨,然后才能按正常参数钻进;

c) 钻压、转速应与岩石等级相适应,不应盲目加压或提高转速,不应使用弯曲度超过规定的钻杆和钻具;

d) 钻进过程中应随时注意观察冲洗液量大小、泵压的变化情况,发现异常应立即停止钻进,查明原因;

e) 金刚石钻头钻进过程中严禁上下窜动钻具;遇下钻受阻、岩芯堵塞、钻速骤降时应提钻。

7　探水钻探的技术要求

7.1　一般要求

7.1.1　探水钻探设计应充分考虑各种问题的预防和处理,并向现场人员明确问题的危害性和预防处理措施。

7.1.2　钻孔施工人员应按照批准的设计施工,未经审批单位允许,不应擅自改变设计。

7.1.3　钻进中要配备高压注泥浆泵,保证停钻不停泵,应做到现场交接班。

7.1.4　对所有钻探设备,做到每班一检查,发现松动,立即紧固处理,确保其正常运转。

7.1.5　各种安全装置应在揭露高压含水层前安装完毕,并投入正常使用,严防钻孔见高压水失控。

7.1.6　钻孔竣工后,应核实钻孔的方位、倾角、重新丈量钻具长度,核实钻孔实际深度;对探水孔的管理按照 MT/T 632—1996 的 9.9、9.10 执行。

7.2　钻探设计的技术要求

7.2.1　钻孔直径应大于套管直径的 1~2 级,每一级钻进深度应大于套管长度的 0.5~1.0 m。

7.2.2　钻杆直径和钻头匹配应根据所适应的钻孔深度情况选择,一般要求钻杆直径不小于 50 mm,揭露含水层时的钻头直径不大于 75 mm,具体钻杆直径和钻头匹配可参考附录 D。

7.2.3　钻机型号应根据设计孔深、孔径和含水层水压选择,钻机钻进能力应满足设计钻孔的施工要求,钻机最大给进力应大于含水层水压的 1.5 倍。

7.3　钻进操作的技术要求

7.3.1　正常钻进时,应保持压力均匀,要随时观察仪表,注意钻速、钻井液消耗量和回水颜色变化等,发现孔内异常应及时处理。

7.3.2　钻进中发现"见软"、"见空"、"见水"和变层,要立即停钻,丈量残尺并记录其深度;发现孔内涌水时,应测定水压和涌水量。

7.3.3　钻进时发现孔内水量、水压突然增大,有顶钻等现象时,应立即停钻,记录孔深,分析原因;如需继续钻进时,应采取防喷和控钻措施。

7.3.4　钻进过程中应准确判别煤、岩层厚度并记录换层深度。一般每钻进 15~30 m 或更换钻具时,测量一次钻杆,并核实孔深。终孔前再复核一次,需要确定终孔位置时应进行钻孔测量。

7.3.5　钻进中发现有害气体喷出时,应立即停止钻进,切断电源,人员撤到安全地点。

7.3.6　钻进过程中,钻机后面或正对孔口方向一定范围内,不准站人,防止钻杆外射伤人。

7.3.7　钻孔施工过程中应加强出水征兆的观察,发现涌水量增大应立即停止钻进,及时处理。情况紧急时应立即发出警报,撤出所有受水威胁地区的人员。

7.4　起下钻具操作的技术要求

7.4.1　每次起下钻具前,都要认真检查制动装置、升降(起下)装置等是否安全可靠,发现问题及时处理。

7.4.2　起下钻具时应保持钻具运行平稳,不应强拉、猛提钻具;钻头下至距孔底 1~2 m 时,应缓慢下放,并开泵送水,见返水后才能继续进钻。

7.4.3　遇高压水顶钻时，可用卡瓦和钻杆控制器交替控制起下钻具。

7.4.4　采用升降机起下钻具应遵守以下规定：

a）升降机拉起或放倒钻具时，钻具下面不应站人；

b）不应用手直接接触钻杆和钢丝绳，应使用垫叉，不应用牙钳、链钳代替；

c）机器运转时，不应拆卸和修理；

d）孔口人员抽、插垫叉时，不应手扶或用脚勾垫叉。

8　孔内事故的预防与处理

8.1　一般规定

8.1.1　钻探现场应配备常用的孔内事故处理工具。

8.1.2　孔内发现异常情况后应立即采取措施，避免事故发生和扩大。

8.1.3　事故发生后应弄清事故孔段的孔深、地层情况、钻具的位置、规格、数量，判明事故类型，提出处理方案，并组织实施。

8.1.4　事故排除后应总结经验教训，采取预防措施。

8.2　孔内事故的预防

8.2.1　现场所用的各种规格的管材、接头、接箍均应按新旧程度分类存放和使用。

8.2.2　发现钻杆、钻具有裂纹、丝扣严重损伤、加工不当等现象时均不应下入孔内使用。

8.2.3　旧钻杆使用前应逐个检查磨损程度，发现局部偏磨严重或平均测量直径比新钻杆直径小 2 mm 以上的钻杆不应使用。

8.2.4　钻进中若遇动力机响声异常、孔内的钻具回转突然减慢、上下提动困难、泵压升高、孔口返水中断等情况，应停钻分析原因，防止卡钻、埋钻等事故的发生。

8.2.5　每次加接钻杆应确保拧紧丝扣，应根据孔内岩层情况正确掌握钻进工艺参数，采取合理的护孔措施。

8.2.6　长期停用的打捞工具在下入孔内之前，应经过严格检查。

8.3　孔内事故的处理

8.3.1　在钻进过程中，常见的孔内事故类型主要有卡钻、埋钻、掉钻等事故，事故发生后应及时判明事故类型，确定处理工具和处理方法。

8.3.2　发现钻具遇卡时应保持冲洗液畅通，宜先用扭、打、拉等方法转动或上下窜动钻具，也可采用液压油缸或振动器强力起拔，若处理无效，再采用反出钻杆进行扩孔或掏心钻进等方法处理。

8.3.3　在孔壁不稳定情况下，应先考虑护孔，再处理事故。

8.3.4　提拉被卡钻具时，应核实钻机起拔能力和钻具抗拉强度，不应超过其额定负荷。

8.3.5　处理掉钻事故时，应根据孔内钻具的情况合理选用打捞工具，如反丝公锥、反丝母锥等。

8.3.6　采用丝锥打捞钻具时，当丝锥对上事故钻具后应立即提钻，不应带丝锥长时间旋转。

附录 A

（资料性附录）

硬质合金钻进压力、转速和冲洗液量

A.1 硬质合金钻头每块急削具可施加的轴向压力见表 A.1。

表 A.1　　　　　　　　硬质合金钻头每块切削具可施加的轴向压力

岩石性质和级别	切削具型式	给进压力/kN
软、塑 I～Ⅲ性级	片状合金	0.50～0.60
中硬、均质Ⅳ～Ⅵ性级	方柱状合金	0.70～1.20
硬、致密Ⅵ～Ⅷ性级	八角柱状合金	0.90～1.60
硬、研磨性Ⅷ级	针状合金胎块	1.50～2.00

A.2 硬质合金钻进转速见表 A.2。

表 A.2　　　　　　　　　　硬质合金钻进转速　　　　　　　　单位为转每分

岩石性质	钻头直径/mm				
	75	94	113	133	153
软、无研磨性无裂隙、硬度均匀	400～500	300～350	250～300	220～260	180～220
较软、无研磨性无裂隙、硬度均匀	350～400	250～300	180～250	180～220	150～180
中硬、研磨性较小、裂隙小	300～350	200～250	150～200	120～150	100～120
硬、研磨性较大有裂隙	160～180	140～160	120～140	100～120	80～100
硬、破碎、裂隙多	90～100	70～90	60～70	50～60	50～60

A.3 硬质合金钻进冲洗液量见表 A.3。

表 A.3　　　　　　　　　　硬质合金钻进冲洗液量　　　　　　　　单位为升每分

岩石性质	钻头直径/mm			
	75	94	113	133/153
松软、易破碎、怕水冲	＜60	＜60	＜80	＜100
塑性、无研磨性、均质	100～120	120～150	150～180	180～200
致密、有研磨性	80～100	100～20	120～150	150～180

附录 B

（资料性附录）

金刚石钻头和扩孔器的级配

B.1　金刚石钻头和扩孔器的级配表见表 B.1。

表 B.1　　　　　金刚石钻头和扩孔器的级配表

硬度				中硬		硬		坚硬	
可钻性				IV~VI		VII~IX		X~XII	
研磨性				弱	中	中	强	强	弱
人造聚晶				▬	▬				
表镶钻头	天然金刚石粒度粒/克拉	15~25			▬				
		25~40			▬	▬			
		40~60				▬	▬		
		60~100					▬	▬	
	胎体硬度 HRC	I（20~30）		▬					▬
		II（35~40）				▬	▬		
		III（>45）						▬	
孕镶钻头	人造金刚石网目数	天然金刚石粒度目	>46	20~30	▬	▬			
		46~60	30~40			▬			
		60~80	40~60					▬	
		80~100	60~80					▬	
	胎体硬度 HRC	0(20~30)							▬
		I（20~30）				▬	▬		▬
		II（35~40）				▬	▬		
		III（>45）					▬	▬	
		IV（20~30）						▬	
表镶扩孔器				▬	▬	▬	▬	▬	
孕镶扩孔器				▬	▬	▬	▬	▬	▬

附录 C

（资料性附录）

金刚石钻进钻压、转速和冲洗液量

C.1　金刚石钻进钻压见表 C.1。

表 C.1　　　　　　　　　　　　　　金刚石钻进钻压　　　　　　　　　　单位为千牛

钻头种类		钻头直径/mm				
		46	59	66	75	91
表镶钻头	初压力	0.50～1.00	1.00～2.00			2.50
	正常压力	3.00～6.00	4.00～7.50	5.00～8.50	6.00～10.00	8.00～11.00
孕镶钻头		4.00～7.00	4.50～8.50	5.00～10.00	6.00～11.00	8.00～15.00

C.2　金刚石钻进转速见表 C.2。

表 C.2　　　　　　　　　　　　　　金刚石钻进转速　　　　　　　　　　单位为转每分

钻头种类	钻头直径/mm				
	46	59	66	75	91
表镶钻头	500～100	400～800	350～650	300～550	250～500
表镶钻头	750～1 500	600～1 200	500～1 000	400～850	350～700

C.3　金刚石钻进冲洗液量见表 C.3。

表 C.3　　　　　　　　　　　　　　金刚石钻进冲洗液量

钻头直径/mm	46	59	66	75	91
冲洗液量/(L/min)	25～40	35～45	35～55	40～60	50～70

注:适应于单管不取芯钻进。

第 3 部分
煤矿老空水探放技术

第 1 章　老空水害分类及特点

1.1　老空水害分类

已采掘的旧巷、采空区及空洞内,常有大量积水,称为老空水。老空水按形成时间、空间等分类如下。

1.1.1　按形成时间划分

老空水按形成时间可划分为古空水、老窑水和采空区积水三类。

(1)古空水:开采年代久远的古井中的老空水,一般开采状况及范围等已无资料可查。

(2)老窑水:已关闭的废弃矿井积水,一般开采情况和范围基本清楚。

(3)采空区积水:近期结束的采空区中的积水,一般开采情况和范围清楚,有资料可查。

古井、老窑积水一般开采历史久远,资料不可靠。近代整合、关闭煤矿积水一般资料基本可靠,近期矿井采空区积水一般资料可靠。

1.1.2　按开采煤层划分

老空水按开采煤层划分为同层老空水和邻层老空水;根据与开采煤层相对位置划分为邻层顶板老空水、同煤层老空水、邻层底板老空水三类;按开采情况划分自采老空积水和相邻矿井开采老空积水,自采老空积水可根据积水条件又分为自然低洼积水、人工挡水墙积水或积浆等。

1.1.3　按积水介质性质分

老空水按积水介质性质分为强酸性水、弱酸性水和中性水三类。

(1)强酸性水:pH 值小于 5 的矿井水。

(2)弱酸性水:pH 值 5~7 的矿井水。

(3)中性水:pH 值为 7 的矿井水。

1.1.4　按老空积水资料可靠程度划分

按老空积水开采情况图纸、资料可靠情况划分为不可靠、较可靠、可靠三类。

(1)不可靠:资料依靠调查分析判断。

(2)较可靠:有一定图纸资料做参考。

(3)可靠:有可靠图纸资料做依据。

老空水对采煤的威胁主要表现在同层老空水上水平对下水平的威胁、邻层老空水浅部对深部的威胁、邻矿老空水对矿井的威胁。

1.2　老空水害主要特点

1.2.1　老空水主要特点

（1）古空水、老窑水一般积存时间长，酸度大，水味发涩。因古井老窑开采历史悠久、近代闭坑小煤矿管理不规范等原因，积水位置、范围、水量等资料缺乏，其探查防治难度大。

（2）多以静储量为主，补给往往较差，犹如地下水库，属于"死水"，所以有"挂红"、酸度大、水味发涩的特点。

（3）积水量决定于能够积水的采空区体积大小，与开采面积、煤层开采厚度、开采时间、顶板岩性等有关。

（4）水压大小取决于开采井巷与积水区的位置高差。

1.2.2　老空水害主要特点

（1）突发性。老空透水事故一般因未准确掌握积水区位置或未采取有效探放措施而发生，因此，矿井充水常具有突发性。

（2）强破坏性。不论积水量大小，突水量都很集中，来势猛、流速快，具强大冲溃力，积水量大、水压高时破坏尤甚，对开采威胁大。绝大多数重特大老空透水事故均为此类型。

（3）腐蚀性。一般老空水具酸性，对井下轨道、金属支架、钢丝绳、排水等金属设备有腐蚀作用。

（4）有害气体伤人。老空水透出一般伴有有害气体的涌出。

第 2 章　老空水害防治技术体系

老空水防治技术主要包括：探查老空水、探放水、堵截水、防水闸门（墙）隔离水、留设煤（岩）柱防水等。图 3-2-1 所示为西安煤科院老空水害防治技术体系。

图 3-2-1　老空水害防治技术体系

肥矿集团总结多年老空水害防治经验，提出"查、治、检、管"四步闭环老空水害防治技术体系，见图 3-2-2。每一步又有三个主要环节，可概括为：普查、排查、探查，"三查"查清条件；探放、堵截、隔离，"三治"源头根治；物探、钻探、化探，"三探"检验效果；技术、施工、生产，"三管"现场管控。并坚持井上下结合、物探钻探结合、长短探结合、疏堵隔结合、防灾与抗灾结合等五个结合。

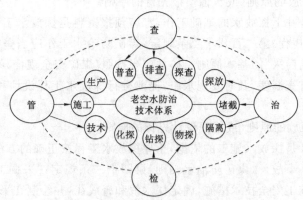

图 3-2-2　四步闭环老空水害防治技术体系

部分矿区采用"一查、一震、两电、一钻"防治老空水模式，见图 3-2-3。

图 3-2-3　"一查、一震、两电、一钻"防治老空水模式

第3章　老空水探放的目的和原则

3.1　老空水探放目的

探放水,是探水和放水的总称。探水是指采矿过程中用超前勘探方法,查明采掘工作面顶板、侧帮和前方等水体的具体空间位置和状况等情况,其目的是为有效地防治矿井水害做好必要的准备。放水是指为了预防水害事故,在探明情况后采用钻孔等安全方式将水放出,是防治水的手段之一。

老空水探放的基本目的就是查明水情,根据水量大小有控制地将水放出,消除水患,而后再进行采掘工作,以保证矿井安全生产。

3.2　探放水基本原则

井下探放水的基本原则为:先预报后探放、先设计后探放、探放水"三专"、探放水效果职能部门认定的四原则。

(1) 先预报后探放的原则(或水害预报先行的原则)

水害预测预报是井下探放水的基础工作,水害预报资料是探放水工程设计和施工的基础依据。《煤矿安全规程》第二百八十二条规定:煤矿防治水工作应当坚持"预测预报、有疑必探、先探后掘、先治后采"的基本原则。矿井应当按照《煤矿安全规程》的要求,坚持水害预测预报和水害隐患排查制度,及时发现水患,提前进行探放水工程设计和施工,消除水患或进行水害治理。

(2) 先设计后探放的原则(或工程设计先行的原则)

探放水工程设计是探放水施工的依据,指导探放水工程按正确的方法施工,能有效避免探放水过程发生水害事故。《煤矿防治水细则》第四十二条规定:"采掘工作面探水前,应当编制探放水设计和施工安全技术措施,确定探水线和警戒线,并绘制在采掘工程平面图和矿井充水性图上。探放水钻孔的布置和超前距、帮距,应当根据水头值高低、煤(岩)层厚度、强度及安全技术措施等确定,明确测斜钻孔及要求。探放水设计由地测部门提出,探放水设计和施工安全技术措施经煤矿总工程师组织审批,按设计和措施进行探放水。"

(3) 探放水"三专"原则(或"三专"原则)

《煤矿安全规程》第三百一十八条规定:"井下探放水应当采用专用钻机,由专业人员和专职探放水队伍施工。"即井下探放水必须采用"三专",即使用专用探放水设备,由专业技术人员设计和专门的探放水作业队伍施工。

专用探放水设备主要是指矿井坑道钻机,严禁使用煤电钻、锚杆钻机等设备进行探放水。探放水要求满足超前距、允许掘进距、巷帮安全距等参数的要求,才能保证探放水作业处于安全的环境中,避免使用煤电钻等通用设备"短兵相接"而发生水害事故。

井下探放水必须由专业技术人员进行设计。专业技术人员是指受过正规院校地质、水文地质专业教育的技术人员,一般要求具有本专业初级以上职称。探放水是一项具有安全威胁、较为复杂的系统工程,要求对探放水工程设计条件预判正确、方法选择得当、设计内容全面、工程参数科学、防范措施有效。非专业人员难以胜任设计工作,由专业技术人员进行设计,可最大限度地提高设计质量,避免因设计失误而带来的损失。

井下探放水必须由专职队伍进行施工。探放水作业现场条件复杂、面临危险性大,要求现场施工人员掌握操作规程、规范操作流程,具备发现突水征兆、判别危险程度、熟悉避害防护和应急处理等一系列知识。煤矿探放水工作为特殊工种,须经过资质机构专门培训、考试合格、持证上岗,具有探放水现场操作的相关知识,是探放水施工的专职人员。

(4) 探放水效果职能部门认定的原则

《煤矿安全规程》第三百一十八条规定:"探放水结束后,应提交探放水总结报告存档备查。"探放水是否达到预期效果,应当由地测、安监、技术和生产等部门进行联合认定,确定水患消除后,方可下达"采掘工程复工通知书",采掘单位应当在"通知书"规定的"允许采(掘)距离"范围内恢复采掘活动。探放水施工单位和采掘区队不能擅自判断探放水效果,盲目组织恢复采掘,避免由一些假象引起判断失误导致水害事故。

3.3　老空水探放设计原则

老空水探放设计要依据老空积水量的多少,矿井现有排水能力,老空水补给量、水质和放水后解放的煤炭资源量等因素综合分析,以安全、经济、合理为设计原则。同时还要遵循"主动探放、先隔离后探放、先堵后探放、先降压后探放"的设计四原则。

(1) 主动探放原则

当矿井老空区不在重要建筑物下,老空水与地表水、主要含水层没有水力联系或联系较差,老空区积水量较小且(或者)没有稳定补给源,排放老空水不会过分加重矿井排水负担,积水区下的煤炭资源急待开采或老空积水区危及采掘工作面安全时,应主动采取探放水措施,彻底消除水患威胁。

(2) 先隔离后探放原则

当矿井老空区与地表水、主要含水层存在水力联系,老空区积水量较大、水质差(酸性大)时,为避免长期负担排水费用,应先设法隔断老空水补给来源或减少老空水补给量,然后再进行探放水。《煤矿防治水细则》第七十九条规定:"当老空有大量积水或者有稳定补给源时,应当优先选择留设防隔水煤(岩)柱;对于有潜在补给源的未充水老空,应当采取切断可能补给水源或者修建防水闸墙等隔离措施。"老空积水量大、水压高、煤层松软和节理发育,直接探水不安全时,可采取开掘石门、砌隔水墙、相邻煤层隔层打孔等隔离式探水措施。

隔离老空水技术主要包括:留设防隔水煤(岩)柱和设置隔离设施两部分。

① 留设防隔水煤柱。在不具备放水条件或放水不经济前提下的水淹区下或老窑积水区下掘进,必须严格留设防隔水煤(岩)柱。按照《煤矿防治水细则》附录六之五"水淹区域下采掘时防隔水煤(岩)柱的留设"规定:

a. 巷道在水淹区域下掘进时,巷道与水体之间的最小距离,不得小于巷道高度的 10 倍。

b. 在水淹区域下同一煤层中进行开采时,若水淹区域的界线已基本查明,防隔水煤(岩)柱的尺寸应按下式计算留设:

$$L = 0.5KM\sqrt{\frac{3p}{K_p}}$$

式中　L——煤柱留设的宽度,m;

　　　K——安全系数,一般取 $2\sim5$;

　　　M——煤层厚度或采高,m;

　　　p——水头压力,MPa;

　　　K_p——煤的抗拉强度,MPa。目前国内各矿采用值大多在 $0.2\sim1.4$ MPa 之间。

c. 在水淹区域下的煤层中进行回采时,防隔水煤(岩)柱的尺寸,不得小于最大导水裂隙带高度与保护层厚度之和。

② 构筑防水闸门、挡水墙等设施隔离老空水。如枣矿集团联创公司有效隔离通晟公司老空水技术。枣矿集团联创公司受相邻通晟公司老空水威胁,该矿在 142 采区与通晟公司 14 层煤边界建立防御性水闸门和挡水墙各 1 道,实现了有效隔离。在井下 F35 号断层附近施工了 13 道挡水墙和 4 道水闸门,在 F35 断层东、西部之间建立了第 2 道有效隔离防线,确保了矿井西部区域的安全。

(3) 先堵后探放原则

老空区与其他含水层有水力联系且老空水动水补给量较大时,应先采取措施封堵,切断老空水与其他含水层间的水力联系后,再进行探放水。

如枣矿甘霖公司采用"堵通道,截水源"方法减少老空水害威胁和矿井排水费用。甘霖公司受关闭的朱子埠和枣庄矿老空水及周边地方煤矿老窑水严重威胁,历史上曾发生 3 次老空突水淹水平事故。该矿主要采取在与相邻矿之间进行地面注浆封堵通道措施,减少过水量约 1 000 m³/h,减轻了排水和威胁压力,效果显著。

又如肥矿大曹边界侧方老空水地面帷幕截流技术。肥矿曹庄煤矿受西边界闭坑大封矿老空过水影响和威胁,于 2010 年历时 183 天,实施了井田边界地面帷幕截流工程。共施工地面钻孔 33 个,累计注水泥、粉煤灰、砂等料 16 791 t,过水量减少 100 m³/h,堵水效果 90.9%,年节约排水电费 189.2 万元,保证了相邻工作面的安全回采。

(4) 先降压后探放原则

对以静储量为主,水量大、水压高的老空积水区,应本着从高处向低处分段探放,逐步降低老空积水区水压的原则进行探放水,或从顶底板岩层施工穿层放水钻孔,待水压降至安全值后,再沿煤层打探放水钻孔。

第 4 章 老空水探放方法和程序

4.1 井下老空水探放基本方法

《煤矿防治水细则》第七十六条规定:"老空范围不清、积水情况不明的区域,必须采取井上下结合的钻探、物探、化探等综合技术手段进行探查,编制矿井老空水害评价报告,制定老空水防治方案。"第四十三条规定:"老空和钻孔位置清楚时,应当根据具体情况进行专门探放水设计,经煤矿总工程师组织审批后,方可施工;老空和钻孔位置不清楚时,探水钻孔成组布设,并在巷道前方的水平面和竖直面内呈扇形,钻孔终孔位置满足水平面间距不得大于3 m,厚煤层内各孔终孔的竖直面间距不得大于 1.5 m。"

《煤矿安全规程》第三百一十八条规定:"探放水前应当编制探放水设计,采取防止有害气体危害的安全措施。探放水结束后,应当提交探放水总结报告存档备查。"

因此,探放水的基本方法就是以钻探为主,物探为辅。人们在工程实践中总结出了"物探先行、钻探验证、长钻掩护、化探定(水)源、试验定(水)量"等综合探放水方法。

4.2 老空水探放流程

正式探放老空水前,一般要对老巷或老空积水区进行调查,圈定老空积水范围,确定积水区边界,而后根据老空积水区的水压、煤层的坚硬程度、资料可靠程度等划定探水线和警戒线,编制探放水设计,确定允许掘进距离和超前距。完成上述工作后,即可按以下程序实施探放水工作:施工探放水钻孔,整理探放水资料,依据探放水结果确定允许掘进距离,通知掘进单位按规定的允许掘进距离施工。当掘进施工到允许掘进距离后再次进行探放水,依次类推,循环进行,直到积水放净为止。揭露老空区前,还要采取透孔或施工检查孔措施,检验放水效果,确定积水放净后方可掘透老空。

概括地说,老空水探放共分四步:老空水调查或排查、老空水探放设计、老空水探放施工、老空水探放效果验证。其流程如图 3-4-1 所示。

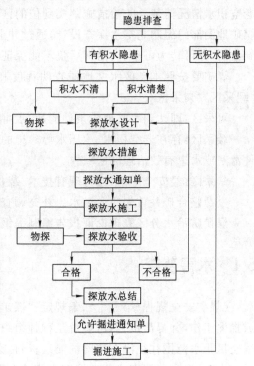

图 3-4-1 老空水探放流程图

第 5 章　老空水调查或排查

《煤矿防治水细则》第七十六条规定："煤矿应当开展老空分布范围及积水情况调查工作,查清矿井和周边老空区及积水情况,调查内容包括老空位置、形成时间、范围、层位、积水情况、补给来源等。老空范围不清、积水情况不明的区域,必须采取井上下结合的钻探、物探、化探等综合技术手段进行探查,编制老空水害评价报告,制定老空水防治方案。"

《煤矿安全规程》第三百二十三条规定："探放老空水前,应当首先分析查明老空水体的空间位置、积水范围、积水量和水压等。"第二百九十八条规定："在采掘工程平面图和矿井充水性图上必须标绘出井巷出水点的位置及其涌水量、积水的井巷及采空区范围、底板标高、积水量、地表水体和水患异常区等。在水淹区域应当标出积水线、探水线和警戒线的位置"。一般通过开展老空水害普查、隐患排查和超前探查,彻底查清矿井、工作面老空积水情况,并标绘到图纸上。

《煤矿防治水细则》第七十七条规定："煤矿应当根据老空水查明程度和防治措施落实到位程度,对受老空水影响的煤层按威胁程度编制分区管理设计,由煤矿总工程师组织审批。老空积水情况清楚且防治措施落实到位的区域,划为可采区;否则,划为缓采区。缓采区由煤矿地测部门编制老空水探查设计,通过井上下探查手段查明老空积水情况,防治措施落实到位后,方可转为可采区;治理后仍不能保证安全开采的,划为禁采区。"

煤矿要按照本矿区水文地质查明程度和防治措施到位情况将全井田划分为"可采区""缓采区""禁采区"。

可采区:即达到水文地质条件清楚、水害防治措施到位的区域。

缓采区:存在老空积水、承压水等隐患的煤矿,因资金、技术等原因还未达到水文地质条件清楚或水患有效治理的区域。

禁采区:经安全论证,通过现有技术、装备等难以达到安全开采的区域。

资源整合矿井首先应通过水患补充调查做到老空积水分布的位置、范围、积水量清楚。

煤矿防治水分区管理论证报告编制提纲见附件 6。

5.1　水害普查

《煤矿安全规程》第三十二条规定："煤矿必须结合实际情况开展隐蔽致灾地质因素普查或探测工作,并提出报告,由矿总工程师组织审批。"年代久远的古井,开采资料不清的小窑,采空区积水范围往往没有精确的测绘资料,必须采用一定的调查和探查手段。

老窑、采空区调查或复查核实内容应包括:① 老窑(或采空区)名称、建井时间、井筒位置、井田范围、开采层位、停采时间、积水范围、积水深度、积水量、老空水补给来源等水文地质情况,调查资料来源、被调查人员、调查人员、调查时间等。② 察看井田内地形地貌,圈出采空塌陷区积水面积、积水上下限标高、估算积水量等。③ 采空区塌陷情况,即塌陷区范围、面积,塌陷深度,积水情况,积水面积,是否稳定等,绘制塌陷特征值等值线图,对矿坑水水位及水质进行取样和监测,矿井生产设施及工业广场现状。④ 矿井存在的主要安全隐患及其危险性。⑤ 矿井闭坑后采取的主要处置措施包括井巷、工业广场、采空区、塌陷地、固体废物等处置措施。将调查内容及时填入老窑、采空区调查台账。根据普查了解的老矿区范围及周边老空(窑)水的位置、范围和水量,划定矿井老空区积水警戒线和禁采线,形成矿井老空水普查论证报告。

普查手段一是采用地面二维/三维地震、瞬变电磁、高密度电法等物探手段;二是走访调查,收集分析相关资料,必要时钻探验证。对整合煤矿或开采范围老空区复杂的矿井来说,能够通过曾经从事水文地质工作人员进一步了解采空区资料,尽最大努力将采空区资料填绘到采掘工程平面图,十分关键。

调查工作完成后,要编制调查总结报告,报告由文字、必要的附图和附表组成,有必要时可摄制视频、影像资料。

调查报告根据调查资料的翔实程度进行编写,编写提纲详见附件 1。

5.2 老空水害隐患排查

5.2.1 排查方式

《煤矿防治水细则》第三十七条规定:"矿井应当加强充水条件分析,认真开展水害预测预报及隐患排查工作。"① 每年年初,根据年度采掘计划,结合矿井水文地质资料,全面分析水害隐患,提出水害分析预测表及水害预测图;② 水文地质类型复杂、极复杂矿井应当每月至少开展 1 次水害隐患排查,其他矿井应当每季度至少开展 1 次;③ 在采掘过程中,对预测图、表逐月进行检查,不断补充和修正。发现水患险情,及时发出水害通知单,并报告矿井调度室;④ 采掘工作面年度和月度水害预测资料及时报送煤矿总工程师及生产安全部门。

例如,肥矿集团坚持集团、矿井、科室"三个层面"做到全方位、全方面、全覆盖隐患排查。集团层面坚持一月一排查、一分析、一预报、一落实的"四个一"制度;矿井层面坚持年度、季度、月度排查;科室(工区)层面坚持科(区)长每旬一排查,专业人员天天实时排查。对排查出的隐患,分类定级,制订专门治理措施,做到责任、方案、资金、人员、物资、期限"六落实",形成闭环,确保整治到位。

5.2.2 老空积水"三线"确定

老空积水区域积水线、探水线、警戒线,俗称老空积水"三线"。《煤矿安全规程》执行说明对其第二百九十八条"三线"规定做了明确界定。老空水害排查时,必须将"三线"标绘在采掘工程平面图上。

积水线是指经过调查确定的积水边界线。积水线是由调查所得的水淹区域积水区分布资料,或由物探、钻探探查确定。一般根据物探、钻探探查或分析确定的老空积水区范围,在采掘工程平面图上按照积水上限标高沿等高线确定积水范围边界线。大致查明的,要根据积水范围观测到的最高泄水标高确定。

探水线是指用钻探方法进行探水作业的起始线。探水线是根据水淹区域的水压、煤(岩)层的抗拉强度及稳定性、资料可靠程度等因素沿积水线平行外推一定距离划定。当采掘工作面接近至此线时就要采取探放水措施。

警戒线是指开始加强水情观测、警惕积水威胁的起始线。警戒线是由探水线再平行外推一定距离划定。当采掘工作面接近此线后,应当警惕积水威胁,注意采掘工作面水情变化。如发现有渗水征兆要提前探放水,情况危急时要及时撤离受水害威胁区域人员。

探水线和警戒线范围确定见表 3-5-1。

表 3-5-1　　　　　　　　　　　　　　探水线和警戒线范围

边界名称	确定方法	煤层软硬程度	外推范围/m		
			资料依靠调查 分析判别	有一定图纸 资料作参考	可靠图纸资料 作依据
探水线	由积水线 平行外推	松软	100～150	80～100	30～40
		中硬	80～120	60～80	30～35
		坚硬	60～100	40～60	30
警戒线	由探水线平行外推		60～80	40～50	20～40

5.2.3　老空积水量的估算

老空积水量可采用以下公式估算:

$$Q_积 = \sum Q_采 + \sum Q_巷$$

$$Q_采 = KMF/\cos \alpha = KMBh/\sin \alpha$$

$$Q_巷 = WLK$$

式中　$Q_积$——相互连通的各积水区总积水量,m^3;

　　　$\sum Q_采$——有水力联系采空区积水量之和,m^3;

　　　$\sum Q_巷$——与采空区有联系的巷道积水量之和,m^3;

　　　K——充水系数;

　　　M——采空区的平均采高或煤厚,m;

　　　F——采空积水区的水平投影面积,m^2;

　　　α——煤层倾角;

　　　W——积水巷道原有断面,m^2;

　　　L——不同断面巷道长度,m;

　　　B——老空走向长度,m;

　　　h——老空水头高度,m。

采空区充水系数 K 与采煤方法、回采率、煤层倾角、顶底板岩性及其碎胀程度、采后间隔时间等诸因素有关;巷道充水系数则根据煤(岩)巷和成巷时间不同及维修状况而定。计算时须逐块逐条地选定充水系数,这是积水量估算的关键。充水系数采空区一般取 0.25～

0.5,煤巷一般取 0.5～0.8,岩巷取 0.8～1.0。10 年前采空区一般取 0.20,近 10 年内取0.25～0.40。

在估算老空积水时,要分析清楚水源补给条件和相关联的所有老空区积水量。如梁宝寺矿 3113 皮顺上方同煤层 3111 工作面老空积水量估算时,技术人员未将与 3111 工作面老空积水相连通的 3109、3107 工作面积水考虑进去,致使积水估算量与实际严重不符,影响了探放水组织、延长了探放水时间。

5.3　老空积水超前物探

《煤矿防治水细则》第七十六条规定中老空区积水物探探查:"地面物探可以采用地震勘探方法探查采空范围,采用直流电法、瞬变电磁法、可控源音频大地电磁测深法探查老空积水情况;井下物探可以采用槽波地震勘探、瑞利波勘探、无线电波透视法(坑透)探测老空边界,采用瞬变电磁法、直流电法、音频电穿透法探测老空积水情况;物探等探查圈定的异常区应当采用钻探方法验证"。

(1) 掘进工作面超前探查

一般采用瞬变电磁探测迎头前方 100 m、顶底板及两帮 50 m 范围;用直流电法探测迎头前方 100 m 范围构造及积水情况。采用钻探验证。

(2) 回采工作面超前探查

一般采用无线电波坑透仪、槽波地震仪探断层、陷落柱、老空(巷)区等。采用瞬变电磁、高密度电法等探测顶底板及四周富水区。采用钻探、示踪试验等验证。

值得注意的是:老空区积水达到一定体积效应时,为低阻异常,低于一定体积规模为高阻异常。

5.4　老空水动态监测

《煤矿防治水细则》第八十三条规定"应当对老空积水情况进行动态监测,监测内容包括水压、水量、水温、水质、有害气体等;采用留设防隔水煤(岩)柱和防水闸墙措施隔离老空水的,还应当对其安全状态进行监测"。

第 6 章　老空水探放设计

探放老空水时,应当由地测部门编制专门疏放水设计,经煤矿总工程师组织审定后,严格按设计施工,并做到一工程一设计(一个施工地点遇到不同积水情况,需分别编制探放水设计)。探放过程中,应当详细记录放水量、水压动态变化。放水结束后,对比放水量与预计积水量,采用钻探、物探方法对放水效果进行验证,确保疏干放净。

6.1　老空水探放设计工作流程

老空水探放设计工作流程主要分三步,一是资料收集及现场施工条件勘查;二是设计编制;三是设计审定及技术交底。老空水探放设计工作流程见图 3-6-1。

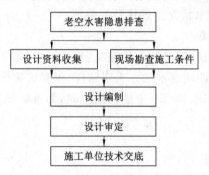

图 3-6-1　老空水探放设计工作流程

6.2　老空水探放钻孔布设工艺及参数

6.2.1　探放水钻孔"三距"及密度的确定

(1) 探放水"三距"的确定

"超前距""允许掘进距离""帮距"简称老空水探放"三距",见图 3-6-2。

① 超前距:从探水线开始向前方打钻探放老空水,一次打透积水的情况较少,所以常是探水—掘进—探水循环进行。而探水钻孔终孔位置必须始终保持超前工作面一段安全距离,这段距离简称"超前距"。

《煤矿防治水细则》第四十八条探放水钻孔超前钻距和止水套管长度规定:"老空积水范围、积水量不清楚的,近距离煤层开采的或者地质构造不清楚的,探放水钻孔超前距不得小于 30 m,止水套管长度不得小于 10 m;老空积水范围、积水量清楚的,根据水头值高低、煤

(岩)层厚度、强度及安全技术措施等确定"。一般采用计算防隔水煤(岩)柱公式计算超前距、帮距。

②　允许掘进距离:是指经探水证实无水害威胁、可以安全掘进的长度。一般为实际钻探距离减去超前距离。

③　帮距:为使巷道两帮与可能存在的老空水间保持一定的安全距离,即扇形布置(一般不少于 3 个)的最外侧探水孔所控制的范围与巷道帮的距离,称为帮距,其值应与超前距相同,在薄煤层中可缩短,但不得小于 8 m。

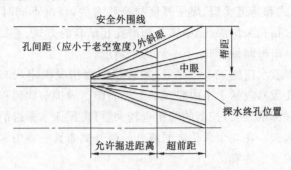

图 3-6-2　老空积水探放"三距"示意图

(2) 探放水钻孔密度的确定

钻孔密度是指允许掘进距离处纵横剖面上探水钻孔的距离,又叫孔间距。钻孔密度过小,就有可能在探查时漏掉工作面前方、两侧和底板积水的老巷。《煤矿防治水细则》第四十三条规定:"老空和钻孔位置清楚时,应当根据具体情况进行专门探水设计,经煤矿总工程师组织审批后,方可施工;老空和钻孔位置不清时,探水钻孔成组布设,并在巷道前方的水平面和竖直面内呈扇形,钻孔终孔位置满足水平面间距不得大于 3 m,厚煤层内各孔终孔的竖直面间距不得大于 1.5 m。"

6.2.2　老空水探放最大放水量及孔数计算

(1) 最大应放水量计算

$$Q_{\max}=W+Q_{动}\,t$$

式中　W——静储量或老空积水量,m³;

　　　$Q_{动}$——动储量或老空水补给量,m³/h;

　　　t——允许放水时间,h。

(2) 单孔出水量估算

$$q=CW\sqrt{2gh}$$

式中　q——单孔出水量,m³/s;

　　　C——流量系数,一般取 0.6~0.62;

　　　W——钻孔的断面积,m²;

　　　g——重力加速度,9.81 m/s²;

　　　h——钻孔出口处的水头高度,m。

(3) 放水孔数的确定

$$N = \frac{Q}{q}$$

式中　Q——预计放水量,m^3;

　　　q——单孔出水量,m^3/s;

　　　N——放水钻孔的孔数,个。

6.2.3　探放水孔的布置方式

探水孔的布置方式和巷道类型、煤层厚度与产状有关,情况不同时,布置方式也有所不同。总的说来,探放水钻孔采用深孔、中深孔和潜孔相结合的方式。探水钻孔的布置从平面上看,主要有扇形和半扇形两种,剖面上一般为半扇形。

深孔方式:每次探放水应施工 3 个钻孔(视煤层厚度情况确定,如果煤层厚度达 3.0 m以上,要适当增加钻孔数),包括 1 个中眼和 2 个外斜眼。为提前探到积水,只要钻孔不脱离煤层尽量打深,外斜眼深度较大,控制的帮距也较大,可确保探水掘进的安全。

中深孔方式:每次探水在 3 个深孔之间或外斜眼外侧布置一些中深孔,孔深以能满足超前距、帮距和孔间距的要求为宜。

浅孔方式:薄煤层探水或帮距控制钻孔密度不足时,可采用浅孔探放水。

扇形布孔方式:在巷道处于三面受水威胁,需要进行搜索性探放水的地区,探放水钻孔应采用扇形布孔方式,使巷道前方、左右两侧需要保护的煤层空间均处于钻孔控制之中(见图 3-6-3)。

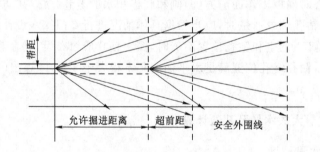

图 3-6-3　扇形探水钻孔

半扇形布孔方式:在确定水体仅位于巷道一侧时,探放水钻孔可以采用半扇形布孔方式,使巷道前方和一侧需要保护的煤层空间均处于钻孔控制之中(见图 3-6-4)。

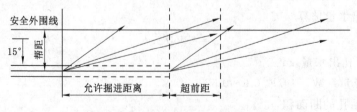

图 3-6-4　半扇形探水钻孔

6.2.4　探放老空水钻孔布设工艺

主要探放水方式的钻孔布设：

（1）近老空微压（限压）循环探放水方式

煤矿开采中经常遇到从积水面标高以上，沿空或留小煤柱或沿人工假顶向积水区下山方向施工的巷道，此情况很难满足《煤矿防治水细则》留设 30 m 超前距的要求，或者说留设 30 m 后，钻孔为负角，根本就放不出积水，如果专门施工泄水巷又不经济。可采用长短探结合"探—放—掘"循环（限压）探放水，消除老空水的威胁。当巷道迎头施工到积水面标高以下 1 m 时，在迎头施工放水孔放水，并经排水设备排出巷道，当积水面降至放水孔标高时，恢复巷道施工，完成一个循环的探放水。放水孔布置在老空区一侧，孔径一般不大于 58 mm，孔数根据排水设备的能力确定。近老空下山限压循环放水必须制订专门措施，由煤矿总工程师审批。

例如：肥矿梁宝寺 3222 皮带顺槽探放 3224 工作面老空积水，3224 老空积水量 19 万 m³，3222 皮顺施工巷道与采空区留 4 m 煤柱，工作面向积水区下山方向掘进。设计采用微压长短孔循环探放水方式，长孔采用近老空水侧半扇形布孔方式，每探 40 m 允许掘进 10 m（巷道坡度 7°，每 10 m 迎头降低约 1 m），使巷道迎头前方和近老空侧受保护的空间均处于钻孔控制之中。同时每隔 5 m 向老空侧施工 1～3 个浅孔，始终保持迎头巷道底板到积水面标高在 1 m 以下。当积水面高于 1 m 时，采取多打孔加快放水措施，当积水面降至放水孔标高，且水头小于 1 m 时，经水文专业人员现场分析无威胁方可恢复施工，完成一个循环的探放水。

（2）老空区底板岩巷穿层钻孔集中探放水方式

设计施工或利用已有老空区底板岩巷，在底板岩巷中布置钻场，向老空区最低点施工仰上穿层探放水钻孔进行放水。探放水钻孔成组布置，一般为 2～3 孔/组，终孔点分别在老空垮落带和导水裂隙带，一般在垮落带下置滤管，保持放水效果。当采空区低洼点不只一处时，分别在几个低洼点处布置孔组。

（3）防隔水煤柱外侧顺层钻孔集中探放水方式

《煤矿防治水细则》第四十三条规定，布置探放水钻孔应当遵循规定："煤层内，原则上禁止探放水压高于 1 MPa 的充水断层水、含水层水及陷落柱水等。如确实需要的，可以先构筑防水闸墙，并在闸墙外向内探放水。"防隔水煤柱外侧探放水钻孔，一般要设计施工煤层顶板或底板岩石钻窝，从岩层开孔以不同仰角向采空区施工探放水钻孔。或者在探水点施工防水墙，从墙外施工放水孔。钻孔数量不少于 3 个，一般首先施工终孔点标高最高的钻孔，其次施工终孔点标高次高的钻孔，最后施工水平钻孔。

（4）积水区下上山（顺层）掘进穿层钻孔集中探放水方式

积水区下巷道顺层上山方向掘进，当巷顶距积水区底界面距离小于 10 倍巷高时，必须进行探放水。巷道施工至积水区边界前 30 m，采用仰上钻孔探放水，若巷道已经处于积水区范围，选择巷道最低点施工仰上钻孔探放水，一般只需要一组钻孔。其探放水钻孔布置方式与老空区底板岩巷穿层钻孔集中探放水钻孔布置方式相同。

（5）积水区下下山掘进穿层钻孔分阶段探放水方式

积水区下巷道顺层下山方向掘进，当巷顶距积水区底界面距离小于 10 倍巷高时，必须进行分段探放水。巷道施工至积水区边界前 30 m,采用仰上钻孔进行第一次探放水,若巷道已经处于积水区范围,选择巷道最高点施工仰上钻孔进行第一次探放水。此后,依据顶板隔水岩柱可承受的水压,确定分段探放水的垂高或巷道掘进距离,巷道施工至分段探放水位置时,施工仰上钻孔进行第二次探放水,依此类推,直到巷道施工完毕。探放水钻孔布置方式与老空区底板岩巷穿层钻孔集中探放水钻孔布置方式相似。

6.2.5 孔口安全装置

预计水压大于 0.1 MPa 的探放水孔都必须安装孔口安全装置。孔口安全装置的施工和安装程序如下:

(1) 选择煤(岩)坚硬完整处开孔,孔径应比孔口管直径大 1~2 级,钻至预定深度(视水压高低和煤岩层强度而定)后,将孔内冲洗干净。

(2) 孔口管的安装和固结可用以下 3 种方法之一:

① 对于俯角钻孔,可先向孔内注入水泥浆,将预先准备好的孔口管(套管末端塞入木塞)下入孔内,等待水泥浆凝固。

② 对于水平钻孔,先将孔口管置入孔内,在孔口用水玻璃和水泥浆将孔口管固定并封死,在管的上方留一个小管用于排水、排气;然后从孔口管内压入水泥浆,待小管跑出浓浆时即封死,继续向孔口管内压注水泥浆,至达到一定压力后停止注浆,关闭孔口管上的闸阀等待水泥浆凝固。

③ 对于仰斜钻孔,先将孔口管置入孔内并固定在巷壁上,在孔口用水玻璃和水泥浆将孔口管固定并封死,在管的上方留一个小管用于注浆,然后从小管内压注水泥浆,待孔口管内反浓浆时停止注浆,等待水泥浆凝固。

(3) 水泥浆凝固后进行扫孔,扫孔深度超过孔口管长度后起钻,向孔内压水进行孔口管耐压试验,当水压达到预计放水时水压的 1.5~2 倍,且孔口管周围没有漏水松动等情况出现时,固管合格。否则,要重新注浆固管。

(4) 当探放水需要收集放水时的水压资料时,还应在孔口管内安设水压表。

(5) 对水压高于 1.5 MPa 的积水进行探放时,应采用反压、防喷方法钻进,以避免高压水顶出钻杆,喷出碎石伤人。

6.2.6 钻孔孔径的确定

探放水钻孔终孔孔径应根据煤层的坚硬程度、放水孔深度、水压及水量等因素确定。如煤层硬度较大、钻孔较深、水压较小,可选用稍大的孔径;反之,则选择较小孔径。生产实践中常用 42 mm、58 mm、60 mm、75 mm 等孔径。从探放水现场的围岩稳定性方面考虑,探放水钻孔终孔孔径除兼作疏水或堵水的钻孔外,孔径一般不得大于 94 mm,这样,探放水钻孔的开孔孔径也能得到控制,开孔对围岩的破坏性小,即使遇到不可预测的高压水及其他危险情况,也能够得到有效控制。

6.3 老空水探放设计编制

地测防治水技术人员,在编制设计前首先要对资料进行收集和整理,并现场察看施工条件、安全设施等情况,按规定进行编制。老空水探放设计编制提纲详见附件 2。

6.4　老空水探放设计审定及技术交底

老空水探放设计编制完成后,由矿总工程组织防治水副总、地测防治水、生产技术、机电、调度、通风管理、安监局等人员进行审查,提出审查意见,经修改后签字确定。

设计一经审定,编制人员要交付施工单位学习,由施工单位技术员负责根据设计编制施工安全措施。

第7章　老空水探放施工安全技术措施

施工单位技术员接到探放水设计后,要认真学习领会设计目的和主要技术参数,并下井了解施工条件、安全设施等,根据设计和现场实际编制施工安全技术措施。编制中要组织区队领导召开技术措施讨论会,对关键环节安全技术措施进行研究确定。

老空水探放的主要安全措施涉及四个方面:钻探安全措施、放水安全措施、探水巷道掘进安全措施、其他安全措施。

7.1　钻探安全措施

(1) 注意检查观测现场有无出水征兆,如发现打钻地点距积水地点很近,探水不安全时,应在采取加固措施后,另找安全地点探水。

(2) 检查现场的巷道支护和通风情况是否可靠,通讯联络系统、压风自救系统、人员避灾系统是否齐全,有无安全隐患。

(3) 探水的上、下山及平巷,中间不得有低洼积水段。

(4) 钻机安装必须平稳牢固,作业现场整洁。

(5) 严格按设计标定钻孔方位、倾角,开孔后进行复检,符合设计要求后方可正常钻进,每班开钻前先检查立柱、孔口安全装置、周围支护和报警信号,进行安全确认。如有问题,先处理后开钻。

(6) 预计可能发生有害气体涌出时,要有瓦检员现场值班。钻进中发现有害气体喷出时,用黄泥、木塞封堵孔口。若无法处理,应立即停工,切断电源,撤人至新鲜风流巷道内。

(7) 钻进时要注意判别煤、岩层厚度变化并记录换层深度。一般每钻进 10 m 或更换钻具时,要丈量一次钻杆并核实孔深。终孔前再复核一次,以防出现孔深差错造成水害事故。

(8) 遇高压水顶钻杆时,用立轴卡瓦和反压装置交替控制钻杆,将其慢慢顶出孔口。操作时禁止人员正对钻杆站立。

(9) 钻进中发现孔内显著变软或沿杆流水,应立即停钻检查,若孔内水压较大,应固定钻杆并记录其深度。在提出钻杆前,必须重新检查和加固有关设备和支护,然后再提出钻具放水。

7.2　放水及巷道透老空措施

(1) 钻探到达积水点时,要测定水压,重新核对原设计确定的积水水位、面积和水量,确定放水量及放水孔个数,进一步调整排水能力,为正式放水创造条件。

(2) 正式放水时要指派专人监视放水情况,记录放水量,发现异常及时处理。

（3）加强放水地点的通风，增加对有害气体的检测次数，或加设甲烷检测报警仪。

（4）放水结束后，立即核算放水量与预计积水量的误差，查明原因，防止有残留积水。

（5）受地表水强烈补给的老空区，放水后一般应通过一个水文年的观察，方可掘透老空。恢复掘进和掘透老空前须进行扫孔或补孔检查放水效果。

（6）掘透老空时，两侧应有掩护孔，并在有风流进出的钻孔透老空标高点以上掘进。

（7）进入老空区后，遇见实煤区或致密的矸石充填区，凡无法观测前方老空状况时，仍需探水前进，以防残留积水的危害。

7.3　探水巷道掘进安全措施

（1）循环探放水未钻探到积水区前，巷道必须在探水钻孔有效控制范围（允许掘进距离）内掘进，探水孔的超前距、帮距及空间距必须符合设计要求。每次探水后掘进前，应在起点处设置标志，并建立挂牌制度。探水牌内容包括探水地点，钻孔情况，示意图，允许掘进距离，探水、掘进施工负责人签字等。

（2）按设计钻孔的预计流量修建水沟，并将流水巷道内的沉淀等障碍物清理干净，对于倾斜巷道最好敷设铁皮水沟，巷道通风必须良好。

（3）巷道支护必须牢固，顶帮背实，无高吊棚脚，倾斜巷道棚梁有撑拉杆，使巷道有较强的抗水流冲击能力。

（4）探水巷道必须加强对出水征兆的观察，一旦发现异常应立即停掘处理。情况紧急时必须立即发出警报，撤出所有受水威胁地点的人员。

（5）煤层内的上山探水巷，应沿底板掘进，采取双巷掘进，一条巷道用来探水汇水，另一条巷道用来安全撤人。双巷应每隔 30～50 m 掘一条联络巷，联络巷口设挡水墙。巷道内不能有浮煤矸。

（6）遇到掘进工作面炮眼有突水征兆、探水孔超前距不够、掘进工作面支架不牢固或空顶距超过规定时，严格执行"三不放炮"制度。

（7）严格执行领导带班制度，掘进班队长必须在现场交接班。允许掘进剩余长度、巷道中心线与允许前进方位等参数必须现场交接，并保留记录。

7.4　其他安全措施

（1）探放水人员必须按照批准的设计施工，未经审批单位允许，不得擅自更改设计。

（2）通讯联络系统、压风自救系统、人员避灾系统齐全有效。

（3）制订应急预案和应急处置方案。

（4）与地表水体存在水力联系的老空水放水工作应避免在雨季进行。

探放水施工安全技术措施编制提纲详见附件 3。

第 8 章　老空水探放效果验证及总结

8.1　探放老空水效果验证

对老空水的探放效果坚持钻探验证为主,物探、化探综合验证为辅。探放老空水的效果验证应符合下列要求:

(1)钻探验证:必须安排专人对放水过程中放水量、水压、漏风情况进行观测,放水钻孔必须打至老空积水区的最低标高处,钻孔无水后必须透孔验证。

(2)物探验证。物探验证一般采用瞬变电磁仪验证,放水前探测积水范围表现为低阻异常区;放水后表现为高阻异常区。

(3)化探验证。对有动水水源的老空积水,要通过水质化验分析对比探放前后水质变化情况,进行化探验证,分析积水静储量是否疏干。

(4)放水结束后,应立即校核放水量和预计积水量的误差,查明原因。

(5)无水源补给的,检验标准为放水钻孔经反复疏通后无水;有水源补给的,放水量衰减至与补给水量达到动态平衡并保持正常放水,方可进行开采。

8.2　探放老空水总结

《煤矿安全规程》第三百一十八条规定:探放水结束后,应当提交探放水总结报告存档备查。探放老空水总结是指是对探放水资料的汇总和总结,其编制提纲详见附件 4。

第 9 章 老空水探放施工技术管理

老空水探放主要管理包括技术、施工、生产"三管理"。

（1）技术管理：确保"一工程，一设计，一措施、一审批"的"四个一"探放老空水技术制度，做到老空水基础资料齐全、符合规定、符合现场。平常还要注重开展隐患排查和水动态观测。尤其注意巷道局部冒落不均或防灭火灌浆以及挡水墙泄水口堵塞等引起的局部积水资料的观测、分析，防止局部积水事故发生。同时做好排泄水系统、监测系统、应急救援系统的维护和管理。

（2）施工管理：确保探放水施工"三专、两验、一严"。"三专"：专业技术人员、专用探放水设备、专门探放水队伍。"两验"：施工前由地测部门组织生产、通防、机电、安监等单位对施工现场进行开工验收，验收合格后方可施工；竣工后由地测部门组织竣工验收。"一严"：严格按照探放水设计及措施组织施工。

（3）生产管理：受老空水害威胁地点的生产必须坚持"四项"制度。一是允许掘进通知单制度；二是探放水现场牌板管理制度；三是水情汇报分析制度；四是停止生产探放水制度。确保生产地点始终保持合理超前距离和无水害威胁。

第 10 章　老空水害危险源识别及应急处置措施

10.1　老空水害危险源识别

　　受老空水威胁矿井必须建立老空水预警和预防机制,编制完善的《矿井水害事故应急处置预案》,并加强日常培训演练,提高矿井自身应急救援能力。老空水害预警与预防的关键是突水危险源识别和应急处置。老空突水危险源识别主要预兆有以下几种:

　　(1) 巷道壁或煤壁"挂汗"。具有一定压力的水透过煤岩体的细微裂隙而在采掘工作面煤岩壁上凝结成水珠的现象,称为"挂汗"。透水预兆中的"挂汗"与其他原因造成的"挂汗"有所不同:透水预兆中顶板"挂汗"多呈尖形水珠,有"承压欲滴"之势;煤炭自然发火预兆中的"挂汗"为水蒸气凝结于煤岩壁上所致,多为平形水珠;另外,井下空气中的水分遇到低温的煤岩体时,也可能凝结成水珠。区别"挂汗"现象是否为透水预兆的方法是剥离一层煤壁面,仔细观察所暴露的煤壁面是否潮湿,若潮湿则是透水预兆。

　　(2) 煤壁"挂红"。这是因为当积水中含有铁的氧化物时,煤岩壁上所挂之"汗"呈暗红色,故称为"挂红"。一般这是接近老窑水的征兆。

　　(3) 煤层发潮、发暗。由于水的渗入,使得煤层变得潮湿、暗淡。如果剥离表面一层,里面仍如此,说明附近有积水。

　　(4) 工作面温度降低,煤壁发凉。采掘工作面接近有水区域时,温度会骤然下降,空气变冷,人进入后有凉爽、阴冷的感觉。但应注意,受地热影响大的矿井,地下水的温度较高,当采掘工作面接近积水温度较高的区域时,煤岩壁的温度和空气的温度反而升高。

　　(5) 发出水叫声。含水层或积水区内的高压水在向煤壁裂隙挤压时,与煤壁摩擦会发出"嘶嘶"声响,说明采掘工作面距积水区或其他水源已经很近,若是煤巷掘进,则透水即将发生。

　　(6) 出现雾气。当采掘工作面气温较高时,从煤岩壁渗出的积水就会被蒸发而形成雾气。

　　(7) 工作面有害气体增加。这是因为积水区常常有瓦斯、二氧化碳、硫化氢等有害气体逸散出来的缘故。

　　(8) 顶板来压,淋水加大或底板鼓起渗水。顶板淋水如落雨状,底板鼓起或产生裂隙并出现渗水。

　　(9) 出现压力水流(或称水线)。这表明离水源已经较近,应密切注意水流情况。若出现浑浊,说明水源很近;若出现水清,则水源尚远。

　　(10) 打钻孔底松软或有水流出。说明接近积水区。

　　上述征兆,并不是每次突水前都会全部出现,有时可能一个或几个,极个别情况甚至不出现。因此,必须密切注意,认真分析。

10.2　老空水害应急处置措施

(1) 重视避灾演习,熟悉避灾路线

重视避灾演习,熟悉井下避水灾路线,知道哪里可以去,哪里不能去,一旦发生水害,知道去哪躲避。

(2) 透水一旦发生后,立即报告调度室

透水事故发生后,现场及附近工作的人员在脱离危险后,应在可能的情况下迅速观察和判断突水的地点、涌水的程度、现场被困人员的情况等,并立即向矿调度室报告。同时应利用电话或其他联络方式,及时向下部水平和其他可能受威胁区域的人员发出警报,及时通知撤离。

(3) 水势凶猛不要慌,紧紧抓住固定物

在突水迅猛、水流急速的情况下,现场人员应立即避开出水口和泄水水流,躲避到硐室内、拐弯巷道或其他安全地点。情况紧急来不及转移躲避时,可抓牢顶梁、立柱或其他固定物体,防止被涌水打倒和冲走。

(4) 熟悉巷道系统,牢记安全出口

如因涌水来势凶猛、现场无法抢救或者危及人员安全时,应迅速组织起来,沿着规定的避灾路线和安全通道,撤退到上部水平或地面。在行动中,应注意下列事项:

① 撤离前,应设法将撤退的行动路线和目的地告知矿井领导人。

② 在撤退沿途和所经过的巷道交叉口,应留设指示行进方向的明显标志,以提示救援人员。

(5) 面对水头要镇静,尽快撤到上水平

在条件允许的情况下,应迅速撤往突水地点以上的水平,尽量避免进入突水点附近及下方的独头巷道。行进中,应靠近巷道一侧,抓牢支架或其他固定物体,尽量避开压力水头和泄水主流,并注意防止被水中滚动的岩石和木料撞伤。

(6) 退路如果被水淹,切忌潜水去乱钻

撤退中,如因冒顶或积水造成巷道堵塞,可寻找其他安全通道撤出。在唯一的出口被堵塞无法撤退时,应组织好灾区避灾,等待救援人员的营救,严禁盲目潜水等冒险行为。

(7) 判断是否老空水,必须戴好自救器

老空水涌出使所在地点的有毒有害气体浓度增高时,现场职工应立即佩戴好隔离式自救器或压缩氧自救器。在未确定所在地点的空气成分能否保证人员的生命安全时,禁止任何人随意摘掉自救器的口具和鼻夹。

(8) 被困井下心莫慌,节省体力等救援

在井下耐心等待,看到救援人员不要过分激动防止血管破裂,避难长时间被救之后不能过多饮食和见到强烈光线,防止损伤消化器官和眼睛。

(9) 下山出口若被淹,独头上山暂躲避

(10) 找到避难硐室,耐心等待救援

进入避难硐室前,应在避难硐室外留设文字、衣物、矿灯等明显标志,以便救援人员及时发现,进行营救,还可以间断地敲击铁管、铁器等。

附　　件

附件 1　老空(老窑)水害调查报告(编制提纲)

1. 矿井概况

(1) 矿井名称,所属企业名称及企业性质,主管单位或部门等。

(2) 矿井交通位置、自然地理概况。

(3) 矿井开采简述:矿山设计时间、设计单位、生产规模、服务年限、生产管理方式、总采出煤量。

(4) 闭坑(停办)原因及时间。

2. 矿井地质

(1) 地层及含煤地层,地质构造,岩浆岩、陷落柱发育情况等。

(2) 煤层煤质特征,煤层的层数、各开采煤层厚度、煤层间距及其变化等;煤的物理性质及煤岩特征;煤的化学性质,即水分、灰分、挥发分,元素组成,全硫、形态硫、磷、砷等有害元素含量及其变化;煤的工艺性质及煤类等。

3. 矿井水文地质

(1) 井田所处水文地质单元及其区域地下水的补给、径流、排泄等水文地质特征。

(2) 井田水文地质特征:含(隔)水层的岩性、厚度、与煤层的相互关系,含水层的富水性、导水性、水量、水质、水温等。

(3) 矿井主要充水因素、矿井涌水的主要来源、排水量情况、主要灾害性水害发生原因及其对矿井开采的影响。

(4) 岩体的物理力学性质及其稳定性,主要工程地质问题产生的部位、原因及其对矿床开采的影响。

4. 矿井开采和资源情况

(1) 设计利用的资源储量、矿井开拓开采情况:开采方式、开拓系统、采矿方法、采掘工作量、采出矿量、采矿回收率等。

(2) 损失矿量(包括正常和非正常损失)、损失率,批准非正常损失矿量的机构、批准理由等情况的述评。

(3) 资源/储量注销概况。剩余资源/储量及剩余原因的述评。

(4) 共生、伴生矿产的综合开采、利用情况。

5. 采空区积水情况及影响

(1) 地下水疏干范围、水位及其恢复程度等情况。

(2) 积水范围、积水深度、积水量、老空水补给来源等。

（3）井田内地形地貌，采空塌陷区积水面积、积水上下限标高、估算积水量等。

（4）对邻近矿井影响情况评价。

（5）水体污染及其自净情况。

6. 结论

简要评述矿山生产的经济、社会、资源效益，剩余资源/储量的处理方式及矿山闭坑后对环境的影响评述，废弃矿井存在的主要问题、环境及地质灾害治理建议。

附图：

① 矿区地质图（含地层柱状图、剖面图）；

② 采掘工程平面图（标注积水范围、积水量，水压等）；

③ 地面塌陷范围及积水情况图；

④ 其他相关图件。

附表：

① 资源/储量总表（包括历次地质勘查、生产勘探的资源/储量增减）；

② 历年采出量、损失（包括正常和非正常损失）量、采矿回收率、损失率统计表；

③ 历年矿井排水量基本情况表；

④ 矿山主要水害、工程及环境地质危害的基本情况统计表；

⑤ 矿井调查表及汇总表（见表1、表2）。

表1　　　　　　　　　　　　　　　　　　老空（老窑）调查表

废弃矿井名称		矿种	
废弃矿井地址		井口坐标（经纬度）	
所属企业名称		企业性质	
法定代表人	联系电话		危害程度评价	
建井时间		威胁到的对象	
废弃矿井存在的主要安全、环保问题		有无安全处置措施	
拟治理主要内容		废弃时间	
关闭原因			

表2　　　　　　　　　　　　　　　　　　调查汇总表

编号	废弃矿井名称	矿种	所属企业名称	企业性质	存在主要安全、环保问题	威胁到的对象	有无安全处置措施	危险程度	治理建议	拟治理时间

实物资料：包括照片、视频等。

附件 2　老空水探放设计(编制提纲)

1. 设计目的

主要包括工作面施工及受老空水威胁情况、设计目的。

2. 老空积水情况

主要包括采空区地质及水文地质条件、采空区分布特征、探放水巷道施工情况、预计积水范围、积水水压、积水水量等。

2.1　积水区水文地质情况

主要包括探放水区地层、构造情况及水源、导水通道分析。重点分析老空与上、下采空区、相邻积水区、地表河流、建筑物及断层构造的关系。

2.2　积水量估算

主要包括采空区资料的可靠程度、老空积水范围、积水量、水头高度(水压)、动水量等。

表 3　　　　　　　　　　　　　老空积水量估算主要参数表

积水块段	积水标高/m	水压/MPa	积水面积/m²	充水系数	动水量/m³	估算积水量/m³	资料可靠程度

2.3　老空积水"三线"的确定

主要包括警戒线、探水线、积水线情况。

3. 探放水区巷道施工情况

主要包括巷道的布置、施工机房规格和支护形式等。

表 4　　　　　　　　　　　　探放水地点情况一览表

断面规格		支护形式	巷道坡度/(°)	水沟断面/(m²)	备注
净宽/m	净高/m				

4. 探放水钻孔布置和钻孔设计

主要包括探放水钻孔布置方式、组数、孔数、孔径、方位、角度、深度,套管长度及采用的超前距与帮距等。

表 5　　　　　　　　　　　　钻孔设计主要参数表

孔号	孔口标高/m	方位/(°)	钻孔倾角/(°)	水压/MPa	套管长度/m	设计深度/m	终孔直径/mm	备注

5. 劳动组织及职责划分

主要包括探放水施工劳动组织,各科室区队职责划分。

6. 探放水施工设备

主要包括采用钻机型号、具体施工区队等。

7.技术要求及施工安全措施

主要包括施工技术要求及施工安全措施。主要措施包括钻机运输安装、钻探操作的安全措施、受老空水等威胁地区信号联系和避灾路线的确定、施工现场的通风措施和瓦斯检查制度、钻孔放水措施、通讯方法和工具、机电管理及避灾路线等。

7.1　技术要求

主要包括钻探施工、封管、放水技术要求。

7.2　钻机运输、安装及施工操作安全措施

主要包括钻机运输、安装、钻探施工操作安全措施。

7.3　防排泄水设施措施

主要包括泄水线路的清理、水仓、水泵、管路和排水设备的维护,排水系统能力、水闸门、水闸墙等防水设施维护制度等。

7.4　通风方法及有害气体防治措施

主要包括施工地点通风方式及探放水过程中预防有害气体涌出的防治措施。

7.5　机电管理措施

主要包括施工地点机电设备管理、电缆吊挂、停送电等。

7.6　施工地点巷道措施

7.7　避灾路线及通信联系

主要包括水情、避灾联系汇报方式和避灾路线。

7.8　其他应在探放水设计中明确的内容

8.主要附图

(1)探放水设计平面图(标明老空水体位置、老空积水区三线与现采掘工作面的关系、探放水钻孔布置等);

(2)探放水钻孔设计剖面图;

(3)避灾路线图等。

附件3　探放水安全技术措施(编制提纲)

1.施工目的

2.探放水孔设计

3.钻探方法及技术要求

4.主要安全措施

4.1　运输

4.2　钻探施工安全措施

4.3　顶板管理

4.4　机电设备维护

4.5　通风、有害气体管理安全措施

4.6　排泄水安全措施

4.7　放水安全措施

4.8　避灾路线

5. 附图

(1) 探放老空水平面图(1∶1000)

(2) 钻孔单孔设计图

(3) 避灾路线图

附件 4　老空水探放总结(编制提纲)

1. 探放水施工概况

2. 钻探施工情况及质量评价

3. 放水过程及效果验证

4. 主要结论及要求

5. 附图及附件

(1) 探放水钻孔布置平面图(1∶1000)

(2) 钻孔实际剖面图(1∶500)

(3) 钻孔原始记录及终孔验收单

(4) 探放水竣工验收单

附件 5　山西省煤矿老空水害防治工作规定

第一章　总　则

第一条　为进一步加强煤矿老空水害防治工作,遏制老空水害事故,保障职工生命和企业财产安全,依据《中华人民共和国安全生产法》《中华人民共和国矿山安全法》《煤矿安全规程》《煤矿防治水细则》《煤矿地质工作规定》等法律法规、规章规定,结合我省实际,制定本规定。

第二条　本省行政区域内从事煤炭生产、建设活动的煤矿企业、矿井及有关设计、勘查、施工、监理等单位适用本规定。

第三条　煤矿老空水害防治必须坚持"预测预报、探掘分离、有掘必探、先探后掘、先治后采"的原则,采取探、防、堵、疏、排、截、监的综合治理措施。井田范围内存在老空积水技术资料缺失或者不可靠的资源整合矿井和单独保留矿井是老空水害防治的重点。

第四条　矿井应根据老空水查明程度,对老空水害防治实行可采区、缓采区、禁采区分区管理。可采区是指矿井水文地质条件清楚、水害防治措施到位的区域;缓采区是指矿井未达到水文地质条件清楚、水害防治措施到位的区域;禁采区是指矿井经安全论证和经济技术比较,目前治理措施难以达到安全开采或者经济上不合理的区域。

第五条　煤矿企业、矿井应当严格落实老空水害防治工作责任制,定期研究解决防治老空水害工作中的具体问题,保证各项防治水工程和措施落实到位。

第六条　矿井的主要负责人(含法定代表人、实际控制人)是本单位老空水害防治工作

的第一责任人,对老空水害防治工作全面负责,履行下列职责:

(一)建立健全水害防治岗位责任制等规章制度;

(二)建立健全防治水机构,配齐专业技术人员;

(三)配备满足需要的探放水设备;

(四)保障防治水年度计划所需资金投入;

(五)开展重大水害隐患排查治理;

(六)组织老空水害防治工作考核。

第七条 矿井总工程师(技术负责人)具体负责老空水害防治的技术管理工作,履行下列职责:

(一)组织编制防治水中长期规划及防治水年度计划;

(二)组织制定隐患排查治理方案并督促落实;

(三)组织审查防治水工程设计、施工及安全技术措施;

(四)组织水害应急救援演练;

(五)组织老空水害防治知识培训。

矿井应配备负责防治水工作的副总工程师,协助总工程师开展水文地质技术管理工作。

第八条 存在老空水害的矿井应配备满足工作需要的防治水专业技术人员,配齐专用探放水设备,建立专门的探放水作业队伍。

防治水专业技术人员配备,水文地质类型简单和中等的矿井不少于 1 名,水文地质类型复杂和极复杂的矿井不少于 3 名。防治水副总工程师、防治水机构负责人必须有 3 年以上煤矿防治水工作经历。防治水专业技术人员须具有地质、采矿、安全等相关专业全日制院校中专及以上学历,并应每 3 年至少接受 1 次技术培训。

矿井专用探放水钻机要配备 3 台以上,且至少有 1 台钻进能力在 200 m 以上。物探设备要配备至少 1 台适合本矿井水害特点且能保证日常工作需要的仪器或与有物探资质乙级及以上的单位签订技术服务协议开展物探工作。水文地质条件复杂和极复杂的矿井要配备化探设备。现场探放水作业人员单班特种作业持证人员不得少于 3 名。严禁用煤、岩电钻进行探放水作业。

第九条 煤矿企业、矿井应当建立健全水害防治岗位责任制、水害防治技术管理制度、水害预测预报制度、水害隐患排查治理制度、探放水制度、探掘分离制度、探放水作业优先制度、井下探放水工程验收考核制度、雨季巡查制度、重大水患停产撤人制度以及应急救援制度等。

第十条 矿井应当建立完善的疏排水系统,排水能力符合《煤矿安全规程》规定,严禁排水系统不健全进行采掘活动。存在老空透水危险的区域,应按规定设置防水闸门等防水隔离设施,实现分区隔离,或者在现有排水系统基础上,增设抗灾强排泵房或者增建潜水电泵强排水系统,以提高矿井抗灾能力。隔离设施应当安排专人管理,定期进行检查和维护。防水闸门每年应按规定组织进行 2 次关闭试验,其中 1 次应当在雨季前进行,发现问题及时解决。

第十一条 矿井应当建立健全《煤矿防治水细则》必备的 5 种图纸和 15 种台账。各种原始记录、台账、卡片等齐全、准确;图纸资料完整可靠、填绘及时。做好矿井水情水害的分析和预报,及时提供各种水文地质资料,满足矿井生产安全需要。

第十二条　矿井应当抓好水患的排查与治理工作。水文地质条件复杂和极复杂矿井每月、其他类型矿井每季度至少进行一次水患排查,对排查出的水患必须制订防治措施,做到项目、资金、措施、时间、人员、责任六落实。

第十三条　煤矿企业、矿井必须依法在批准的开采范围内从事采掘活动。相邻矿井之间必须按规定留足安全隔离煤(岩)柱。隔离煤(岩)柱的尺寸应根据地质构造、水文地质条件、煤层赋存条件、围岩性质、开采方法以及岩层移动规律等,在矿井设计中明确规定;确需变动的,需按有关规定报批。严禁超层越界开采,严禁开采破坏保安煤(岩)柱、防隔水煤(岩)柱。

第十四条　矿井应当建立井上下水文观测系统,对威胁矿井安全的老空积水、地面塌陷坑积水等进行监测监控,水文地质类型为复杂和极复杂的矿井要建立实时自动监测系统,随时掌握矿井水文动态变化,及时预报水情水害。

矿井应建立水质化验实验室或配备水质快速检测仪,不具备建立条件的矿井应与距离较近的具备水质化验能力的单位签订协议,确保矿井出现异常突(出)水点时,能够及时进行水质化验,确定水质类型,判定突(出)水水源。

第十五条　煤矿企业、矿井应当确保防治水工程的资金投入。矿井应编制中长期(5～10年)防治水规划及年度防治水计划,矿井中长期防治水规划及年度防治水计划中要有老空水防治专项措施,经主要负责人批准后列入安全技措工程计划,并组织实施。

第十六条　煤矿企业、矿井要制订水害应急预案和现场处置方案。发现矿井有透水征兆时,应当立即停止受水害威胁区域的采掘作业,将所有受水害威胁区域的人员撤离到安全地点,并分析查找透水原因。

矿井每年至少组织一次水害(含老空水)应急预案的演练,提高职工自我防范和应对水害事故的能力。

第二章　老空水害普查

第十七条　矿井应当由总工程师(技术负责人)组织,或委托具有相应勘查资质的单位开展区域老空水害隐患普查和论证,采用老空调查、地面踏勘、物探、钻探、化探等综合手段,查明区域水文地质条件,摸清矿区范围及周边老空(窑)水的位置、范围和水量,划定矿井老空区积水线、探水线和警戒线。有资质的单位接受委托承担老空水害普查和论证工作时,应提出含有老空水害普查论证内容的报告,并对做出的结论负责。

第十八条　矿井应当依据水害普查论证资料或水文地质报告编制水害预测图,做到一矿一图。水害预测图以采掘工程平面图为底图,对于已经准确判定的老空区,用实线标注;对于资料不清、分析预测判定的老空区,用虚线标注;将废弃的巷道、硐室、钻孔等在图上标注清楚,并存档备查。

每年由矿井总工程师(技术负责人)组织或委托有资质的单位进行一次水害复查核实,根据复查核实情况及时修改水害预测图及其他相关图件。

第十九条　老空区调查内容应包括:老窑(或采空区)名称、建井时间、井筒位置、井田范围、开采层位、开采范围、停采时间、积水范围、积水深度、积水量、老空水补给来源等水文地质情况,调查内容应当及时填入老空区调查台账。

老空区复查核实的内容除上述内容外,还应对调查资料来源、调查人员的基本情况、被调查人员的基本情况以及调查时间等进行复查核实,并做好复查核实情况的记录。

第二十条　老空区地面探查有关要求:

(一)老空区范围不清的地段,可在地面采用三维地震、电法、电磁法等勘探方法探查老空区范围及积水区域,并与已有地质资料对比、分析、研究,进一步确定老空区特征及其富水情况。

(二)物探方法圈出的老空积水区要用钻探方法验证,进一步验证老空区层位、积水标高、估算积水量。

(三)地面探查结束后,结合物探资料及时编制探测总结报告,由煤矿企业、矿井组织有关专家验收、评审。

(四)根据探查结果及时对原有老空积水区进行修正,并及时将井田内和周边小窑分布、老空区积水情况编绘到相关图件上。

第三章　老空水探放

第二十一条　煤矿企业、矿井要严格执行井下探放水的有关规定,采用"物探先行、化探跟进、钻探验证"综合探测手段做好老空水探放工作。严格执行"探掘分离""探放水作业优先"等探放水制度,加强探放水工程验收考核,保证探水工程的可靠性。未经探放水作业确认安全的掘进和回采工作面不得进行生产作业。

第二十二条　探放老空水要坚持"安全、经济、合理"的原则,按照"主动探放、先隔离后探放、先堵后探放、先降压后探放"的要求,根据老空积水量、老空水补给量、水质、矿井现有排水能力和放水后解放的煤炭资源量等因素综合分析,编制设计方案。

第二十三条　在受老空水害威胁区域掘进时,按照"有掘必探"的原则,应当先采用瞬变电磁、直流电法、瑞利波技术等物探技术进行超前探测,并采用钻探进行验证。掘进前方的老空区及其富水性探测不清的,严禁掘进施工。

受老空水害威胁的采煤工作面回采前,按照"先治后采"的原则,在工作面回采巷道形成后,应进一步核查工作面内、工作面上下方及周边的采空区分布及积水情况。对每一个探测异常点进行分析研究和钻探验证。不能用物探方法替代钻探进行探水。待工作面附近采空区水害等隐患完全排除后方可进行回采。

第二十四条　煤矿企业、矿井应当将确定的探放老空水积水线、探水线、警戒线标绘在采掘工程平面图、矿井充水性图上,并根据调查、探查老空区积水资料及时修订。

(一)积水线的确定:根据调查所得老空积水区分布资料或由物探、钻探探查的老空积水区范围,圈定积水边界线。

(二)探水线的确定:根据老空积水区的水压、煤层的坚硬程度、资料可靠程度等因素,沿积水线平行外推一定距离划定探水线,当采掘工作面达到此线时要采取探放水措施。

(三)警戒线的确定:由探水线再平行外推一定距离划定积水警戒线。当采掘工作面达到此线时,应警惕积水威胁,注意采掘工作面水情变化,如发现有渗水征兆要提前探放水,情况危急时要及时撤离受水害威胁区域人员。

第二十五条　警戒线以外区域探放水作业,应当先进行物探超前探测,并进行钻探验证,经验收确认安全后方可作业。开拓、掘进工作面进行钻探验证时掘进中心水平上不得少于 3 个孔、在垂向上每 1.5 m 至少布置一个探放水孔。

从警戒线到探水线的钻孔布置,应逐步加密,长短结合。

探水线内探放水钻孔布置应当遵循《煤矿防治水细则》有关要求。探放老空水前应当建立完善的防排水系统,排水设备应当与预计探放水量相适应,并有备用水泵。探放水时,应当撤出受水害威胁区域内的其他作业人员。有突水征兆时,立即撤出井下受水害威胁区域内的所有人员。钻孔应当钻入老空水体,并监视放水全过程,核对放水量和水压等,并做好记录工作,直到老空水放完为止。为预防探放老空水过程中有害气体涌出,应由专职瓦斯检查员随时检查放水区域内瓦斯、氧气、硫化氢、一氧化碳、二氧化碳等气体成分,出现异常时,及时采取措施进行处理。

第二十六条　探放老空水设计方案由矿井防治水部门编制,由矿井总工程师(技术负责人)组织审查,批准后执行。

第二十七条　矿井必须严格执行探放水通知单制度,探放水通知单应由防治水技术人员填写,内容主要包括探水要求、停止采掘作业位置、水害情况的简要说明及相关图件。探放水通知单发至探放水单位、采掘施工单位、安检、调度等部门。

第二十八条　单孔钻探作业结束后,应由当班钻探负责人、当班安全员、当班区队带班负责人共同组织钻孔单孔验收并履行签字程序。

探放水结束后,必须由防治水专业人员、安检、调度、施工单位等部门人员共同验收,由施工单位提交探放水总结报告,并存档备查。

第二十九条　有下列情形的,探放老空水除满足《煤矿防治水细则》外,还应符合下列要求:

(一)开采近距离煤层群的,下伏煤层回采前要对导水裂隙带波及范围内的上覆煤层老空区水进行探放;

(二)采掘范围内存在小窑开采层位、开采范围不清的,开采前要对下伏煤层进行探查,防止下部采空区积水引发底板突水事故。

第三十条　疏放老空水应采用高、中、低结合的方法布置放水钻孔,至少有 1 个施工至当前采掘工程最低标高附近老空区内的钻孔,作为放水孔和观测孔,并保持放水畅通。

第三十一条　探放水结束后,应校核放水量和预计积水量的误差,查明原因;采用物探、钻探或者激光三维扫描等方法进行放水效果验证,并编制探放水竣工报告。

第三十二条　老空水探放工作结束后,应下达允许或者停止掘进通知单。

允许掘进通知单内容主要包括:探测结果、允许掘进安全距离和下次停止采掘作业探放水位置等,发至采掘施工单位、安检、调度等部门。允许或者停止掘进通知单应由矿井总工程师(技术负责人)签发。

第三十三条　掘进队组根据允许掘进通知单,在掘进工作面的钻探位置处设置现场管理牌板,牌板内容包括当班进尺、累计掘进距离和剩余安全掘进距离等。

第四章　其他规定

第三十四条　矿井在未探明老空区的情况下不得组织生产。采、掘工作面施工前提交的回采、掘进地质说明书中必须包含老空水害的分析评估,并制订水害防治方案、设计及安全措施。

第三十五条　矿井修建水闸墙封堵老空区积水时,应当委托有相应资质的单位设计和监理。对已建成的水闸墙,要安装自动监测监控系统,采取有效的防突水措施并纳入水害应急预案。

第三十六条　对于实施注浆防灭火的采空区,应建立台账,掌握采空区注浆水滞留量。报废巷道封闭时,在报废的暗井和倾斜巷道下口的密闭水闸墙应当留泄水孔,保证其泄水能力。有泄水孔的密闭及与采空区连通的泄水孔实行建档、挂牌管理,每月定期进行观测,雨季加密观测。

第三十七条　根据采煤沉陷区地表水体水位明显下降等情况,研判是否与采空区导通,要加强沉陷区地表裂隙变化情况监测,防止雨季地表水从裂隙进入矿井,发生淹井事故。

附件6　煤矿防治水分区管理论证报告(编制提纲)

0　前言

扼要叙述本次编制报告的目的、任务、编制依据。

1　矿井概况

1.1　煤矿基本情况

简述矿井的位置,所在行政辖区,自然地理,地形地貌,水文气象,交通概况,四邻关系。(附交通位置图及四邻关系示意图)

1.2　煤矿生产建设概况

矿井生产建设现状及近3～5年采掘规划。

1.3　煤矿以往水文地质勘查工作

简述以往煤矿水文地质工作,矿井水文地质类型划分,煤矿水患补充调查工作及质量评述。

2　地质概况

2.1　矿井地质

简述矿井地层、构造(附构造纲要示意图)。

2.2　可采煤层

简述各可采煤层特征(包括批采、开采情况)。

2.3　矿井水文地质

简述矿井水文地质,矿井充水因素。

3　矿井水患分析

叙述矿井水患类型,按危害程度对地表水、采空积水、承压水等分别进行分析论证。采空积水要提供采空位置、范围和积水量确定依据;带压开采区域要提供勘查程度和评价结果。

4　煤矿防治水分区管理

对煤矿防治水分区管理进行分别论述,超前探测或地面勘查经采掘作业验证的情况要说明。

4.1　水害防治分区划分

按照煤矿防治水分区管理标准对煤矿全井田进行划分。可分为"可采区""缓采区""禁采区"。

可采区：即达到水文地质条件清楚、水害防治措施到位的区域。资源整合矿井通过水患补充调查达到老空积水分布的位置、范围、积水量（包括引起积水量动态变化的因素）清楚的区域。

缓采区：存在老空积水、承压水等水害隐患的区域，因资金、技术等原因还未达到水文地质条件清楚或水患有效治理的区域。目前正在进行的勘查或治理工程要说明。

禁采区：经安全论证，通过现有技术、装备等难以达到安全开采的区域；因各种原因弃采区域要说明开采情况和水患查明情况。

各区的分布范围、拐点坐标、面积。

可采区可采年限，确定是否满足煤矿生产计划。缓采区转可采区的条件和要求。

4.2　分区防治措施

根据上述不同分区提出针对性的水害防治措施。

5　结论及建议

确定可采区、缓采区、禁采区范围；分区制订的防范措施；可采区、缓采区进一步勘查工作的意见；结合采掘作业计划提出今后一个计划期内水文地质补充勘查、水害治理工作。

附图：井上下对照图；

　　　煤矿综合水文地质柱状图；

　　　矿井水害防治分区图（在充水性图基础上做，含矿井未来 3～5 年开采规划）；

　　　采掘工程平面图[用不同颜色表示可采区（绿色线框）、缓采区（黄色线框）和禁采区（红色线框）]；

　　　其他图件（充水性图等）；

　　　其他必要的附表、附件。

第 4 部分
煤矿岩溶含水层注浆改造技术

第 1 章　注浆改造技术的提出与发展

1.1　注浆改造技术的提出

　　煤层底板岩溶含水层注浆改造技术发源地为肥城矿区,下面以肥城矿区为例进行介绍。肥城矿区是全国有名的大水矿区,为典型受奥灰水威胁的华北型煤田。肥城矿区半个多世纪的开采历史,也是与矿井水害做斗争的历史,前期由于水文地质条件不清、构造复杂、对矿井受水威胁程度认识不足等原因而付出了高昂代价,教训极为深刻。在矿井建设和生产过程中,曾经发生过各类水害事故 298 次,其中底板高承压岩溶水突水事故 185 次,占各类水害次数的 62.7%;大型突水 15 次,特大型突水 5 次,最大突水量 32 970 m^3/h;造成淹矿井 3 次,淹水平 1 次,淹采区 4 次,经济损失巨大。注浆改造技术就是在肥城矿区经受多次淹井、淹采区事故的背景下,受突水后注浆堵水和井筒预注浆含水层技术的启发下提出并不断发展起来的。

1.2　注浆改造技术发展过程

　　我国岩溶含水层注浆改造技术的发展大致可分为三个阶段:

　　第一阶段(1984~1991)研究探索阶段。

　　肥城矿区在注浆改造的研究探索大体分为四个时期:一是地面打孔,地面注水泥浆初步试验阶段(1984~1985.5),该阶段实现了治水方法上的突破。二是井下打孔,井下造注水泥浆阶段(1985.5~1986),该阶段实现了注浆孔施工工艺的飞跃。三是地面建站造浆注单液水泥浆阶段(1987~1990),该阶段是井下打孔,地面注浆,实现了注浆工艺的飞跃。四是地面造浆注黏土-水泥浆阶段(1990~1991),该阶段通过考察乌克兰制浆系统,与北京建井所合作,确定用黏土水泥浆作为注浆改造材料,研发了一套成熟的 FCL-C 浆液注浆改造薄层灰岩技术,研制了国家专利产品 NL12 型黏土制浆机,开发了自动控制的矿山地面注浆系统(专利号 ZL200920028513.8)等。

　　第二阶段(1991~2011)不断完善扩大应用阶段。

　　注浆改造技术自 20 世纪 90 年代在肥城矿区实验成功后,很快在河南、河北、淮南、淮北等华北型受高承压岩溶水威胁的矿井广泛推广,且射流造浆系统、高速涡轮制浆机、黏土制浆机等设备不断升级改造,注浆控制系统实现信息化、自动化等,注浆改造技术成熟,实现了矿井岩溶承压水由被动"突水后治"到"超前构筑防水墙"的转变,使治水程序真正前置。

　　第三阶段(2012 年至今)井下薄层灰岩注浆改造向奥灰顶部注浆改造转变和地面区域注浆改造阶段。

肥城矿区随着采深的加大,针对深部煤炭储量受奥灰水害威胁日益严重的现状,及时研究和试验了奥灰顶部注浆改造技术,既注浆改造徐灰含水层,又注浆改造奥灰含水层顶部。施工中注浆改造钻孔先钻至徐灰底板,对徐灰进行黏土水泥浆注浆改造,合格后将钻孔延深至奥灰顶部 40～60 m(垂深),再对奥灰顶部进行黏土水泥浆注浆改造。目前,该技术在肥城矿区白庄煤矿、新查庄公司、鑫国公司、曹庄煤矿等普遍应用,累计实施 69 个工作面奥灰顶部注浆改造,安全采出受水威胁煤量 516 万 t,开采深度已至 -514.6 m,奥灰突水系数超过 0.14 MPa/m。该技术的实践证明,由过去对奥灰含水层以防为主,转变为目前主动治理,实现了矿区深部奥灰水害治理的新突破,为解放矿区深部严重受承压水威胁储量,提供了技术保障。

安徽淮南矿区、河北冀中能源集团、山东邱集煤矿实施了地面定向钻探注浆技术,对受底板承压水威胁煤层进行了综合治理。该技术主要是由西安煤炭科学技术研究院组织实施,借鉴了石油系统钻探工艺和抽放瓦斯工艺的启示,采用地面千米定向钻机由地面施工垂直钻孔然后沿含水层施工水平段,一个主孔分四五个分支钻孔,对于厚煤层及复杂区域治理成压水害收到了较好效果,实现了由工作面注浆改造向区域注浆改造治理的转变。

第 2 章　含水层注浆改造机理及作用

2.1　含水层注浆改造基本原理

注浆改造作为改变岩体(层)水文地质条件的方法与手段,基本原理是浆液在一定压力、一定时间作用下,在受注层被水占据的空隙或通道内高压脱水,固结成胶凝,使结石体或胶凝体与围岩岩体形成阻水整体,从而改变了不利于采矿的水文地质条件。

2.2　注浆改造浆液渗透机理

浆液开始注入岩层时为紊流状态。随着注浆浆液渗流断面的扩大,压力降低,流速减慢,特别是深入岩层深部,浆液逐渐发生沉积,浆液的流动由开始的紊流状态转变为层流和阻滞流,最后变为结构流而产生一定抗压强度,阻住了地下水流。浆液的渗透机理主要体现在以下几个方面:

一是机械充塞:就是浆液在一定注浆压力梯度下沿裂隙流动扩散,当其远离注浆孔,压力梯度降低到临界压力时,浆液流速减小,由紊流转为层流状态,水硬性材料发生沉积,黏滞性增大,流速很低最后停止流动。而非水硬性材料的颗粒逐渐聚结沉析或黏附在裂隙上,这就更增加了浆液的流动阻力和静剪应力,最后堵塞裂缝。

二是水化作用充塞:就是将浆液内的水硬性材料与水之间起化学变化,在层流到阻滞流时,浆液中的固料随着时间而凝聚,产生强度,加快了充塞堵水过程。

三是既然浆液在岩土裂隙中的充塞作用包括机械充塞和水化作用充塞,其浆液扩散充塞状态,一般有四个过程:

(1)注浆压力克服静水压力和流动阻力,推进浆液进入裂隙。

(2)浆液在裂隙内流动扩散和沉析充塞,大裂隙逐渐缩小,小裂隙被充填,注浆压力逐渐上升。

(3)在注浆压力推动下,浆液冲开或部分冲开充塞体,再沉析充填,逐渐加厚充塞体。

(4)浆液在注浆压力下进行充塞、压实、脱水以至完全封闭裂隙。产生足够的强度和不透水,保证了地下结构物的安全。因为注浆浆液黏度是变化的,受注地层是不均质的,注浆孔的浆源有时也不规整,所以研究过程中将问题理想化为黏度一定、岩层均质、浆源形状规整和浆液为牛顿体。当见浆液通过注浆孔内一段长度的岩层壁上向裂隙内注浆时,即属柱状渗透注浆。

当浆液由钻孔注入时,可以设想为以钻孔为中心的柱状浆液,见图 4-2-1。柱状渗透以达西定律为根据推导扩散半径公式,经过推导得到柱状注浆时间 t 及对应时间 t 的扩散半

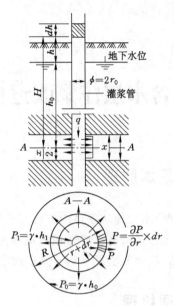

图 4-2-1　浆液柱状扩散图

径 r_1 的两个公式：

$$t = \frac{n\beta r_1^2 \ln \frac{r_1}{r_0}}{2kh} \qquad r_1 = \sqrt{\frac{2kh_1 t}{n\beta \ln \frac{r}{r_0}}}$$

式中　k——岩层的渗透系数，cm/s；

　　　β——浆液黏度对水的黏度比；

　　　r,r_1——浆液的扩散半径，cm；

　　　h,h_1——注浆压力，厘米水头；

　　　r_0——注浆孔半径，cm；

　　　t——注浆时间，s；

　　　n——岩层的孔隙率。

2.3　含水层注浆改造作用

　　承压水的存在是造成底板突水的物质基础，水压、矿压是造成底板突水的力源，断裂构造、陷落柱、原始及采动裂隙是发生底板突水的通道。削弱底板突水的物质基础的技术方法是对煤层底板直接引发突水的含水层进行注浆改造，堵塞突水通道的技术方法是注浆改造充填裂隙。注浆改造主要作用如下：

　　（1）向岩溶含水层中压入浆液，浆液沿着岩溶裂隙扩散，结石，最后充填，把含水层中的水"置换"出来，使之不含水或弱含水。

　　（2）浆液在注浆压力作用下，通过岩溶裂隙通道运移扩散，结石，堵塞或缩小导水通道，减少岩溶水对含水层的补给。

（3）浆液在注浆压力作用下，通过钻孔沿着煤层底板裂隙运移扩散，结石，充塞隔水层的导水裂隙，胶结强化底板。

因此，对岩溶含水层的注浆能起到改造、封源和加固的作用，不但可以防止薄层岩溶含水层本身突水，而且可以截断奥灰含水层的水源补给通道，防止奥灰突水，从而达到安全采煤的目的。

第 3 章　注浆改造技术

3.1　注浆改造的适用条件

任何一项防治水技术都是在一定条件下才能取得良好的效果的岩溶含水层注浆改造技术也不例外。注浆改造要综合分析工作面的水文地质条件并作经济效益对比，然后实施。经肥城矿区多年的实践，一般具有下列条件之一的要进行改造：

（1）工作面下伏岩溶含水层富水性强，单位降深疏水量大于 10 $m^3/h \cdot m$，或一个采区总疏放水量大于 500 m^3/h。

（2）在复杂地段，突水系数超过 0.06 MPa/m，正常地段超过 0.1 MPa/m，富水区及强径流带内虽不超过上述突水系数，但综合分析有突水危险的。

（3）通过巷探、钻探、物探查明工作面底板存在导水裂隙带，构造破碎带、变薄带等。

（4）通过抽（放）水试验，查明工作面内有奥灰水补给薄层灰岩的垂向通道。

3.2　注浆改造分类

根据肥城矿区深部工作面的水文地质条件的不同，结合下组煤各煤层临界突水系数，按工程量分布范围和大小，奥灰顶部注浆改造大致分为三类：一类为奥灰顶部构造薄弱带探查和注浆改造；二类为奥灰顶部局部重点注浆改造；三类为奥灰顶部完全注浆改造。分述如下：

一类：奥灰顶部构造薄弱带探查和注浆改造。系指奥灰 $T<0.06$ MPa/m，五灰富水性不强，构造较简单地段。这种地段以五灰注浆改造为主，只对构造薄弱带、五灰局部富水异常带（多个钻孔单孔水量超过 100 m^3/h，或物探探查富水性异常区）施工奥灰顶部水文地质条件探查孔，并对薄弱带进行局部注浆改造，该类型工作面至少要施工 1 个奥灰观测孔。如曹庄矿 8701 工作面、9502 工作面、9503 工作面、9504 工作面、9505 工作面、−120 m 九层工作面、101002 工作面，新陶阳公司 9801 工作面，兴杨公司 10803 等工作面。

二类：奥灰顶部局部重点注浆改造。系指奥灰 $T=0.06\sim0.08$ MPa/m，构造较复杂块段。这种地段可查治并举，五灰、奥灰注浆改造同时进行，每个硐室既有五灰孔，又有奥灰顶部注浆改造钻孔。注浆改造前首先对工作面底板含水层富水性进行物探探查，同时分析工作面构造分布及发育情况，根据资料分析制定钻孔施工方案，在工作面出口或机巷每隔 50～60 m 施工一个硐室。每个硐室钻孔分序次施工：第一阶段每个硐室设计五灰孔和奥灰顶部注浆改造钻孔各一个，对物探异常区重点进行探查，同时可适当增加钻孔。第二阶段须根据第一阶段钻探查出的构造薄弱带、富水区治理后进行效果检查。改造结束后工作面再进行一次物探探查,根据改造前后物探资料进一步分析资料差异与底板条件客观性联系,针对物探异常区再布置检查孔进行检查,直至奥灰检查孔水量小于 20 m³/h。该类型注浆改造深度需根据公式 $M_改=100M_1(T_1-T_2)/(100T_2-1)$ 计算结果并结合奥灰顶部富水性特征确定,8 层煤一般不小于 30 m,9、10 层煤一般 20～30 m 为宜。如鑫国公司 9201 工作面、9202 工作面、9203 工作面、9204 工作面、9205 工作面、9206 工作面。

三类:奥灰顶部完全注浆改造。系指奥灰 $T\geqslant0.08$ MPa/m,构造复杂块段。这种地段严格按浆液扩散半径 20 m 布孔,每个硐室以多奥灰孔(3 孔以上)为主,钻孔分序次施工。对物探或前序次钻探查明构造复杂富水块段,要加密布孔。该类型 8 层煤 -340～-450 m 范围奥灰顶部注浆改造深度 40 m;9、10 层煤 -220～-300 m 范围奥灰顶部注浆改造深度 30～40 m。如新查庄公司 8603 工作面、81001 工作面、81002 工作面、81003 工作面、81004 工作面、81005 工作面、81006 工作面、81011 工作面、81012 工作面、8511 工作面;白庄煤矿 8802 工作面、8804 工作面、8806 工作面、8107 工作面、8109 工作面、8111 工作面、8807 等工作面。

第 4 章　注浆改造材料

注浆改造材料是岩溶含水层注浆改造技术的重要组成部分。注浆材料要满足黏稠度低、流动性好、经济实用、固结后强度较高的特点。目前主要的注浆材料主要包括：以水泥、黏土、粉煤灰为原料制作的单液浆或由它们混合成的双液及三浆液。

4.1　水泥及水泥浆

4.1.1　水泥的性质

水泥的种类很多，主要有硅酸盐水泥、普通硅酸盐水泥（普通水泥）、火山灰水泥、粉煤灰水泥矿渣水泥等。岩溶含水层注浆改造采用的是普通水泥。

普通水泥的性质主要包括以下几个方面：

（1）密度与视密度

普通水泥的标准密度为 $3.0 \sim 3.15 \ \mathrm{g/cm^3}$，通常为 $3.1 \ \mathrm{g/cm^3}$；视密度为 $1\ 000 \sim 1\ 600 \ \mathrm{kg/m^3}$，通常为 $1\ 300 \ \mathrm{kg/m^3}$。

（2）细度

水泥的细度是指水泥颗粒的粗细程度。细度是水泥的一项重要指标。水泥越细，表单位质量的表面积越大，水化速度越快，早期强度也越高。但水泥磨得越细，成本越高。水泥的细度提高以后，可注性也提高了，细小的裂隙浆液也能进入。但是水泥结石的后期强度降低。原因是：水泥颗粒变细，颗粒间的保水量增加，结石体变得疏松。

（3）凝结时间

水泥的凝结时间分为两个阶段，即初凝和终凝。

① 初凝：水泥加水搅拌均匀静置后，到失去塑性时为初凝，所需要的时间为初凝时间。达到初凝时，维卡仪试针不能穿过浆液至底板，只能沉入浆液至距离底板 0.5 mm。

② 终凝：水泥加水搅拌均匀静置后，达到一定的强度为终凝，所需的时间为终凝时间。达到终凝时，缓慢下沉的维卡仪试针只能使试块表面出现印痕，而不能继续下沉。

凝结时间与加水量、温度、湿度等诸多因素有关。因此凝结时间要在标准条件下测定。我国规定水泥的初凝时间不小于 45 min，终凝时间不多于 10 h。普通水泥的初凝时间为 $1 \sim 3$ h，终凝时间为 $5 \sim 8$ h。

（4）强度与标号

水泥强度是确定水泥标号的指标，也是选用水泥的主要依据。水泥标号是水泥和标准砂及规定的水，按照规定的方法制成试块养护 28 d 的抗压强度。

水泥标号有 425（R）、525（R）、625（R）、725（R）。水泥的标号越高，对应的凝结后的强度越高。425(R)、525(R)、625(R)、725(R)表示水泥试件养护 28 d 后的抗压强度超过 42.5 MPa、52.5 MPa、62.5 MPa、72.5 MPa。

4.1.2 水泥的硬化原理

（1）基本水化反应

水泥硬化是一个比较复杂的物理化学变化过程，一般认为水泥加水后形成塑性浆体，发生物理化学反应，经过一段时间后浆液逐渐变稠失去塑性，进而强度不断提高，最后形成坚实的水泥石体。基本水化反应如下：

$$2(3CaO \cdot SiO_2) + 6H_2O \rightarrow 3CaO \cdot 2SiO_2 \cdot 3H_2O + 3Ca(OH)_2$$

$$2(2CaO \cdot SiO_2) + 4H_2O \rightarrow 3CaO \cdot 2SiO_2 \cdot 3H_2O + Ca(OH)_2$$

$$3CaO \cdot Al_2O_3 + 6H_2O \rightarrow 3CaO \cdot Al_2O_3 \cdot 6H_2O$$

$$4CaO \cdot Al_2O_3 \cdot Fe_2O_3 + 7H_2O \rightarrow 3CaO \cdot Al_2O_3 \cdot 6H_2O + CaO \cdot Fe_2O_3 \cdot H_2O$$

部分水化铝酸钙与石膏作用产生如下反应：

$$3CaO \cdot Al_2O_3 \cdot 6H_2O + 3(CaSO_4 \cdot 2H_2O) + 19H_2O \rightarrow 3CaO \cdot Al_2O_3 \cdot 3CaSO_4 \cdot 31H_2O$$

主要水化作用产物为水化硅酸钙凝胶、水化铁酸钙凝胶、水化铝酸钙晶体、氢氧化钙晶体、水化硫铝酸钙晶体。

石膏的缓凝作用在于：

水泥的矿物组成中铝酸三钙水化速度最快，铝酸三钙在饱和的石灰—石膏溶液中生成溶解度极低的水化硫铝酸钙晶体，包围在水泥颗粒的表面形成一层薄膜，阻止了水分子向未水化的水泥粒子内部进行扩散，延缓了水泥熟料颗粒，特别是铝酸三钙的继续水化，从而达到缓凝的目的。

（2）水泥凝结硬化的物理化学过程

水泥与水拌和后，熟料颗粒表面迅速与水发生反应，因为水化物生成速度大于水化物向溶液扩散的速度，于是生成的水化产物在水泥颗粒表面堆积，这层水化物称为凝胶膜层，这就构成了最初的凝胶结构。

① 由于 Ca^{2+} 的渗透，凝胶膜层破裂，使得颗粒表面暴露出来。

② 由于颗粒表面暴露出来，又与水发生化学反应，由于水化物生成速度大于其扩散速度，故在颗粒表面又堆积了大量的凝胶，这个反应不断进行下去，就生成了外面包裹着厚厚一层凝胶膜的新凝胶结构。

③ 随着反应的继续进行，水分逐渐减少，凝胶结构分子间距离减少，吸引力越来越大，黏结力增大，使浆体失去塑性，开始凝结。

④ 水分越来越少，浆体稠度增大，微粒之间距离越来越小，由于分子间相互作用力——黏结力，互相结合，破坏了无规则排列，变为有规则排列，晶体产生。

⑤ 晶体、胶体相互交错成网状，晶体起主要的承力骨架作用，胶体起胶结作用，二者共同生长，紧密结合，形成坚固致密的水泥石。

⑥ 强度不断增大。

（3）影响水泥的凝结硬化的因素

① 熟料矿物组成的影响

在硅酸盐水泥的四种熟料矿物中，C_3A、C_3S 的水化和凝结硬化速度最快，因此它们含量越高,则水泥凝结硬化越快。

② 水泥细度的影响

水泥颗粒的粗细直接影响水泥的水化、凝结硬化、强度、干缩及水化热等,水泥颗粒越细,水化作用的发展就越迅速而充分,使凝结硬化的速度加快,早期强度也就越高。但水泥颗粒过细,硬化时产生的收缩也较大。

③ 拌和加水量的影响

拌和水越多,硬化水泥石中的毛细孔就越多,凝结硬化越慢,强度越低。

④ 养护湿度和温度的影响

用水泥拌制的砂浆和混凝土,在浇灌后应注意保持潮湿状态,以利获得和增加强度。提高温度可加速水化反应。

⑤ 养护龄期的影响

水泥的水化硬化是一个较长时期不断进行的过程。水泥在 3～14 d 内强度增长较快,28 d 后增长缓慢。

4.1.3　水泥浆的浓度及浆液配置

(1) 水泥浆的浓度表示方法

水泥浆的浓度一般用水灰比或密度来表示。

① 灰比的定义:单位体积内水的质量与水泥质量的比值。

水灰比越大,水泥浆越稀;反之,水灰比越小,水泥浆越浓。注浆用水泥浆的水灰比通常为 0.5∶1～2∶1,可以简化为 0.5～2。

② 水泥浆的密度:单位体积水泥浆中所含水及水泥的质量为水泥浆的密度,单位是 g/cm^3。注浆用水泥浆的密度通常为 1.29～1.82 g/cm^3。常用水泥浆的水灰比与密度的对应数据见表 4-4-1。

表 4-4-1　　　　　　　　　常用水泥浆的水灰比与密度的对应数据

水灰比	0.5∶1	0.75∶1	1∶1	1.5∶1	2∶1
密度/(g/cm³)	1.82	1.63	1.51	1.37	1.29

(2) 已知水泥浆的水灰比计算制备水泥浆所需水泥、水的质量

根据水灰比可以建立如下方程组:

$$\begin{cases} \dfrac{\omega_w}{\omega_c} = \eta \\[2mm] \dfrac{\omega_w}{1} + \dfrac{\omega_c}{3.1} = 1 \end{cases}$$

式中　ω_w——水的质量;

　　　ω_c——水泥的质量;

　　　η——水灰比。

求解方程组得:制备 1 m^3 水泥浆所需的水泥、水的质量。

所需水的质量:$\omega_w = \dfrac{3.1\eta}{3.1\eta + 1}$

所需水泥的质量：$\omega_c = \dfrac{\omega_w}{\eta} = \dfrac{3.1}{3.1\eta + 1}$

制备 $1\ m^3$ 水泥浆所需水泥、水的质量乘以 N 就是制备 $N m^3$ 水泥浆所需的水泥、水的质量。

4.2　黏土及黏土浆

4.2.1　黏土的主要成分及性质

（1）黏土的主要成分

天然状态下的黏土为三相体，由土、空气、水组成。黏土的化学成分主要是氧、硅、铝、镁、铁、钠、钾、钙等，矿物成分主要是黏土矿物。黏土矿物主要是高岭石、蒙脱石、伊利石 3 种。黏土矿物的基本结构是微晶的、分层的、扁平的薄片。

（2）黏土的主要性质

① 密度及含水量

黏土的视密度、干密度与土密度。视密度是指天然结构单位体积黏土的质量，黏土的视密度为 $1.8 \sim 2\ g/cm^3$；干密度是指黏土的固体颗粒的质量（不包括其中的水）与黏土总体积之比，一般为 $1.4 \sim 1.7\ g/cm^3$；土密度是指黏土固体颗粒的质量与其体积之比，一般为 $2.65 \sim 2.75\ g/cm^3$。

黏土的含水量。黏土的含水量是指黏土中水的质量与黏土的颗粒质量之比。土的含水量一般为 $25\% \sim 45\%$。

② 可塑性

可塑性是指在外力作用下被塑造成任何形态，而且整体不被破坏，也不产生裂缝。黏土必须在充水的条件下，才具有可塑性。黏土具有可塑性时，其充水的下限为塑限，其充水的上限为液限，液限与塑限的差值为塑性指数。

③ 黏性

黏土颗粒间存在着分子引力和静电力，因此具有黏性。颗粒越细小，黏性越大。3 种主要黏土矿物的黏性大小依次是蒙脱石、伊利石、高岭石。

4.2.2　黏土浆的特性

黏土浆是由黏土与水充分混合而成的浆液，其中的黏土是分散相，水是分散介质。工程上大量用的黏土浆中不仅有黏土，还有粉土和砂土，黏土与水混合后成为溶胶体系，而粉土和砂土与水混合后成为悬浊液体系。黏土浆具有以下主要性能：

（1）触变性

因静置而硬化再搅拌而液化的性能是黏土浆的触变性。其原因是：经过水化和强力搅拌的黏土颗粒具有很大的表面积和表面能。由高度分散体系存在着自动降低表面能以适应最小能量的原则可知，黏土颗粒可自行凝聚。因此当黏土浆停止搅拌或运行时，片状的黏土颗粒由于相互吸引，形成絮凝集团并逐渐沉积下来。再经脱水，絮凝集团紧密地连在一起，最终恢复黏土的基本结构。当再搅拌时，絮凝集团被解体，又重转为片状颗粒，成为浆液。

（2）稳定性

黏土浆的稳定性较水泥浆好，但仍属于不稳定的体系。尤其黏土浆中混有粉土，甚至砂土，浆液就不稳定了。影响黏土浆稳定性的主要因素有：

① 黏土矿物含量的多少。黏土矿物含量越多，浆液越稳定。

② 黏土矿物的种类。以蒙脱石为主矿物的黏土，制成的浆液稳定性最好，其次是以伊利石为主的黏土，较差的是以高岭石为主的黏土。

③ 黏土的浓度。在一定范围内稳定性随浓度的增大而变小。

④ 黏土的颗粒细度。黏土颗粒越小，分散度越高，浆液的稳定性越好。

⑤ 搅拌时间及强度。搅拌时间越长，强度越高，浆液的稳定性越好。因为长时间地搅拌浆液，黏土颗粒的分散度高，其中的黏土矿物被搅拌分散成溶胶体，所以浆液稳定性好。

4.2.3　黏土浆的浓度及浆液配置

黏土浆的浓度是黏土浆中黏土与水的总质量与体积之比，即单位体积浆液的质量。黏土浆的浓度通常用密度表示，含水层注浆常使用的黏土浆的密度是 $1.1 \sim 1.3 \ \mathrm{g/cm^3}$。

已知黏土浆的密度，可以用下列公式分布计算 $1 \ \mathrm{m^3}$ 黏土浆中水和黏土的质量。

$$\omega_\mathrm{w} = \frac{\rho_\mathrm{cl} - \rho_\mathrm{clj}}{\rho_\mathrm{cl} - 1}$$

$$\omega_\mathrm{cl} = \frac{\rho_\mathrm{cl}(\rho_\mathrm{clj} - 1)}{\rho_\mathrm{cl} - 1}$$

式中　ω_w——水的质量；

ω_cl——黏土的质量；

ρ_cl——黏土的密度，一般取 2.7；

ρ_clj——黏土浆的密度。

4.3　黏土水泥浆

目前肥城岩溶含水层的注浆改造材料使用以肥城黏土为主剂的黏土水泥浆液，代号为 FCL-C 浆液，其中各符号的意义如下所示：F——Feicheng，肥城；CL——Clay，黏土；C——Cement，水泥。

4.3.1　FCL-C 浆液的组成

黏土水泥浆液主要由黏土、水泥、添加剂和水组成。

黏土：肥城黏土经物化分析，主要成分为蒙脱石、伊利石，而高岭石含量较少。蒙脱石含量达到 22.10%，表面积大，阳离子交换量高，属于高塑性黏土，塑性指数为 20.2，并具有中等膨胀性。黏土中含有大量的游离 Fe_2O_3(7.73%)，降低了黏土的物理化学活性（活性指数仅为 0.52）。

水泥：肥矿集团公司水泥厂生产的 425# 普通硅酸盐水泥。

添加剂：价格低、易购买、无毒性、对地下水无污染的无机盐。

水：非酸性水。

4.3.2　FCL-C 浆液的性能

（1）比重：浆液的比重，反映了在一定体积的浆液中黏土、水泥以及添加剂含量的多少。比重是直接关系到浆液质量的重要数据。比重与黏土、水泥等添加剂的含量有关，也直接影响浆液的黏度、析水率和塑性强度。根据试验，肥城黏土配制成黏土浆的比重与黏土用量关系见表 4-4-2。

表 4-4-2　　　　　　　　　　　黏土用量与比重关系

黏土质量/kg	260	280	320	360	400
浆液比重	1.13	1.14	1.16	1.18	1.20

（2）黏度：表示浆液内部分子之间、颗粒之间、分子团之间相互运动时产生的摩擦力的大小。我们测定的黏度是相对黏度，也就是一定体积的浆液，在漏斗式黏度计上流出的时间，以秒计量。

浆液黏度和比重一样，都是影响浆液可泵性、流动性、可注性及渗透性的重要参数。

影响浆液黏度的主要因素有：黏土的种类、黏土浆的比重、水泥和添加剂的用量及浆液的温度。

黏土水泥浆黏度与黏土浆比重、水泥等加入量的关系见表 4-4-3。

表 4-4-3　　　　　黏土水泥浆黏度与黏土浆比重、水泥等加入量的关系表

黏土浆比重	黏土浆黏度	加水泥 103.8 g 时浆液黏度	加水泥 138.5 g 时浆液黏度	水泥 138.5 g 添加剂 10% 时浆液黏度
1.12	17″06	21″13	23″56	28″21
1.14	17″67	25″60	33″63	47″39
1.16	18″34	28″47	36″95	54″01
1.20	21″88	59″32	1′47″84	2′17″43

注：水泥及添加剂的加入量为制备 CL 黏土水泥浆。

黏度测定结果表明：黏土水泥浆的黏度随黏土浆的比重、水泥和添加剂加入量的增加而增加，从浆液可泵性和可注性角度来看，黏土水泥浆的黏度在 25～60 s 之间，与单液水泥浆的水灰比为 0.75∶1～0.6∶1 之间的黏度相似，是可以使用的。

黏土水泥浆液的黏度在较广的范围内可调，是该浆液的一大优点，适用于各种裂开度的裂隙，如果钻孔涌水量小，可调小浆液黏度，可泵性及可注性好，扩散半径大。若钻孔涌水量大，裂开度大，为防止浆液扩散太远，可加大浆液比重或水泥用量，使黏度增加。

（3）析水率：表示浆液稳定性和充填饱满程度的重要指标。黏土水泥浆中含有大量黏土，其悬浮性好，不易使水泥沉淀，再加上水泥与添加剂之间的化学反应，使黏土水泥浆更趋稳定，其析水率降低，使浆液在裂隙内充填更饱满。黏土水泥浆析水率测定方法，是取 100 mL 黏土水泥浆，倒入量筒内，经 1～2 h 的静置，观测析出水量的百分数即为析水率。测定析水率结果见表 4-4-4。

表 4-4-4　　　　　　　　　　黏土水泥浆析水率测定结果

黏土水泥浆比重	无添加剂		20%添加剂	
	100/g	200/g	100/g	200/g
1.12	3%	3%	2%	5%
1.16	2%	1.8%	1.5%	0
1.18	1%	1%	0	0
1.20	1%	0	0	0

注:加入水泥后浆液体积为 1 L。

一般单液水泥浆的析水率比较大,而黏土水泥浆的析水率比较低,从表 4-4-4 中可看到,比重为 1.12～1.20 之间的黏土水泥浆,其析水率为 0～3%。影响析水率的因素主要是比重、水泥和添加剂的用量。当比重、水泥和添加剂用量增加时,析水率降低。

(4) 塑性强度:黏土水泥浆注入岩体裂隙后能够起到堵水作用,主要原因是在地下水压力作用下不能从岩体裂隙中挤出。这时起作用的不是抗压强度,而是抗剪切的塑性强度。黏土水泥浆的塑性强度是黏塑性体在凝固后的极限抗剪强度。它不仅是浆液本身性能的重要指标,也是注浆工程设计中一项重要参数。

计算塑性强度的公式为:

$$P_m = Ka \cdot G/h^2$$

式中　P_m——试块塑性强度,g/cm^2;

G——圆锥体装载系统的重量,g;

h——圆锥体沉入试块的深度,cm;

Ka——与圆锥体顶角有关的系数,$Ka=0.686$。

黏土水泥浆塑性强度随着黏土浆比重、水泥及添加剂加入量的增加、注浆压力的增加、凝固时间的延长而增加(参见表 4-4-5)。

表 4-4-5　　　　黏土水泥浆塑性强度与黏土浆比重等加入量及凝固时间关系表

粘土浆比重	水泥加量	添加剂加量	1 d	3 d	7 d	12 d	15 d	20 d	30 d
1.12	200 g	20 mL	0.53	1.036	3.496	7.59	15.78	21.849	34.193
1.14	170 g	30 mL	0.9	2.423	7.59	9.711	15.879	21.849	21.849
1.16	130 g	20 mL	0.34	1.221	4.479	5.462	9.711	15.78	21.849
1.16	130 g	30 mL	0.9	2.423	5.462	9.711	15.78	21.849	34.139

注:强度单位为 kgf/cm^2;水泥及添加剂用量为配制 1 L 黏土水泥浆。

(5) 稳定性:从黏土水泥浆试块浸泡在水中养护情况看,随着浸泡时间的延长,试块表面多少都有点软化现象。

黏土水泥浆中的黏土浆比重越小,水泥含量越低,添加剂加量增大,表面软化程度越高。

从浸泡时间上看,大约在浸泡 5 d 以后开始出现试块表面软化现象。若黏土浆比重大于 1.20,配制 1 m^3 黏土水泥浆中水泥加量大于 125 kg,添加剂加入量小于 20 L,软化时间延迟到 10～20 d,仍有软化现象。

引起试块表面软化的原因,可能与黏土品种、水泥及添加剂加入量、注浆压力有关,需进一步研究。但在模型注浆试验,把黏土水泥浆注入裂隙后取芯,浸泡在水中,15 天后未发现裂隙中充填的黏土水泥浆表面的软化现象。这说明在压力作用下黏土水泥浆结石体稳定性还是很好的。

4.3.3　FCL-C 浆液的浓度及浆液配置

黏土水泥浆的浓度是浆液中水泥、黏土、水的总质量与体积之比,即单位体积浆液的质量,通常也用密度表示。含水层注浆常用的黏土水泥浆的密度是 $1.15\sim1.30$ g/cm³。

已知黏土浆的密度、黏土水泥浆的密度,可以计算 1 m³ 黏土水泥浆中水泥、黏土的质量。其方法是求解下面的方程组:

$$
\begin{cases}
\omega_c + \omega_{cl} + \omega_w = \rho_{hj} \\
\dfrac{\omega_c}{\rho_c} + \dfrac{\omega}{\rho_{cl}} + \dfrac{\omega_w}{\rho_w} = 1 \\
\rho_{clj}\left(\dfrac{\omega_{cl}}{\rho_{cl}} + \dfrac{\omega_w}{\rho_w}\right) + \omega_c = \rho_{hj}
\end{cases}
$$

解得:

$$
\omega_c = \frac{\rho_c(\rho_{hj} - \rho_{clj})}{\rho_c - \rho_{clj}}
$$

$$
\omega_{cl} = \frac{(\rho_c - \rho_{hj})(\rho_{clj} - 1)}{(\rho_c - \rho_{clj})(\rho_{cl} - 1)}
$$

其中,ω_c、ω_{cl}、ω_w 分别是 1 m³ 黏土水泥浆中水泥、黏土、水的质量;ρ_c、ρ_{cl}、ρ_w 分别是水泥、黏土、水的密度,其中 $\rho_c = 3.1$ g/cm³、$\rho_{cl} = 2.7$ g/cm³、$\rho_w = 1$ g/cm³;ρ_{clj}、ρ_{hj} 分别是黏土浆、黏土水泥浆的密度。

第 5 章　注浆改造工艺

随着当前物探技术的发展与应用,物探技术已普遍应用于注浆改造前工作面富水区圈定。根据物探异常区的位置的深度,物探技术使钻孔布置的目的性更强,提高了钻孔的利用率。

注浆改造流程图见图 4-5-1。

注浆改造工程施工流程图见图 4-5-2。

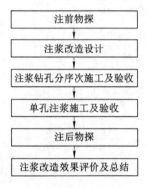

图 4-5-1　注浆改造流程图

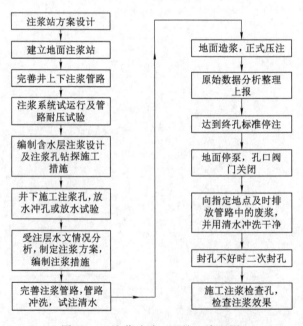

图 4-5-2　注浆改造工程施工流程图

5.1　注浆孔的布设及结构

5.1.1　注浆孔布设原则

（1）按浆液扩散半径布设，力求使浆液在整个工作面或需改造范围内的覆盖率达到 100％以上。一般注浆扩散半径按 15～30 m。

（2）以斜孔为主，使钻孔揭露含水层段尽量长。

（3）钻孔设计方向尽量和断裂构造的发育方向垂交或斜交，以尽可能多地穿过裂隙。

（4）对于裂隙发育地带，断层的交叉、尖灭端、拐弯、工作面初压、停采线地段、集中压力区、褶曲构造的轴部和物探异常区等作为布孔的重点。

5.1.2　注浆孔施工的基本要求

钻孔一般在轨中巷施工，也可在轨中巷和回风巷双向施工，每隔 50～60 m 左右施工一个钻机硐室。每个硐室施工 1～4 个注浆钻孔，分序次施工：第一序次孔距 60～100 m，主要是通过岩芯描述、水量观测等手段，查工作面内五灰岩溶发育程度、富水性、底板岩性组合、厚度、导高等，据此确定注浆参数。第一序次钻孔注浆结束后，再在孔间施工第二序次孔。第二序次孔注浆完成后视前二次的注浆情况综合分析，确定第三序次孔，进行检查和补充注浆。施工中尽量避免同一硐室及相邻硐室的邻近钻孔同时透含水层，同时透含水层钻孔的间距不得小于 50 m。

注浆孔施工中，要做好简易水文地质观测工作，以指导注浆。主要内容有：初始涌水量大小、层位、最大涌水量大小、层位、深度、水压、揭露含水层的深度、水量、见溶洞的深度及大小。含水层段要全取芯，直至保留至钻孔验收，有价值的岩芯要长期保留。

5.1.3　注浆钻孔结构

注浆孔的结构是否合理直接影响到钻孔能否顺利施工及能否完成注浆任务。合理的钻孔结构设计要满足以下要求。

（1）孔径

开孔孔径是根据终孔孔径、套管级数、套管长度等因素确定的。为确保套管顺利下到设计深度，一般用 $\phi146$ mm 的钻头开孔，钻进到达一级管深度后，下入 $\phi127$ mm 的一级管封固。然后用 $\phi113$ mm 的钻头钻进到下二级管的深度，下入 $\phi108$ mm 的二级管封固。然后用 $\phi93$ mm 的钻头钻进到下三级管的深度，下入 $\phi89$ mm 的三级管封固。最后用 $\phi75$ mm 的钻头钻进至终孔。

（2）套管级数

套管级数与岩层的稳定性、完整性和注浆终孔压力有关。若岩层比较稳定、完整，注浆终孔压力小于或等于 6 MPa，可以下二级套管。一级管为孔口管，深度一般为 4～5 m，孔口管主要防止孔口坍塌造成钻孔无法施工。孔口管也为封固二极管加压注浆，因此孔口管也要封固，并能承受一定的压力。二级管为注浆管，用以注浆，必须满足最大注浆压力的要求。

若岩性复杂、破碎、遇水膨胀、黏结、瓦斯含量高、注浆终孔压力大时，需下三级套管。一级管为孔口管,二级管为护壁管,三级管为注浆管。护壁管就是钻孔还没钻进到下二极管的深度,孔内出现岩石破碎塌孔、泥岩黏结糊钻、膨胀缩径,很难继续钻进时,需下二极管护住孔壁。二级管除护住孔壁外,还要为封固三极管加压注浆,因此二极管不但要封固,而且封固的质量要能承受住较大的压力。

5.2　制浆设备及工艺

5.2.1　制浆设备

（1）黏土制浆机

黏土制浆机（见图 4-5-3）是把黏土制成浆液的主要设备。该制浆机结构紧凑、简单合理、操作简单、安全可靠,制浆能力大,集破碎、磨削、混合、搅拌、过滤为一体,可以把粉状、湿块状、干块状的黏土直接制成浆液。该制浆机的制浆方式为连续式,可以根据需要调节供水、供料量,制造不同密度的浆液。

图 4-5-3　黏土制浆机

（2）振动除砂机

振动除砂机（见图 4-5-4）的作用是除去浆液中的粗砂粒,振动电机为直接振动源,结构简单,运行平稳,除砂效果好。

（3）高速涡流制浆机

高速涡流制浆机（见图 4-5-5）是在封闭状态下把注浆材料,如水、黏土浆和水泥,按照要求制成高质量的浆液。该设备采用涡流原理,液流速度高,冲击力大。液流回转速度为 1 000 r/min 以上,并且液流多次经过高速叶片,液流在叶片及强涡流的共同作用下,水泥、黏土浆被充分混合。因此制成的浆液具有高流动性、高稳定性。

5.2.2　制浆工艺流程

（1）纯黏土浆制浆工艺流程

纯黏土浆制浆工艺流程见图 4-5-6。

将黏土和清水送入黏土制浆机。单位时间送水量要与制浆机制浆能力及单位时间上土

图 4-5-4　振动除砂机

图 4-5-5　高速涡流制浆机

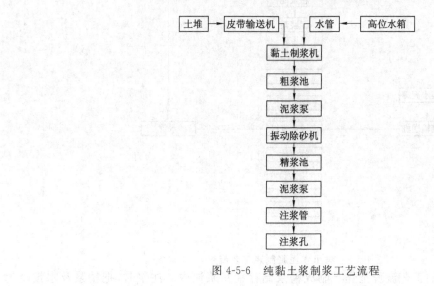

图 4-5-6　纯黏土浆制浆工艺流程

量相匹配。上土、送水的同时,开动黏土制浆机制浆。制成的浆液直接送入粗浆池。然后用液下污水泵把粗浆经除砂器除砂后送入精浆池,以备注浆使用。粗浆池、精浆池内安装搅拌机,防止浆液沉淀。注浆时要开动精浆池内的搅拌机搅拌浆液,以保持浆液均匀,然后用杂污泵先把精浆送入注浆池,利用泥浆泵从注浆池吸浆,通过注浆管路向注浆孔注浆。

（2）纯水泥浆制浆工艺流程

纯水泥浆制浆工艺流程如图 4-5-7 所示。

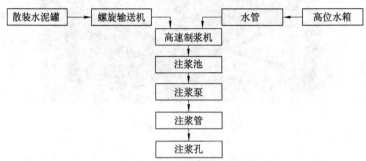

图 4-5-7　纯水泥浆制浆工艺流程

为保证散装水泥罐下料均匀,先开动散装罐的风机及冷干机,然后打开散装水泥罐的下料口及螺旋输送机,按一定的量向高速制浆机送料。同时按一定的比例（按需要的浆液浓度预先计算）向高速制浆机送水。送完水泥、水后,开动高速制浆机制浆,一般开动 2~3 min,浆液即可制好。把治好的浆液直接送入注浆池,开动泥浆泵,通过注浆管路、钻孔向需要改造的含水层注浆。

（3）黏土水泥浆制浆工艺流程

黏土水泥浆制浆工艺流程如图 4-5-8 所示。

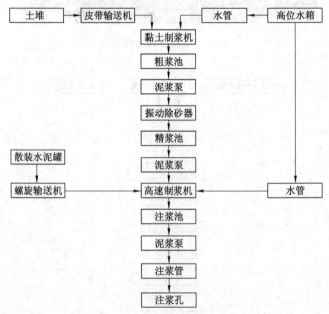

图 4-5-8　黏土水泥浆制浆工艺流程

先按照纯黏土浆的工艺流程把黏土制成精浆储存在精浆池内。注浆时,把精浆及水按一定比例的量送入高速制浆机。同时把水泥也按照相应比例的量送入高速制浆机。然后开动高速制浆机 2~3 min,便制好了黏土水泥浆(这个过程可以由人工手动操作也可以用微机自动控制)。把制好的黏土水泥浆送入注浆池,开动注浆泵,通过注浆管路向注浆孔注浆。

5.3 注浆系统及工艺

5.3.1 注浆系统

注浆站设备布置平面图见图 4-5-9。FCL-C 浆液的制造、输送和灌注系统由 FCL 浆液造浆系统、FCL-C 浆液造浆系统、自动跟踪控制系统和灌注系统四个部分组成。

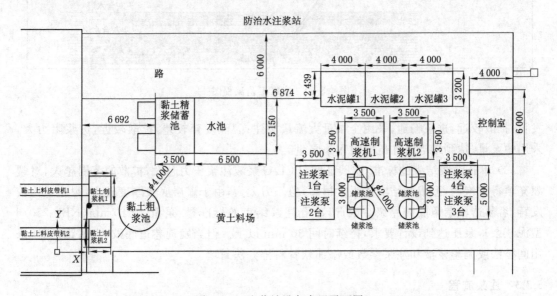

图 4-5-9 注浆站设备布置平面图

(1) FCL 浆液造浆系统:由黏土胶带输送机,NL12 型制浆机(NL24、NL50),粗浆池、精浆池、振动除砂器、泥浆泵等设备构成。

(2) FCL-C 浆液造浆系统:由黏土精浆通过射流(高速制浆机)与水泥混合。

(3) 自动跟踪控制系统:由在线监测、工控机、组态软件平台等组成。

(4) 灌注系统:由泥浆泵、输浆管路及工作面注浆孔组成。

5.3.2 注浆工艺

注浆工艺流程如图 4-5-10 所示。

(1) 注浆方式与段高的确定:由于矿区受注层(五灰)为薄层灰岩,厚度仅为 5~10 m,注浆改造以最大量进浆、最大范围的扩散、最大限度的充填为目的。因此,采用钻孔穿透含水层全段连续注浆方式,分孔序连续灌注,直至达到终孔压力为止。发现井下跑浆时,可间歇注浆或适当添加部分骨料充填裂隙。

(2) 泵量与泵压:泵量根据含水层岩溶裂隙的发育程度及泵压确定。正常情况下,裂隙

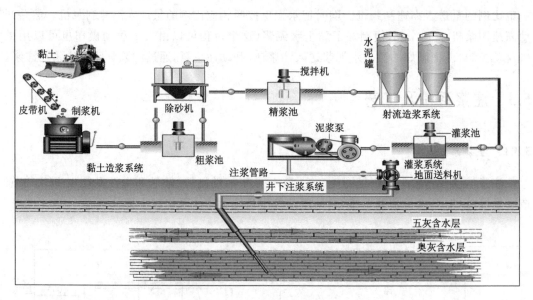

图 4-5-10　注浆工艺流程图

发育,扩散较远,进浆畅通,采用全泵量大流量灌注;裂隙发育较差,扩散较近,进浆阻力大,采用中泵量;达到接近终孔压力时用小泵量。

（3）单孔注浆结束的标准:实践证明,FCL-C 浆液注浆压力越大,扩散的范围越大,对裂隙充填得越饱满,形成的结实体强度越高,但压力太大,由于煤层底板厚度较小,裂隙又比较发育,容易造成巷道底鼓跑浆。因此,单孔注浆结束的标准是:泵量 40 L/min(NBB-250/6 型泥浆泵),泵压达到设计要求,持续时间 30 min 以上。但当发现巷道底鼓、大量跑浆时,采用间歇法或调整浆液和注浆参数或添加软骨料等方法封堵。

5.3.3　注浆流程

（1）注浆前,先对注浆孔放水 0.5～1 h,将沉淀在孔内的碎石、岩溶裂隙中的充填物冲出,以畅通注浆裂隙。

（2）检查造浆、注浆系统设备运转良好并有充足的黏土浆以便连续注浆。

（3）室内做好浆液的各种配方试验,选择最佳配比方案。

（4）注浆设备、管路进行打压试验,试验最大压力要达到注浆最大压力,发现漏水等问题及时处理。

（5）向注浆孔中压清水,确定钻孔的吸水量。

（6）按照钻孔涌水量、吸水量等确定浆液的配比。

（7）注浆过程中要根据进浆、泵压等情况,随时调节泵量及浆液配比、黏度、添加剂用量。

（8）当达到注浆结束标准时,关闭孔口阀门,卸下孔口高压胶管,压入足量(根据管路长短确定)的清水,将管路冲洗干净,并检修好注浆、造浆设备,以保证再次注浆。

5.3.4　自动跟踪控制注浆监测技术

（1）技术特点

随着注浆改造治水技术的推广应用和现代化手段的发展，对注浆改造工艺使用在线监测装置，并借助工控机和组态软件平台，进行自动跟踪监控成为可能。肥城矿业集团有限责任公司联合泰安金马科技开发有限责任公司历经两年的攻关，完成了自动跟踪控制注浆监控技术研究项目。该项目具有以下特点：

直观的界面：该系统将现场整个注浆工艺流程集成到主界面中，使生产设备与注浆动态一目了然，现场采集数据准确。注浆监控系统主界面如图 4-5-11 所示。

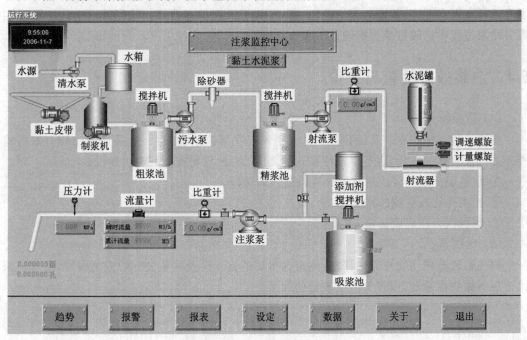

图 4-5-11　注浆监控系统主界面

数据的实时性：现场重要数据由数据采集模块，通过串口通信规约，实时上交工控计算机进行处理、记录、存储和显示，信号采集的频率高，保证了信号的实时性。

准确的报警：设置影响现场注浆质量关键数据的合理运行区间，出现异常时系统自动报警，提示工作人员进行处理。

灵活的报表：在报表输出中，打破了传统的固定格式，实现了灵活的查询输出方式，更能满足报表上报的要求。

便捷的操作：系统操作简便，所有操作仅用鼠标即可完成，现场施工人员容易掌握。

可靠的运行：系统数据采集设备、各类传感器采用了独立低电压直流供电，信号的采集、传输均采取安全屏蔽措施，运行稳定可靠。

专家核心模式：系统吸取了注浆改造的经验，在关键工艺参数中，采取理论与专家经验相结合，并根据现场实际进行验证，在运行中能及时对注浆过程进行指导。

可扩充性：随着注浆改造技术的发展，可以及时调整和更新专家系统。

（2）监控系统组成及功能

根据不同的注浆目的，注浆方式可分为：单液水泥浆、黏土水泥浆和复合浆三种。注浆方式不同，其注浆工艺不同，注浆的用途也不同。系统根据选择的注浆方式，进行内部数据的处理。主界面显示注浆工艺的流程图，图示注浆现场各种设备及流程。设备显示形象逼真、立体感较强，并进行名称标注，整个注浆工艺和过程一目了然。

现场模拟量采集设备用红颜色标注，并有量值显示，现场采集到的实时数据通过软件处理后，显示在界面上。现场的注浆设备状态实时显示，水泵、电机的运行与停止分别用绿色和红色显示，当水泵或电动机运行时，它们所关联的管道内即出现流动的动画效果。

检测数据显示与查询：系统通过 ODBC 连接外部数据库，对注浆过程的关键数据进行了有选择性重点存储，数据的存储量大、高效，并可设置保存期限。数据管理功能中可以实现对注浆过程中比较重要数据的显示和查询。

5.4　注浆效果检查与评价

（1）钻探检查

主要是通过钻孔取芯及钻孔涌水量大小评定注浆改造的效果，这是当前比较有效的检查办法。检查孔的数量，应不少于注浆孔的 20% 为宜，且要在下列地段布设：

① 小断层比较发育或褶皱轴部等构造薄弱地段。

② 注浆孔比较稀疏的地段。

③ 分析认为注浆质量较差的地段。

（2）物探检查

在注浆改造前用物探方法探测，圈定含水层的富水区及底板破碎带或薄弱带，通过注浆改造后再做物探验证，以评价注浆改造的效果。

第6章　奥灰顶部注浆改造技术

6.1　奥灰顶部层段划分

根据奥灰顶部矿井钻探和注浆资料,按富水性和可注性将奥灰顶部分为三段:0～20 m为上段,20～40 m为中段,40 m以下为下段。现将各层段注浆改造水文地质条件分析如下:

(1) 奥灰顶部上段(0～20 m)弱含水层段

奥灰顶界以下 10 m 范围处于奥灰的古风化壳范围内,为奥灰经受长期风化剥蚀形成岩溶古风化壳(见图 4-6-1),并被石炭纪物质充填后所形成的充填带,原本发育良好的岩溶裂隙基本被后期的物质充填,导致岩溶在这个层位停止发育。肥城煤田大量钻探揭露情况也证明奥灰顶部 10 m 范围内受后期剥蚀充填影响,暗色矿物黄铁矿分布量相对较大,岩溶裂隙发育强度低,5 m 范围内普遍风化,裂隙多被黄泥充填,含水性极弱。统计 619 个奥灰钻孔,该段普遍无水,且无导高水现象,注浆效果也极差,基本注不进浆去。因此,该层段为相对隔水层,以往将奥灰岩层视为统一含水层,而忽视了岩性结构差异造成的相对隔水性特征。

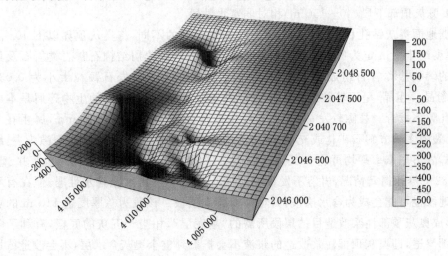

图 4-6-1　肥城煤田奥灰喀斯特地貌复原图

奥灰顶部(10～20 m)层段,钻孔揭露,岩石结晶较好,岩溶裂隙由浅到深发育加强,被风化物充填减少,多数钻孔在奥灰以下 12 m 处开始见水。该段总体富水性较弱,裂隙不发育,注浆量较小,仅在构造及裂隙发育地段富水性较强,该段为相对弱含水层段。

但单孔水量较大钻孔,一般进入奥灰 10 m 左右初见水量较大,说明局部存在垂向裂隙发育富水地段,矿区突水资料和放水试验资料也都已证明,五、奥水力联系密切,其主要补给通道经分析为构造裂隙发育地段及奥灰顶部相对隔水层段缺失或岩溶裂隙发育地段,通过垂向发育裂隙补给通道相互联系,因此,该层段内局部富水地段是受水威胁薄弱带,也是注浆改造重点地段。

综上所述,矿区奥灰顶部 0~10 m 范围为相对隔水层段,如同奥灰的"盖",也类似于五灰顶部的隔水层,这就形成了奥灰顶部注浆改造所需的"压盖层"。奥灰顶部(10~20 m)为相对弱含水层段。奥灰顶部 0~20 m 范围总体富水性弱,但局部存在富水薄弱带。从阻止奥灰突水的作用和富水性、可注性以及钻探施工量等方面考虑,该段既为奥灰顶部注浆改造"压盖层",又为奥灰顶部注浆改造加固层段。

(2) 奥灰顶部中段(20~40 m)相对富水段

根据钻孔揭露岩性和富水性的不同,将奥灰顶界以下 20~40 m 范围定为奥灰顶部中段。该段位于奥灰五个强含水层段的第一个含水层段岩溶主径流带发育的部位,岩性由砂级颗粒碎屑结构的石灰岩类岩石及结晶结构的白云岩石组成,孔隙不发育,裂隙发育,以垂直裂隙为主,次为简单切割裂隙,裂隙度 0.5~3.0 mm,属粗孔隙—孔洞型。简单切割裂隙发育,属张开性裂隙,又未被充填,岩溶发育,线岩溶率 14%,含水丰富。在陶阳 86-1 孔 212~215 m 处,岩溶发育,但不含水,并有漏水和掉钻现象。水泥厂水源井孔 157~182 m 岩溶发育,含水丰富,为该孔主要含水段。陶阳 87-1 孔 107~204 m 岩溶发育,含水丰富,为该孔强含水层。井下钻孔揭露裂隙十分发育,且连通性好,这个层位无论是厚度还是裂隙结构都十分类似于五灰。井下奥灰钻孔一般在奥灰以下 30 m 左右处岩溶相对发育,单孔水量达到最大。该段为富水性相对较强层段,为相对强含水层段,且浆液可注性好,为注浆最佳目的层段。

(3) 奥灰顶部下段(40~150 m)相对弱富水性段

根据地面奥灰钻孔和井下钻孔揭露岩性和富水性的不同,将奥灰顶界以下 40~150 m 范围,厚度约 110 m 定为奥灰顶部下段。该段为砂级颗粒碎屑结构石灰岩类岩石及具有生物结构的碳酸盐类岩石组成,夹有结晶结构白云岩类岩石。岩石颗粒大小为 0.03~0.8 mm,属粉晶—粗晶,呈不等粒结构。在岩石成分中含有 8%~10% 的生物碎屑是本层特点之一。孔隙不发育。裂隙较发育,三种类型均较发育,裂隙度 0.5~1.5 mm,属粗孔—巨孔隙,但孔裂隙多被方解石矿化或充填,故岩溶不发育,其中又以微观溶蚀性裂隙为主,线岩溶率 5.6%,岩溶采取率平均可达 70%。在白庄水井 2,大封 A3 及 A6,水泥厂水源井、曹庄-65 及相庄 82-1 等孔揭露情况,岩溶不发育,不含水。故本段在区域上含水性弱,但在有利条件下个别地段也可能会成为含水层段,为相对弱含水层段。该段为总厚度达 110 m 的弱含水层,可形成奥灰顶部注浆改造目的层段所需的"基底层",相当于五灰的底板,有利于阻滞浆液向深部渗透,即奥灰顶部注浆改造的浆液不会扩散到整个奥灰含水层,不会改造或影响整个奥灰含水层的富水性,而造成注浆成本高和影响奥灰的工业、生活供水等。

6.2　奥灰顶部注浆改造可行性分析

奥灰含水层并不是一个传统意义上的含水层,而是具有层控性、构控性、韵律性等特征的多层段含水层,各含水层段具有相对独立性和相互联系性。在查庄矿 81012、81014 等工作面对奥灰顶部进行疏水降压试验,放水量 20 m³/h,奥灰顶部奥灰水位下降 65 m,也证明了奥灰顶部具有相对独立的地下水环境条件,这种相对独立的地质条件为奥灰顶部注浆改造提供了条件。奥灰顶部注浆改造剖面示意图如图 4-6-2 所示。

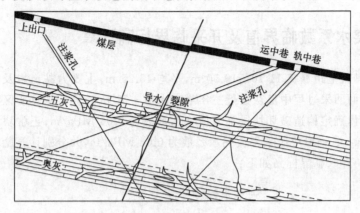

图 4-6-2　奥灰顶部注浆改造剖面示意图

奥灰顶部上段(0~20 m)为相对弱含水层段,其中 0~10 m 范围为相对隔水层段,形成了奥灰顶部注浆改造所需的"压盖层"。

奥灰顶部中段(20~40 m)为相对强含水层段,为奥灰顶部注浆改造最佳目的层段。

奥灰顶部下段(40~150 m)为厚度约 90 m 的相对弱含水层段,为奥灰顶部注浆改造目的层段所需的"基底层"。

因此,奥灰顶部具备类似于五灰含水层注浆改造的良好地质环境条件,肥城矿区又有薄层灰岩注浆、钻探技术基础,奥灰顶部注浆改造技术是可行的。

6.3　奥灰顶部注浆改造的作用

奥灰顶部注浆改造主要作用如下所列:

(1) 将奥灰顶部相对富水层段改造成隔水层或弱含水层

向奥灰顶部岩溶裂隙压入浆液,浆液沿着奥灰顶部灰岩岩溶裂隙扩散、结石,最后充填,把奥灰顶部灰岩中相对富水层段的水"置换"出来,使之不含水或弱含水,减少或避免奥灰顶部相对强含水层段突水,并堵塞奥灰中深部强含水层段向上补给通道,阻抗奥灰突水。

(2) 加固奥灰顶部隔水层厚度

钻孔在五灰注浆改造阶段,浆液沿着奥灰水补给五灰的通道向下运移扩散,再经过奥灰顶部注浆改造所注入浆液由下向上运移扩散,经过双向注浆改造,从而大大胶结加固五灰至奥灰顶部的隔水层,形成奥灰顶部阻水"盖层",减少奥灰水对五灰的补给和突出。

综上所述,奥灰顶部注浆改造技术的实施将起到如下作用:

(1) 对薄层灰岩五灰注浆改造,使之不含水或弱含水,成为阻抗奥灰突水的"中坚层",同时加固煤层底板隔水层。

(2) 对奥灰顶部进行注浆改造,将奥灰顶部相对富水层段改造成隔水层或弱含水层,并在五灰和奥灰顶部双向注浆压力作用下,进一步改造加固五、奥灰之间隔水层,形成奥灰顶部阻水"盖层",阻抗奥灰水突出。

因此,奥灰顶部注浆改造,能起到改造、封源和加固的作用,是防止矿区深部奥灰突水的有效"治本"措施,从而达到矿区深部安全采煤的目的。

6.4　奥灰突水系数临界值及开采临界标高计算

肥城矿区奥灰上距五灰 11.10～19.50 m,平均 15.25 m,主要为黏土岩及薄层灰岩构成的隔水层,工作面回采过程中奥灰按近三年最高水位＋51 m 计算。根据矿区实际水文地质条件和突水资料,确定构造破坏块段临界值突水系数为 0.06 MPa/m;正常块段临界值突水系数为 0.1 MPa/m;一般块段临界值突水系数为 0.08 MPa/m,并分别计算肥城矿区下组煤各煤层受水威胁开采临界标高如下:

$$突水系数计算公式:T=\frac{P}{M}$$

式中　T——突水系数,MPa/m;

　　　P——底板隔水层承受的水头压力,MPa;

　　　M——底板隔水层厚度,m。

下组煤各煤层隔水层平均厚度统计表见表 4-6-1。工作面奥灰突水系数及临界标高计算结果见表 4-6-2。

表 4-6-1　　　　　　　　　下组煤各煤层隔水层平均厚度统计表

煤层	7 煤	8 煤	9 煤	10_2煤
与五灰层间距/m	69.5	35.0	25.0	18.5
与奥灰层间距/m	94.04	56.0	44.2	39.2

表 4-6-2　　　　　　　　　工作面奥灰突水系数及临界标高计算表

煤　层	标高/m	奥灰水位/m	隔水层最小厚度/m	突水系数/(MPa/m)	受水威胁临界标高近似值
7 煤	−420			0.06	构造破坏块段临界标高−420 m
	−795	＋51	94.04	0.1	正常块段临界标高−800 m
	−607			0.08	一般块段临界标高−600 m
8 煤	−229			0.06	构造破坏块段临界标高−230 m
	−453	＋51	56.00	0.1	正常块段临界标高−450 m
	−341			0.08	一般块段临界标高−340 m
9 煤	−170			0.06	构造破坏块段临界标高−170 m
	−346	＋51	44.20	0.1	正常块段临界标高−340 m
	−258			0.08	一般块段临界标高−260 m
10_2煤	−145			0.06	构造破坏块段临界标高−140 m
	−301	＋51	39.20	0.1	正常块段临界标高−300 m
	−223			0.08	一般块段临界标高−220 m

6.5 奥灰顶部注浆改造深度计算公式推导

当受奥灰水威胁工作面突水系数大于临界值时,需将奥灰顶部一定范围注浆改造成为隔水层或弱含水层,增加隔水层厚度,从而降低突水系数值,减少突水的风险。根据突水系数计算公式 $T = \dfrac{P}{M}$,推导计算奥灰顶部需改造成为隔水层或弱含水层的厚度,即推导奥灰顶部注浆改造深度计算公式如下:

设工作面最低标高为 H(m),奥灰水位为 h(m),改造前底板隔水层厚度为 M(m),奥灰顶部改造深度(即改造后增加隔水层厚度)为 $M_{改}$(m),改造前突水系数为 T_1(MPa/m),改造后突水系数为 T_2(MPa/m),则改造前、后煤层底板隔水层承受的水压为:$P_1 = (H + h + M_1)/100$(MPa),$P_2 = (H + h + M_1 + M_{改})/100$(MPa)。关系式(4-6-1)、(4-6-2)如下:

$$T_1 = P_1/M_1 = (H + h + M_1)/100M_1 \tag{4-6-1}$$

$$T_2 = P_2/(M_1 + M_{改}) = (H + h + M_1 + M_{改})/100(M_1 + M_{改}) \tag{4-6-2}$$

整理化简关系式(4-6-1)、(4-6-2)得关系式(4-6-3):

$$M_{改} = 100M_1(T_1 - T_2)/(100T_2 - 1) \tag{4-6-3}$$

公式(4-6-3)为奥灰顶部注浆改造深度 $M_{改}$(m)的计算公式。

6.6 各煤层奥灰顶部注浆改造深度的确定

(1) 7 煤

根据工作面奥灰突水系数及临界标高计算表(表 4-6-2),7 煤 $T = 0.06$ MPa/m 时临界标高 -420 m,$T = 0.08$ MPa/m 时临界标高 -600 m,$T = 0.1$ MPa/m 时临界标高 -800 m。目前矿区最大开采深度 -450 m 左右,7 煤主要采取五灰注浆改造和疏水降压开采措施。考虑到矿区 7 煤隔水层厚度大,目前开采深度奥灰突水系数一般小于 0.08 MPa/m,且施工奥灰顶部注浆改造孔深度大、难度也大等因素,一般不实施奥灰顶部注浆改造,主要实施五灰注浆改造和疏水降压防治水措施。

(2) 8 煤

根据工作面奥灰突水系数及临界标高计算表(表 4-6-2),8 煤 $T = 0.06$ MPa/m 时临界标高 -230 m,$T = 0.08$ MPa/m 时临界标高 -340 m,$T = 0.1$ MPa/m 时临界标高 -450 m。

根据奥灰顶部注浆改造深度 $M_{改}$ 的计算公式:$M_{改} = 100M_1(T_1 - T_2)/(100T_2 - 1)$,计算 8 层煤 $-230 \sim -340$ m 范围,煤层底板隔水层厚度为 56 m,工作面奥灰突水系数由 0.08 (MPa/m)注浆改造后降到 0.06(MPa/m)时,奥灰顶部需注浆改造深度 $M_{改} = 100M_1(T_1 - T_2)/(100T_2 - 1) = 100 \times 56 \times (0.08 - 0.06)/(100 \times 0.06 - 1) = 22.4$(m)。

考虑到奥灰顶部富水性和注浆效果,8 煤 $-230 \sim -340$ m 范围奥灰顶部注浆改造深度不小于 30 m。

根据奥灰顶部注浆改造深度 $M_{改}$ 的计算公式:$M_{改} = 100M_1(T_1 - T_2)/(100T_2 - 1)$ 计算 8 煤 $-340 \sim -450$ m 范围,煤层底板隔水层厚度为 56 m,工作面奥灰突水系数由 0.1 (MPa/m)注浆改造后降到 0.06(MPa/m)时,奥灰顶部需注浆改造深度 $M_{改} = 100M_1$

$(T_1-T_2)/(100T_2-1)=100\times56\times(0.1-0.06)/(100\times0.06-1)=44.8(\text{m})$。

考虑到奥灰顶部第一含水层段富水性和注浆效果,8煤－340～－450 m范围奥灰顶部注浆改造深度40～50 m。

8煤工作面奥灰突水系数大于0.1(MPa/m)时,奥灰顶部需注浆改造深度需根据实际突水系数大小计算确定。

(3) 9、10煤

考虑9、10煤层间距小,类似于分层开采,因此,奥灰顶部注浆改造深度按10煤计算。根据工作面奥灰突水系数及临界标高计算表(表4-2),10煤 $T=0.06$ MPa/m时临界标高－140 m,$T=0.08$ MPa/m时临界标高－220 m,$T=0.1$ MPa/m时临界标高－300 m。

根据奥灰顶部注浆改造深度 $M_{改}$ 的计算公式:$M_{改}=100M_1(T_1-T_2)/(100T_2-1)$计算10煤－140～－220 m范围,煤层底板隔水层厚度为39.2 m,工作面奥灰突水系数由0.08(MPa/m)注浆改造后降到0.06(MPa/m)时,奥灰顶部需注浆改造深度 $M_{改}=100M_1(T_1-T_2)/(100T_2-1)=100\times39.2\times(0.08-0.06)/(100\times0.06-1)=15.68(\text{m})$。

考虑到奥灰顶部富水性和注浆效果,9、10层煤－140～－220 m范围奥灰顶部注浆改造深度20～30 m。

根据奥灰顶部注浆改造深度 $M_{改}$ 的计算公式:$M_{改}=100M_1(T_1-T_2)/(100T_2-1)$计算10层煤－220～－300 m范围,煤层底板隔水层厚度39.2 m,工作面奥灰突水系数由0.1(MPa/m)注浆改造后降到0.06(MPa/m)时,奥灰顶部需注浆改造深度 $M_{改}=100M_1(T_1-T_2)/(100T_2-1)=100\times39.2\times(0.1-0.06)/(100\times0.06-1)=31.36(\text{m})$。

考虑到奥灰顶部第一含水层段富水性和注浆效果,9、10煤－220～－300 m范围奥灰顶部注浆改造深度30～40 m。

9、10煤工作面奥灰突水系数大于0.1(MPa/m)时,奥灰顶部需注浆改造深度需根据实际突水系数大小计算确定。

(4) 小结

根据以上计算和分析,肥城矿区下组煤奥灰顶部注浆改造深度确定如下:

7煤隔水层厚度大,目前矿区最大开采深度－450 m左右,突水系数一般小于0.08 MPa/m,且施工奥灰顶部注浆改造孔深度大等因素,一般不实施奥灰顶部注浆改造。

8煤－230～－340 m范围奥灰顶部注浆改造深度不小于30 m;－340～－450 m范围,奥灰顶部注浆改造深度40～50 m;突水系数大于0.1(MPa/m)时,需根据实际突水系数大小计算确定。

9、10煤－140～－220 m范围奥灰顶部注浆改造深度20～30 m;－220～－300 m范围奥灰顶部注浆改造深度30～40 m;突水系数大于0.1(MPa/m)时,需根据实际突水系数大小计算确定。

具备以上条件的工作面,可以实施奥灰顶部注浆改造。

第 7 章　地面区域注浆改造技术

河北冀中能源集团针对大采深高承压水矿井井下钻探作业安全难以保障和小、微型底板隐伏构造难以探明难题,提出了"区域超前治理"防治水新理念,应用研究地面多分支顺层定向钻探技术和径向射流造孔技术对奥灰顶部或煤层底板薄层灰岩含水层进行区域注浆改造。地面水平钻孔施工现场图见图 4-7-1。

图 4-7-1　地面水平钻孔施工现场图

7.1　地面水平钻孔注浆加固底板方法及特点

地面水平钻孔技术施工流程图见图 4-7-2。

钻探方法:从地面施工直孔到目标层,然后沿地层施工水平分支钻孔。

主要特点:① 与井下正常采掘工作不冲突,避免交叉施工;② 地面钻机能力强,水平段推进距离可达 1 000 m 左右;③ 水平井可以采用多分支钻进技术,探查面积大;④ 钻孔孔径大,地层构造揭露明显;⑤ 地面注浆压力大,扩散半径大,施工安全,效率高;⑥ 治理规模大,综合成本较低。

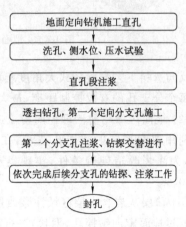

```
地面定向钻机施工直孔
        ↓
洗孔、侧水位、压水试验
        ↓
    直孔段注浆
        ↓
透扫钻孔,第一个定向分支孔施工
        ↓
第一个分支孔注浆、钻探交替进行
        ↓
依次完成后续分支孔的钻探、注浆工作
        ↓
      封孔
```

图 4-7-2　地面水平钻孔技术施工示意图

7.2　含水层注浆改造区域治理技术施工流程

适应于水文地质条件复杂矿井,从矿井安全程度和大区衔接要求,在采深大于 800 m,水文地质类型极复杂矿井,应实施区域超前治理防治水技术,对采区含水层(顶部 30～50 m)进行区域超前注浆。

7.3　地面区域治理承压水害关键技术

(1)地面区域治理多分支顺层定向钻进关键技术

多分支顺层定向钻进技术是利用特殊的井底动力工具与随钻测量仪器,钻成孔斜角大于 86°,并保持这一角度钻进一定长度顺层定向钻井,顺层定向孔能保持一定近水平长度(大于 1 260 m)孔段的定向钻孔技术。主要包括随钻测量技术、钻孔轨迹控制技术、孔壁稳定技术等。采用多分支顺层定向钻进关键技术是实现区域超前治理目标的关键。顺层定向孔轨迹以"带、羽"状方式有效探查目标层钻遇范围内构造,使原来在平面上无联系溶隙、溶孔、溶洞、断裂构造等相互连通,然后区域注浆消除这影响完整性地质构造,达到目标层区域改造效果。

地面水平钻孔多分支定向布置示意图如图 4-7-3 所示。

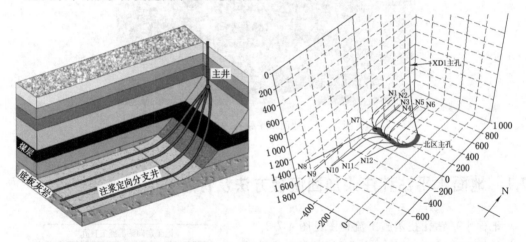

图 4-7-3　地面水平钻孔多分支定向布置示意图

反向造斜工艺与旋转式大角度爬坡技术突破,每个分支孔能够在主孔轨迹上进行侧斜,提高每个分支孔的有效控制距离,最大程度减少工程量,适应各种复杂的地质条件。

(2)地面区域超前治理径向射流造孔关键技术

利用地面径向射流造孔技术,在奥陶纪灰岩中探查隐伏构造并提高微小裂隙的连通性,为注浆改造创造条件,实现奥灰区域治理。径向孔有效直径 50 mm,最大钻进深度 110 m。

(3)薄层灰岩含水层区域注浆改造技术

通过地面定向钻探孔(羽状)进行高压注浆,大范围改造徐灰薄层灰岩含水层及封堵奥灰垂向导水通道。

参 考 文 献

[1] 国家安全监管总局,国家煤矿安监局,国家能源局,国家铁路局.建筑物、水体、铁路及主要井巷煤柱留设与压煤开采规范[M].北京:煤炭工业出版社,2017.

[2] 国家安全生产监督管理总局,国家煤矿安全监察局.煤矿安全规程[M].北京:煤炭工业出版社,2016.

[3] 国家煤矿安全监察局.煤矿地质工作规定[M].北京:煤炭工业出版社,2014.

[4] 国家煤矿安全监察局.煤矿防治水规定释义[M].徐州:中国矿业大学出版社,2009.

[5] 国家煤矿安全监察局.煤矿防治水细则[M].北京:煤炭工业出版社,2018.

[6] 宁尚根.《煤矿安全规程》防治水及《煤矿防治水规定》部分条款解读[M].北京:煤炭工业出版社,2011.

[7] 宁尚根.煤矿安全生产标准化达标工作指南[M].北京:煤炭工业出版社,2018.

[8] 王扶志,张志强,宋小军.地质工程钻探工艺与技术[M].长沙:中南大学出版社,2008.

[9] 王仲三,车树成,王定绪.煤田地质勘探方法[M].徐州:中国矿业学院出版社,1986.

[10] 武强.煤矿防治水手册[M].北京:煤炭工业出版社,2013.

[11] 姚向荣,朱云辉,等.煤矿钻探工艺与安全[M].北京:冶金工业出版社,2012.

[12] 于树春.煤层底板含水层大面积注浆改造技术[M].北京:煤炭工业出版社,2014.